Gerhard Benetka
Denkstile der Psychologie

W0265262

Gerhard Benetka

Denkstile der Psychologie

Das 19. Jahrhundert

WUV

Die Deutsche Bibliothek – CIP-Einheitsaufnahme

Benetka, Gerhard:
Denkstile der Psychologie : das 19. Jahrhundert /
Gerhard Benetka. - Wien : WUV-Univ.-Verl. 2002
ISBN 3-85114-660-3

© 2002 Facultas Verlags- und Buchhandels AG
WUV|Universitätsverlag, Berggasse 5, A-1090 Wien
Alle Rechte, insbesondere das Recht der Vervielfältigung und der Verbreitung
sowie der Übersetzung, sind vorbehalten.
Umschlaggestaltung: Atelier Tiefenthaler
Satz und Druck: Facultas AG
Printed in Austria
ISBN 3-85114-660-3

Gedruckt mit Förderung des Bundesministeriums für Bildung, Wissenschaft
und Kultur in Wien

Inhaltsverzeichnis

Vorwort

Das vorliegende Buch richtet sich vor allem an Psychologen und Psychologinnen – und das, obwohl viele von ihnen die Thematik dieses Buches auf den ersten Blick vielleicht für belanglos halten werden. Was haben „Denkstile" des 19. Jahrhunderts mit der Forschungsweise der modernen Psychologie am Beginn des 21. Jahrhunderts zu tun? Zudem scheint das Buch mehr von Philosophie als von Psychologie zu handeln – und effizienzbewusste Psychologen und Psychologinnen haben zumeist Besseres zu tun, als sich ausgerechnet mit Philosophie zu beschäftigen.

Warum eigentlich? Philosophie klingt in den Ohren wissenschaftlicher Forscher und Forscherinnen nicht selten nach Willkür und Beliebigkeit. Ob sich dieses offenkundige Misstrauen der Psychologie gegenüber der Philosophie irgendwie begründen lässt, soll hier dahingestellt bleiben. Denn zur Klärung des Verhältnisses von Psychologie und Philosophie vermag dieses Buch nur wenig beizutragen. Die Absicht, mit der es geschrieben wurde, ist bescheidener: Es geht einfach darum, zu fragen, was es bedeutet, wenn man sagt, dass die Psychologie in der Philosophie wurzelt. Dabei wird sich zeigen, dass viele Grundsätze der modernen Psychologie erstens schon lange bestehen und zweitens in ihrem Kern stets auch Entscheidungen für bestimmte philosophische Positionen enthalten. Beschäftigung mit der Geschichte der Psychologie lehrt, dass man eine philosophische Position vertreten kann, ohne zu wissen, dass man eigentlich eine philosophische Position vertritt. Im Folgenden wird in diesem Zusammenhang von „verborgenen philosophischen Vorannahmen" der modernen Psychologie gesprochen. Einige dieser philosophischen Bindungen zu benennen, ist das Ziel dieses Buches.

Der Band ist aus meinen Vorlesungen an den Universitäten Wien und Innsbruck hervorgegangen. Meinen Hörern und Hörerinnen bin ich zu Dank verpflichtet, weil sie mit ihren Fragen und Anmerkungen sowie ihrer Kritik dieses Buch gewissermaßen mitgeschrieben haben.

Wien, im Februar 2002

Einführung

Psychologiegeschichte

Geschichte der Psychologie – wozu soll das gut sein? Für Festreden, wenn es des runden Geburts- oder Todestags eines Großen zu gedenken gilt; für Nachrufe, wenn einer, der mit seinem Werk die Entwicklung des Faches bis in die Gegenwart hinein geprägt hat, verstorben ist. Und außerdem? Sicher, ein wenig Allgemeinbildung kann nicht schaden, ein paar Namen und die mit ihnen assoziierten Leistungen sollten schon ein Begriff sein. Für Psychologiestudenten aber gibt es Wichtigeres zu lernen als Namen und Jahreszahlen: für die spätere Berufspraxis Relevantes, Diagnostik etwa, oder eben Forschungspraktisches, Methodenlehre im engeren Sinn. Das bisschen Geschichte, das dem Anfänger wie dem Fortgeschrittenen die zeitliche und thematische Einordnung psychologischer Forschungsarbeit erleichtern kann, ist den Einleitungskapiteln der einschlägigen Lehrbücher zu entnehmen. Dort wird die historische Herleitung des aktuellen Forschungsstands in aller Kürze und zumeist auch in einer für den Studenten leicht fasslichen Form vermittelt.

Mag sein, dass diese Lehrbuchdarstellungen den Standards wissenschaftshistorischer Forschung nicht genügen. In diesem Falle wenigstens lässt sich guten Gewissens sagen, der Zweck heilige die Mittel. Es geht schließlich bloß um Orientierung, also um etwas Grobes, Ungefähres.

Geschichtsschreibung als Selbstvergewisserung

Zu bedenken aber ist, dass das, was wir Geschichte nennen, etwas im Nachhinein Konstruiertes ist, etwas *von uns* Konstruiertes. Zum historischen Faktum wird, was uns für unsere Strukturierung der Vergangenheit bedeutsam erscheint. Die Daten, die wir erheben, existieren also nicht unabhängig, nicht losgelöst von unserem Interesse, von unseren Fragen, mit denen wir an die Aufarbeitung des Vergangenen herangehen. Und wie schon die Festlegung dessen, was als historisches Datum heranzuziehen ist, so erfolgt auch seine Interpretation stets von einer bestimmten *gegenwärtigen* Perspektive aus. Die – eine – historische Wahrheit ist nicht zu haben. Aus jedem Versuch, Geschichte zu schreiben, resultiert eine mögliche Version dieser Geschichte. Die tatsächlich vorliegenden Versionen einer Geschichte – z. B. der Geschichte der Psychologie – sind also danach zu befragen, von welcher Perspektive aus, mit welcher Absicht, mit welchem Interesse sie verfasst wurden.

Psychologiegeschichtliche Darstellungen wurden und werden vorwiegend von Psychologen und nicht von Fachhistorikern geschrieben. Wenn sich Psychologen mit der Geschichte des eigenen Faches beschäftigen, dann tun sie das von einer bestimmten *fachspezifischen* Perspektive aus. Blickt man zurück, so fällt auf, dass historische Arbeiten gehäuft in Zeiten krisenhafter Entwicklungen veröffentlicht wurden: zur Zeit der Wende vom 19. zum 20. Jahrhundert etwa, als die Psychologie sich als selbständiges Forschungs- und Wissensgebiet gegen die Wissensansprüche konkurrierender Nachbardisziplinen zu behaupten hatte; oder in den zwanziger und frühen dreißiger Jahren, als das Fach in miteinander rivalisierende Schulen zu zerfallen drohte. In beiden Fällen ging es darum, mit Hilfe der Historie die Aussicht auf eine bessere Zukunft zu begründen. Die Stabilisierung des eigenen Selbstverständnisses tut aber nicht nur in Zeiten existentieller Krisen not, sondern auch in den weniger spektakulären Phasen fachlicher Um- oder Neuorientierungen. Als in den frühen sechziger Jahren junge Psychologen die ideologische Funktionalität charakterologischer und ganzheitspsychologischer Richtungen im NS-Staat zu demonstrieren versuchten, lagen dem letztlich fachpolitische Motive zugrunde: Der Verweis auf die „braune Vergangenheit" der überkommenen Tradition charakterologischer Persönlichkeitsbegutachtung sollte im sogenannten Methodenstreit einer auf die Messung isolierter Persönlichkeitsmerkmale abgestellten Testpsychologie nach US-amerikanischem Vorbild auch hierzulande den Weg bereiten helfen (Geuter, 1980).

Die Beschäftigung mit der Geschichte folgt also stets einem bestimmten fachlichen Interesse. Was für die explizite, d. h. mit einem wissenschaftlichen Anspruch geführte Auseinandersetzung gilt, kennzeichnet auch den impliziten Umgang mit Geschichte, wie Fachpsychologen ihn in den von ihnen verfassten Hand- oder Lehrbüchern pflegen. Gerade hier ist die legitimatorische Funktion der historischen Argumente nicht zu übersehen: A hat etwas erkannt, B hat es weiter ausgebaut, C aus der Kritik an A und B wieder etwas Neues entwickelt. Hurtig schreitet die wissenschaftliche Vernunft voran von A über B zu C, bis sie schließlich zu sich kommt in dem, was die Verfasser der Lehrbücher heute wissen.

Ihrer traditionsstiftenden Funktion wegen eignet sich die „Lehrbuchgeschichte" vorzüglich zur Einführung der Novizen in die Geheimnisse des aktuellen Forschungsstands. Durch die Aufstellung einer Reihe von Ahnen, einer Reihe von „Vorläufern" und „Wegbereitern", die einer nach dem anderen den Problemen, die uns heute in der Psychologie beschäftigten, mehr und mehr – d. h. immer besser – gerecht wurden, lernt der Anfänger das, was er lernen soll: dass der gegenwärtige Stand der Wissenschaft das Maß aller Dinge ist. So wie wir heute Psychologie betreiben, *muss* Psychologie einfach betrieben werden.

Das in Lehrbüchern präsentierte Bild von der Entwicklung der Disziplin gleicht somit einer Sage von Göttern, Dämonen und Helden, die den, der sie hört, dazu bringen soll, das Gegebene – die gegenwärtig geltenden wissenschaftlichen Standards – als das notwendig So-Gegebene hinzunehmen. Nun ist das für sich genommen nicht besonders problematisch. Seit Thomas Kuhn wissen wir, dass in der Wissenschaft der Glaube – im buchstäblichen Sinn – Berge zu versetzen vermag: der gemeinsame Glaube an bestimmte Grundannahmen, aus denen sich Regeln für die konkrete Forschung ableiten lassen. Da diese Modellvorstellungen – Paradigmen, wie Kuhn sie nennt – der Forschung vorausgesetzt sind, können sie durch eben diese Forschung nicht bestätigt werden. Nicht dass psychologische Forschung von – empirisch nicht zu sichernden – Voraussetzungen ihren Ausgang nimmt, wird also der Gegenstand kritischer Betrachtung in diesem Buche sein, sondern dass Psychologen gemeinhin nicht zu wissen scheinen, dass ihre Untersuchungsarbeit an solche vorgelagerten Annahmen gebunden ist.

Verborgene Vorannahmen

Solche verborgenen Voraussetzungen sind in der Psychologie auf verschiedenen Ebenen anzutreffen: In der Leistungsdiagnostik z. B. wird gemeinhin angenommen, dass sich höhere „Fähigkeiten" in schnellerem Lösen von Problemaufgaben ausdrücken (vgl. etwa Kubinger, 1999). Das mag zwar plausibel erscheinen; es ändert aber nichts daran, dass es sich dabei um eine Annahme und nicht um einen empirischen Befund handelt. Bei näherem Hinsehen erweist sich diese Setzung im Übrigen als von grundlegenderen Modellvorstellungen abgeleitet: Die Rede von „höher" und „schneller" impliziert, dass die Qualität der individuellen Leistung relativ zum Leistungsverhalten einer Bezugsgruppe bestimmt wird. Das aber hat wiederum zur logischen Voraussetzung, dass die wesentlichen Merkmale, die die Leistung eines Individuums charakterisieren, Merkmale sind, die es – unabhängig von der konkreten Situation – mit anderen teilt und nicht solche, die für die betreffende Person spezifisch sind. Darüber hinaus müssen die als relevant erachteten Dimensionen als zeitlich und in ihrer Bedeutung stabil, also als konstante Elemente gedacht werden, die innerhalb eines Individuums nebeneinander Bestand haben. (Danziger, 1990, S. 108) All das ist durch nichts empirisch begründet – und alles andere als plausibel.

Wie, wenn eben nicht auf empirischem Wege, kommen Psychologen nun zu den ihrer Forschung vorgelagerten Annahmen? Das ist – wie ich glaube – eine genuin historische, d. h. nur über die Beschäftigung mit der Geschichte des Faches zu behandelnde Problemstellung.

Die Frage nach den wissenschaftlichen Grundlagen der Psychologie wird natürlich nicht erst von der Wissenschaftsgeschichte gleichsam im Nachhinein aufgeworfen. Sie ist in der Phase der Formierung der Psychologie als Einzelwissenschaft, die sich über viele Jahrzehnte erstreckte, stets präsent als Gegenstand von Kontroversen: von Kontroversen darüber, wie Psychologie als Wissenschaft zu betreiben ist. Und es sind diese historischen Auseinandersetzungen über philosophische, insbesondere aber über wissenschaftstheoretische und methodologische Probleme, in denen die wissenschaftlichen Standards herausgearbeitet und schließlich festgelegt wurden, die von nachfolgenden Psychologen-Generationen angeeignet und reproduziert werden mussten. Was einmal Gegenstand heftiger Glaubenskämpfe war, wird von einer Generation zur nächsten immer mehr losgelöst vom ursprünglichen Diskussionszusammenhang weitergegeben und somit schließlich selbstverständlich.

Forschungspraxis

Wir können also in den „philosophischen Bindungen" der einzelwissenschaftlichen Psychologie, die im Laufe der Zeit aus dem Blick geraten sind, Voraussetzungen erkennen, auf deren Grundlage empirische Forschung möglich wird. Einen zweiten – von den philosophischen Disputen nicht unabhängigen – Bezugspunkt stellt die alltägliche Forschungspraxis selbst dar. Unter Forschung sei hier zunächst nichts anderes verstanden als die Konstruktion von Wissensprodukten. Dieser Vorgang der Wissensfabrikation ist dadurch charakterisiert, dass in seinem Ablauf ständig praktische Probleme aufgeworfen werden, die es möglichst rasch zu lösen gilt, um das angestrebte Forschungsziel zu erreichen. Ist das Verfahren A nicht dazu geeignet, die erwünschten Resultat zu erbringen, so greift man zu Verfahren B. Wenn dieses – aus welchen Gründen auch immer, z. B. weil die nötige Software fehlt – nicht eingesetzt werden kann, dann probiert man Verfahren C. Um irgendetwas Brauchbares, d. h. zur Publikation Geeignetes herauszubringen, müssen jetzt vielleicht die Arbeitshypothesen geändert werden etc. Wissenschaftlich produzierten Erkenntnissen liegen also selektive Entscheidungen zugrunde, die zumeist einfach aus pragmatischen Erwägungen getroffen werden. Im Falle einer Veröffentlichung der Forschungsresultate bedürfen wenigstens einige solcher Entscheidungen einer nachträglichen Rechtfertigung. Mag sein, dass dabei – obwohl wissenschaftstheoretische Überlegungen ursprünglich keine Rolle gespielt haben – wissenschaftstheoretisch zu argumentieren versucht wird. Stellt man in Rechnung, dass es sich in einem realen Forschungsprozess nicht um einzelne punktuelle Selektionen, sondern um eine fortlaufende Kette aufeinander aufbauender selektiver Entscheidungen handelt, und dass Selektionen vorangegangener Forschungsprozesse ständig in Selektionen neuer Forschungsprozesse übertragen werden, so wird erahnbar, dass die in die Konstruktion der Endprodukte stillschweigend eingegangen Voraussetzungen und Modellannahmen von den beteiligten Forschern selbst nicht mehr zu überblicken sind. Aufgabe der historischen Untersuchung ist es, die in den Resultaten der vergangenen und der daran anschließenden gegenwärtigen Forschung erfolgten Selektionen zu dekonstruieren.

„Ethnographische" Untersuchungen von Forschungshandeln im Labor haben gezeigt, dass für die im Forschungsprozess getroffenen Selektionen keine allgemeinen Realisierungskriterien angegeben werden können, dass also die zu einem bestimmten Wissen hinführenden Selektionsentscheidungen prinzipiell unvorhersagbar sind (Knorr-Cetina, 1984). Das konkret produzierte Wissen muss also nicht so zustande kommen, wie es zustande gekommen ist. Es hätten ebenso gut auch andere Wege beschritten werden können. Die Annahme, dass alle diese Wege letztlich immer zum selben Ausgang führen, ist in höchstem Maße unplausibel.

Was für den Mikrokosmos der Genealogie von Forschungsresultaten gilt, gilt ebenso für den Makrokosmos der Geschichte ganzer Wissenschaftsdisziplinen. Wissenschaftsgeschichtliche Forschung hat nichts zu tun mit der Rekonstruktion von Unentrinnbarem: Das Interesse dafür, wie und warum etwas so und nicht anders gekommen ist, impliziert die Frage, ob es nicht auch hätte anders kommen können und was einen anderen Ausgang verhindert hat. Die Beschäftigung mit der Fachgeschichte bedeutet in diesem Sinne also auch die Rekonstruktion von „Alternativen", die Rekonstruktion von psychologischen Ansätzen, Denkrichtungen und Verfahrensweisen, die sich – aus welchen Gründen auch immer – nicht durchgesetzt haben, die aber aus heutiger Sicht durchaus neue Perspektiven, d. h. neue Denk- und Forschungsmöglichkeiten eröffnen können. (Vgl. dazu Staeuble, 1991)

Wie man es auch dreht und wendet: Psychologiegeschichtliche Forschung ist, in der hier nur grob skizzierten Absicht betrieben, wohl fraglos ein Stück psychologischer Grundlagenforschung. Ob es sich dabei, wie Ludwig Pongratz (1967, S. 18) reklamierte, um einen „unentbehrlichen Teil" derselben handelt, das zu beurteilen muss dem Leser des vorliegenden Buches selbst überlassen bleiben.

Denkstil und Denkkollektiv

Nun geht es darum, jene Parameter festzulegen, auf die die folgende wissenschaftshistorische Untersuchung bezogen sein soll. Als solche Einheiten kommen z. B. in Frage: „Forscherpersönlichkeiten", „Ideen", „Gegenstandsbestimmungen", „Paradigmen" u. a. m. Die Wahl der Grundbegriffe wird letztlich von einem bestimmten Geschichtsbild, einer bestimmten Auffassung von der Entwicklung der Wissenschaft geleitet.

Werden große *Forscherpersönlichkeiten* zum Ausgang der Analyse gemacht, so wird sich die Geschichte der Wissenschaft wie von selbst als die Aneinanderreihung von Großtaten mehr oder weniger genialer Männer und Frauen schreiben. Auf die Unzulänglichkeiten eines solchen „Great-man-Ansatzes" ist in der einschlägigen Literatur zur Genüge hingewiesen worden: Man überantwortet die Entwicklung der Wissenschaften allein der Zufälligkeit individueller Schicksale, der Genialität Einzelner, die sich kraft ihres überlegenen Geistes von der Mittelmäßigkeit ihrer Umgebung abheben. Dieses Modell ist beispielsweise für die 1929 erschienene erste Auflage von Edwin G. Borings Standardwerk *A History of Experimental Psychology* bezeichnend. Für die zweite Auflage seines Buches hat Boring (1950) die offenbar selbst empfundenen Mängel eines rein biographischen Ansatzes durch die Einführung des Konzepts der „forces of the Zeitgeist" zu beheben versucht. Mit „Zeitgeist" meinte er das je vorherrschende geistig-intellektuelle Klima, das sich auf die Entwicklung psychologischen Wissens entweder fördernd oder hemmend auswirkt. Zwangsläufig mündet dieser Ansatz in einem logischen Zirkel: Der „Zeitgeist" wird aus den herrschenden gesellschaftlichen und kulturellen Erscheinungen herausgefiltert und dann eben diesen Erscheinungen als die sie verursachende Kraft zugrunde gelegt (Holzkamp, 1973, S. 39).

Ideengeschichte

Der Versuch, die Geschichte der Psychologie als eine Geschichte von *Ideen* zu rekonstruieren, impliziert, dass Entwicklung im Bereich der Wissenschaft als Selbstentfaltung von Theorien verstanden wird: Neuere, „bessere“ Konzepte gehen gleichsam aus älteren, „schlechteren“ hervor, indem sie diese „widerlegen“. In einem solchen Modell ist vorausgesetzt, dass die Erzeugung von Wissen ein kumulativer Prozess ist, dass also die Entwicklung von den Anfängen einer Disziplin bis hin zu ihrer Gegenwart durch Fortschritt charakterisiert ist. Die Idee des Fortschritts wiederum bedingt die Annahme einer besonderen, von der das Handeln im Alltag bestimmenden Rationalität verschiedenen, „wissenschaftlichen Vernunft“, die sich gleichsam hinter dem Rücken der Forscher über viele Wissenschafter-Generationen hinweg unaufhaltsam ihre Bahn bricht.

Auf eine eingehende wissenschaftstheoretische Erörterung dieser Problematik kann hier verzichtet werden, weil sich die einem solchen Konzept inhärenten logischen Schwierigkeiten auch an fachspezifischen Überlegungen zeigen lassen. Vor allem in den zwanziger und dreißiger Jahren des 20. Jahrhunderts war die Geschichte der deutschsprachigen Psychologie geprägt durch den Streit miteinander rivalisierender Schulen. Die damals so deutlich sichtbare Desintegration des Faches ist heute nur scheinbar überwunden: Zwar ist es dem Gros der wissenschaftlich arbeitenden Psychologen offenbar gelungen, einen Konsens herzustellen: einen Konsens darüber, dass die Psychologie ihre wissenschaftliche Legitimität vorwiegend aus der Fortentwicklung ihrer in der Statistik fundierten Methoden bezieht. Durch die Einschränkung des Begriffs „wissenschaftlich“ auf Fragen der Versuchsplanung und Anwendung von Auswertungsverfahren wird aber davon abgelenkt, dass die heutige Psychologie gekennzeichnet ist durch ein unverbundenes Nebeneinander verschiedener, zum Teil einander widersprechender Theorien bzw. theoretischer Minitrends. Zu Recht ist diese Zersplitterung der Disziplin mit dem Fehlen einer eindeutigen Gegenstandsbestimmung in Zusammenhang gebracht worden (vgl. z. B. Holzkamp, 1983). Wie, so lässt sich nun fragen, kann in einem wissenschaftlichen Fach von Fortschritt gesprochen werden, in dem bislang nicht einmal ein Einvernehmen darüber hergestellt werden konnte, wovon dieses angeblich immer „bessere“, „genauere“ etc. Wissen handelt oder handeln soll?

Pointiert ausgedrückt: Stellte der Siegeszug der US-amerikanischen behavioristischen Psychologie einen Fortschritt dar? Wenn die behavioristische Psychologie sich nicht mehr, wie die alte europäische Tradition, mit dem menschlichen Bewusstsein, sondern mit etwas anderem, nämlich mit dem Verhalten von Organismen befasst – wie können dann Konzeptionen, die dem eigenen Anspruch nach nicht auf ein und dasselbe bezogen sind, miteinander in Bezug gesetzt werden? Jeder Versuch, die Geschichte der Psychologie als einheitlich und kontinuierlich darzustellen, muss also an der Tatsache solcher – historisch nie überwundenen – Divergenzen in der begrifflichen Ordnung psychologischer Erfahrung scheitern.

An einem ideengeschichtlichen Ansatz wird festgehalten, wenn man sich von dem, durch das Fehlen eines Konsenses auf der Ebene der *Gegenstandsbestimmung* bedingte, Manko der Uneinheitlichkeit gerade durch die Beschäftigung mit der Geschichte zu befreien sucht. Ein Beispiel für eine solche problemgeschichtliche Analyse ist Karl Bühlers berühmtes Buch *Die Krise der Psychologie* (1927), in dem die philosophiegeschichtliche Untersuchung die Axiomatik psychologischen Wissens und damit die Einheitlichkeit seines Gegenstands begründen sollte. Bühlers Gedanke, dass verschiedene und letztlich einander ergänzende Ausgänge zu einem geschlossenen System wissenschaftlicher Erkenntnis hinführen könnten, wurde vierzig Jahre später von Ludwig J. Pongratz (1967) aufgegriffen und weiterentwickelt. Pongratz versuchte die im Laufe der Geschichte hervorgebrachten Gegenstandsbestimmungen – Bewusstsein und Unbewusstes, Erleben und Verhalten – als komplementäre Aspekte des „psychischen Lebens" und dieses selbst somit als den einen Gegenstand der wissenschaftlichen Psychologie aufzuweisen. Im Bemühen um eine Systematisierung psychologischer Problemstellungen wird die übergreifende Chronologie der Erzählung, wie sie für die traditionelle Ideengeschichte typisch ist, aufgegeben, und die Geschichte unter wechselnden Gesichtspunkten immer wieder von neuem aufgerollt. Die Historizität dieser Gesichtspunkte wird dabei aber nicht in Frage gestellt: So müssen die Polaritäten Bewusstsein und Unbewusstes, Erleben und Verhalten – Konzepte, die nichts anderes sind als kulturspezifische Konstrukte – als das seit jeher Gegebene, als überzeitliche Merkmale menschlicher Natur erscheinen, zu deren Entdeckung und Erkenntnis verschiedene psychologische Schulen oder Denktraditionen das eine oder das andere beigetragen haben. Es ist eben diese ahistorische Denkweise, die für die idealistische Wissenschaftsgeschichtsschreibung charakteristisch ist.

Sowohl im Great-man-Ansatz als auch in ideen- bzw. problemgeschichtlichen Konzeptionen bleibt ausgeblendet, dass Wissenschaft eine soziale Tätigkeit ist: Wissenschafter forschen nicht für sich allein, sondern in und für die

Gemeinschaft mit anderen. Und sie tun dies nicht losgelöst von, sondern innerhalb eines historisch gewachsenen Rahmens von Institutionen, in dem sie als gesellschaftlich relevant erachtete Aufgaben aufgreifen und in dem sie sich über den Nachweis ihrer Problemlösungskompetenz einc fcsten Platz zu sichern versuchen.

Den gesellschaftlichen, politischen und institutionellen Bedingungen der Entwicklung der Psychologie Rechnung zu tragen, ist Ziel von „sozialgeschichtlich" orientierten Untersuchungen, die im deutschen Sprachraum zunächst durch die Wissenschaftskritik der Studentenbewegung inspiriert waren. Standen in den siebziger Jahren Ansätze im Mittelpunkt, die an der historischen Herausbildung der modernen einzelwissenschaftlichen Psychologie deren gesellschaftliche Bedingtheit und ideologische Gebundenheit herauszuarbeiten suchten, so wurden in der nächsten Dekade mehr und mehr die Legitimationsstrategien der bereits etablierten Scientific Community und damit die Abhängigkeit der Fachentwicklung von universitäts- und allgemeinpolitischen Determinanten in den Vordergrund gerückt.[1] Dass die Wissenschaftergemeinschaft zur zentralen Analyseeinheit wurde, war vor allem der Rezeption der wissenschaftshistorischen Thesen Thomas S. Kuhns geschuldet.

Thomas S. Kuhn

Zentraler Begriff der Kuhn'schen Theorie ist der des *Paradigmas*: Kuhn verwendet den Ausdruck in seinem berühmten Essay über *Die Struktur wissenschaftlicher Revolutionen* (Kuhn, 1967) in – zumindest – zweierlei Bedeutung: Paradigmata sind ihm zum einen geglückte Problemlösungen, die – beispielhaft gebraucht – an die Stelle expliziter Regeln für die Lösung der übrigen Probleme in einem bestimmten Wissenschaftsbereich treten können. In der Psychologie mag man dabei etwa an Fechner denken oder an Ebbinghaus' Gedächtnisexperimente. Zum anderen steht Paradigma für den ganzen Komplex von Meinungen, Werten, Begriffen und Methoden, die von den Mitgliedern einer gegebenen wissenschaftlichen Gemeinschaft geteilt werden (Kuhn, 1969, S. 186): für eine Art von wissenschaftlichem Glaubenssystem, das bestimmt, was überhaupt als wissenschaftliches Problem zu betrachten ist, und das die Wege vorgibt, auf denen Lösungen dieser Probleme zu suchen sind.

1 Exemplarisch dafür ist Geuter (1984).

Kuhns Anliegen ist es, zu demonstrieren, dass die bislang gängigen Vorstellungen von einem kontinuierlichen Wachstum der Wissenschaften unhaltbar sind. Wissenschaft schreitet voran über den Wechsel von Phasen „normaler Wissenschaft", „krisenhafter Erschütterung" und „Revolution" zu einer neuen Periode „normaler Wissenschaft". Das in einer Phase „normaler Wissenschaft" von einer Forschergemeinschaft allgemein akzeptierte Paradigma wird zunächst durch eine wachsende Zahl von nicht mehr integrierbaren Befunden – „Anomalien", wie Kuhn sie bezeichnet – in Frage gestellt, schließlich in einer Phase der „wissenschaftlichen Revolution" von einem neuen, mit dem alten inkommensurablen Paradigma abgelöst. Ein neues Paradigma setzt sich – und das ist die eigentliche Pointe der Kuhn'schen Theorie – durch, nicht weil es irgendwie „genauer", „einfacher", „fruchtbarer", kurzum: „besser" ist als das alte, sondern weil sich vorerst einzelne, später dann die Mehrheit der in einem gegebenen Fachbereich tätigen Wissenschafter zu seiner Annahme entscheiden.

Eine kumulative Entwicklung des Wissens gibt es nur in Phasen der normalen Wissenschaft. Die Mitglieder der Scientific Community sind sich darin einig, welche Probleme wie zu lösen sind. Man führt Experimente durch, man nimmt Messungen vor etc. Der Ausgang ist meist von vornherein bekannt: Interessant ist, ob sich ein neuer Weg erschließen lässt, auf dem das Erwartete realisiert werden kann. Entsprechen die Ergebnisse nicht den Erwartungen, wird nicht die dem Experiment zugrunde liegende Theorie oder gar das die Theorie bedingende Paradigma, sondern die wissenschaftliche Fähigkeit des Experimentators in Frage gestellt. Kuhn vergleicht in diesem Zusammenhang die Tätigkeit von Wissenschaftern mit dem Lösen von Rätseln. Erfolgreiche Forscher sind ihm nichts anderes als Experten im Puzzle-Solving. Diese Analogie dient ihm auch dazu, den esoterischen Charakter vieler wissenschaftlichen Fragestellungen zu erklären: Kriterium für die Güte einer Rätselfrage ist nicht, ob sie in sich interessant oder wichtig ist, sondern ob sich dafür eine Lösung finden lässt. Viele wirklich drängenden Probleme der Menschheit sind keine wissenschaftlichen Probleme, einfach deshalb, weil sie keine Lösung haben. Ein Rätsel ohne Lösung ist kein Rätsel mehr (Kuhn, 1967, S. 50–51).

Indem Kuhn den Konsens über Probleme und Lösungswege innerhalb einer Wissenschaftergemeinschaft zur Voraussetzung von wissenschaftlicher Forschung macht, muss er sich auch dafür interessieren, wie ein solcher Gruppenkonsens überhaupt zustande kommen kann. Damit sind aber kommunikative Prozesse innerhalb einer sich formierenden Scientific Community und damit diese selbst als Analyseeinheit ins Zentrum der wissenschaftsgeschichtlichen Forschung gerückt. Man kann nun z. B. fragen, durch welche Mechanismen innerhalb einer Scientific Community die Weitergabe und damit die Aufrechterhaltung des Paradigmas garantiert wird. Für die Rekonstruktion der Geschichte der Psychologie wichtig ist auch ein Gedanke, der bei Kuhn allerdings nur am Rande Berücksichtigung findet: Eine etablierte Wissenschaftergemeinschaft muss sich – zum Teil in Konkurrenz zu anderen Gruppen – innerhalb eines vorgegebenen gesellschaftlichen und politischen Kontextes behaupten und durchsetzen. Indem man solche fachpolitischen Interessen zum Gegenstand wissenschaftsgeschichtlicher Analysen macht, kann man die Wissenschaftergemeinschaft als die vermittelnde Instanz zwischen gesellschaftlichen Prozessen einerseits und wissenschaftlichem Denken und Handeln andererseits begreifen. Diesem Ansatz ist – mehr oder weniger explizit – ein großer Teil der neueren sozialgeschichtlich orientierten Forschung zur Geschichte der Psychologie verpflichtet.

Die Thesen Kuhns wurden an der Geschichte der Naturwissenschaften entwickelt. Sie auf die Geschichte der Psychologie zu übertragen, erweist sich als problematisch. Einen von allen Angehörigen der Scientific Community geteilten Bestand an Modell- und Leitvorstellungen, an Begrifflichkeit und Methodologie, wie er etwa in der Physik oder in Biologie selbstverständlich vorausgesetzt ist, hat es in der Psychologie nie gegeben. Das – für die Geschichte des Faches so bezeichnende – Nebeneinander verschiedener Paradigmata ist der Kuhn'schen Argumentation zufolge ein Zeichen für den vor-paradigmatischen Zustand der Disziplin. Da Kuhn die Existenz eines Paradigmas als Kriterium der Abgrenzung von Wissenschaft und Nicht-Wissenschaft versteht (vgl. Kuhn, 1970), ist vor-paradigmatisch ein Synonym für vor-wissenschaftlich. Daran ändert nichts, dass Kuhn selbst sich an zentralen Stellen seiner Theorie gerade auf psychologische, d. h. im Eigentlichen vorwissenschaftliche Befunde stützt.

Ludwik Fleck

Nicht nur um den – für die konkrete psychologiegeschichtliche Forschung fruchtlosen – Diskussionen über die Paradigmenreife der Psychologie zu entgehen, sondern auch um der im Kuhn'schen Modell noch mehr implizit entwickelten handlungstheoretischen Perspektive zum Durchbruch zu verhelfen, wird in der hier vorliegenden Abhandlung der Begriff des *Denkstils* dem Kuhn'-

schen Konzept des Paradigmas vorgezogen. Damit rückt ein Autor in den Mittelpunkt des Interesses, der – lange Zeit vergessen – heute gemeinhin als wichtigster Anreger der Kuhn'schen Theorieentwicklung gilt: der polnische Bakteriologe Ludwik Fleck, der 1935 ein Buch über *Die Entstehung und Entwicklung einer wissenschaftlichen Tatsache* erscheinen ließ, das als eine Art Streitschrift gegen die neopositivistischen Philosophen des Wiener Kreises gedacht war.[2] Am Beispiel der Entwicklung der sogenannten Wassermann-Probe zum Nachweis der Syphilis versuchte Fleck zu zeigen, dass es sich bei der Feststellung von wissenschaftlichen Tatsachen – der etymologischen Wurzel des Begriffs Tatsache entsprechend – um Konstruktionen und nicht um die Entdeckung von natürlich gegebenen Sachverhalten handelt.

Ausgangspunkt der Fleck'schen Erkenntnistheorie ist die zunächst trivial anmutende Bemerkung, dass „bereits Erkanntes die Art und Weise neuen Erkennens" beeinflusst. Die Folgerungen, die Fleck daraus zog, sind alles andere als trivial: Erkennen ist kein individueller Prozess, sondern – weil stets an überindividuell bestehende Erkenntnisbestände anschließend – das Ergebnis einer *sozialen Tätigkeit.* Der Satz: „Jemand erkennt etwas" ist daher unvollständig, nicht sinnvoll. Er verlangt nach einem Zusatz: „Jemand erkennt etwas" z. B. „aufgrund eines bestimmten Erkenntnisbestandes" oder besser: „als Mitglied eines bestimmten Kulturmilieus" oder am besten: „in einem bestimmten Denkstil, in einem bestimmten Denkkollektiv" (Fleck, 1935, S. 54).

Wissenschaftliche Forschung ist etwas, das grundsätzlich kooperativ veranstaltet ist, etwas, das auf von Wissenschaftergruppen geteiltem Wissen, auf von einer Scientific Community akzeptierten Spekulationen oder Überzeugungen beruht. Ein wissenschaftliches Denkkollektiv ist daher nichts anderes als eine Gemeinschaft von Wissenschaftern, die bestimmte Grundanschauungen teilt: eine Forschergruppe im Labor, eine wissenschaftliche Schule, eine Fachgemeinschaft – je nachdem, was als Untersuchungseinheit gerade in Frage steht. Die „denkmäßigen" Voraussetzungen, die einer Gruppe gemeinsam sind und ihrer Arbeit zugrunde liegen, nennt Fleck ihren Denkstil. Dass diese Voraussetzungen aus vorwissenschaftlichen Vorstellungen hervorgehen, zeigt er an der Genese des wissenschaftlichen Begriffs der Syphilis: Die Erfindung der Wassermann-Probe kommt der Erfüllung eines alten sozialen Wunsches gleich: dem Nachweis des „verdorbenen" Blutes des Luetikers.

Die aus vorwissenschaftlichen Kollektivvorstellungen abgeleiteten Voraussetzungen wissenschaftlichen Beobachtens stellen die soziale Seite des Er-

2 Zur Biographie von Ludwik Fleck vgl. Schäfer u. Schnelle (1980).

kenntnisakts dar. Fleck nennt sie „aktive Koppelungen". Die sich aus der auf der Grundlage der „aktiven Koppelungen" durchgeführten Forschung wie zwangsläufig ergebenden Zusammenhänge bezeichnet er entsprechend als „passive Koppelungen". Sie muten wie „sachliche", „wirkliche" Beziehungen an und bilden mithin „das, was als objektive Wirklichkeit empfunden wird" (ebd., S. 56). Der Akt des Feststellens dieser zwangsläufigen Folgerungen bildet den individuellen Anteil am Erkenntnisvorgang. Erkennen bedeutet also: „bei bestimmten aktiv vorgenommenen Voraussetzungen die zwangsmäßig, passiv sich ergebenden Zusammenhänge festzustellen" (ebd., S. 85).

Es gibt kein „reines", d. h. voraussetzungsloses Beobachten: Vor und im Forschungsprozess getroffene Selektionen, d. h. die Entscheidung für bestimmte begriffliche und apparative Voraussetzungen, allgemein: Der für ein bestimmtes Denkkollektiv spezifische Denkstil bestimmt, was der einzelne Forscher – im wörtlichen Sinn – „sehen", „feststellen", „erkennen" kann. Die Abhängigkeit der Feststellung wissenschaftlicher „Tatsachen" vom Denkstil wird von Fleck mit gestaltpsychologischen Überlegungen zu untermauern versucht. Wissenschaftliches Beobachten zerfällt in zwei Phasen: in das „unklare anfängliche Schauen" und in das „entwickelte unmittelbare Gestaltsehen". Das unmittelbare Gestaltsehen setzt ein „Erfahrensein" in einem bestimmten Denkgebiet voraus: Die Fähigkeit, im Beobachten eines komplexen Zustands oder Vorgangs „Sinn", „Gestalt", eine „geschlossene Einheit" unmittelbar wahrzunehmen, ist also an Vorerfahrung, an eine Vorbildung gebunden. Mit Zunahme dieser Fähigkeit geht freilich ein Verlust einher, nämlich etwas „der Gestalt Widersprechendes" sehen zu können. Gestaltsehen, so kann Fleck schließlich sagen, ist eine „ausgesprochene Denkstilangelegenheit". Im Gegensatz dazu ist das unklare anfängliche Schauen „stillos": „Man kann so oder so sehen, fast willkürlich. Es fehlt der Halt, der Zwang, der Widerstand, der ‚feste Boden der Tatsachen'." (Ebd., S. 121–122) Der Prozess der Entstehung einer wissenschaftlichen Erkenntnis lässt sich nun als Übergang vom willkürlichen zum zwangsläufigen Sehen und Denken veranschaulichen. Am Beginn steht die Unsicherheit: „Der Forscher tastet: alles weicht zurück, nirgends ein fester Halt. Alles wird als artifizielle, willensmäßige eigene Wirkung empfunden. [...] Er sucht den Widerstand, den Denkzwang, dem gegenüber er sich passiv fühlen könnte. Aus Erinnerung und Erziehung melden sich Helfer: [...] Sie fördern und hemmen. Die Arbeit des Forschers heißt: im verwickelten Gemenge, im Chaos, dem er gegenübersteht, das, was seinem Willen gehorcht, von dem, was sich von selbst ergibt und sich dem festen Willen widersetzt, zu unterscheiden. Dies ist der feste Boden, den er, oder eigentlich das Denkkollektiv, sucht, und immer wieder sucht. Dies sind die passiven Koppelungen, wie wir sie nannten. Die allgemeine Richtung der Erkenntnisarbeit ist also: *größter Denkzwang bei kleinster Denkwillkürlichkeit.*" (Ebd., S. 124)

Die weit reichenden wissenschaftssoziologischen Implikationen des Fleck'schen Ansatzes können an dieser Stelle nicht eingehend erörtert werden. Hier soll es genügen, auf die grundsätzliche methodische Bedeutung dieser Konzeption für die Wissenschaftsgeschichtsschreibung hinzuweisen. Ein großer Teil der neueren deutschsprachigen psychologiegeschichtlichen Arbeiten bleibt in der Entwicklung einer sozialgeschichtlichen Betrachtungsweise an der überkommenen Differenzierung von „externen" oder „sozialen" und „internen" oder „kognitiven" Faktoren des wissenschaftlichen Wandels orientiert. Sozialgeschichtlichen Arbeiten gemeinsam ist, dass sie den Einfluss des sozialen Kontextes wissenschaftlicher Arbeit gegenüber den internalen, allein auf den Begründungszusammenhang wissenschaftlicher Aussagen bezogenen Faktoren in den Vordergrund rücken. Dabei wird jedoch von der idealistischen Tradition wissenschaftsgeschichtlicher Forschung unbesehen die Orientierung an den *Resultaten* wissenschaftlicher Forschung übernommen und der Einfluss „des Sozialen" in den *fertigen Produkten* – z. B. in wissenschaftlichen Theorien – und nicht in den *fertigenden Handlungen* der Wissenschafter gesucht. Eine solche radikal handlungstheoretische Perspektive vorgezeichnet zu haben, ist das Hauptverdienst Ludwik Flecks.

Vorgeschichte

Wissenschaftsgeschichtlicher Kontext

Die Anfänge der Psychologie als eine an den Universitäten etablierte Einzeldisziplin lassen sich im deutschen Sprachraum dort ausmachen, wo aus den Naturwissenschaften, insbesondere aber aus der Physiologie entlehnte Denk- und Arbeitsweisen in den Diskussionszusammenhang der Philosophie integriert wurden. Nicht umsonst gilt heute immer noch Wilhelm Wundt als „Gründungsvater“: ein „gelernter“ Physiologe, der nach Leipzig auf eine Professur für Philosophie berufen wurde und dort 1879 das erste experimentalpsychologische Laboratorium der Welt begründete. Die Errichtung eines Instituts macht aber noch keine neue Wissenschaft. Betrachtet man die Geschichte der Herausbildung der einzelwissenschaftlichen Psychologie allein nach institutionellen, d. h. nach formalen Gesichtspunkten, so ist festzuhalten, dass das Fach bis in die Zeit des Nationalsozialismus an die Mutterdisziplin Philosophie gebunden blieb. Die Loslösung der Psychologie von der Philosophie war also ein langwieriger und in sich widersprüchlicher Vorgang. Ein Vorgang, der nur verstanden werden kann, wenn er von beiden Seiten her, aus der Sicht der Psychologie *und* der Philosophie zu rekonstruieren versucht wird. Die Geschichte der Ausdifferenzierung der Psychologie ist nämlich nicht bloß als Geschichte der Verselbständigung von, sondern auch als eine Geschichte der Abstoßung durch die Philosophie zu schreiben. Sie ist durch diese zwei gleichzeitig wirkenden Tendenzen charakterisiert: Zum einen führte die Übernahme der im Kontext der Naturwissenschaften entwickelten Methoden die Psychologie zu einer Absetzbewegung gegenüber der „reinen“, „spekulativen“ Philosophie. Zum anderen geriet die Philosophie in eine Gegenbewegung, indem sie sich eben von diesen psychologistischen Strömungen zu distanzieren und in der Folge die experimentelle Psychologie auszugrenzen begann. (Schmidt, 1995)

Wilhelm von Humboldts Universitätsreform

Will man die komplexen Ursprünge der einzelwissenschaftlichen Psychologie verstehen, so muss man beim Struktur- und Funktionswandel der Wissenschaft, wie er sich in der ersten Hälfte des 19. Jahrhunderts vollzog, und der damit zusammenhängenden Identitätskrise der deutschsprachigen Philosophie ansetzen. Die Rahmenbedingungen für diesen Wandel waren mit der im Jahr 1809 in Berlin gegründeten Friedrich-Wilhelm-Universität geschaffen worden. Konzeptionalisierung und Umsetzung dieses für die Verfassung der deutschen Universität des 19. und 20. Jahrhunderts beispielgebenden Modells lag in den Händen Wilhelm von Humboldts. Die – gegen die ganz auf staatliche Verwertungszwecke festgelegte Universität des Absolutismus gerichteten – Grundprinzipien, an denen Humboldt sein Reformwerk orientierte, waren „akademische Freiheit" und „Einheit von Forschung und Lehre". „Akademische Freiheit" bedeutete in institutioneller Hinsicht: „das Recht auf Selbstverwaltung unter staatlicher Rechtsaufsicht; eigene Haushaltsführung; das durch das Berufungsrecht des Ministers eingeschränkte Selbstergänzungsrecht der Fakultäten […]; die Abtrennung der Staatsprüfungen von den staatsunabhängigen akademischen Prüfungen; Lehrfreiheit für die Professoren und Dozenten und nur formal, d. h. durch die Abituranforderung eingeschränkte Zugangsfreiheit für die Studenten" (Schnädelbach, 1983, S. 38).

Lehrfreiheit für Professoren und Dozenten hieß formal: Abschaffung der für die absolutistische Universität geltenden Vorschrift, nach einem von staatlicher Seite vorgeschriebenen Lehrbuch vorzutragen. Inhaltlich bedeutete das: den Anspruch auf Erreichbarkeit von endgültig feststehendem, „wahrem" Wissen aufzugeben. Wissenschaft ist – so Humboldt – „als etwas noch nicht ganz Gefundenes und nie ganz Aufzufindendes zu betrachten", das es „unablässig […] zu suchen" gelte. Dieses unablässige Suchen nach Wahrheit, das nie zu einem absoluten Ende kommen kann, nannte Humboldt das „Forschen". „Einheit von Forschung und Lehre" bedeutete mithin, dass nicht von vornherein fixiertes Wissen, also „Wahrheit", sondern die ständige Suche nach Wahrheit als das eigentlich Lehrbare begriffen wurden (ebd., S. 41).

Das so verstandene Ideal der Forschung war ein bloß abgeleitetes: abgeleitet aus dem umfassenderen Begriff der „allgemeinen Bildung". Allgemeine Bildung hieß – im Gegensatz zur speziellen – selbsttätige Entfaltung *aller*, d. h. der geistigen *und* sittlichen Kräfte des Individuums. Bildung durch Wissenschaft war für Humboldt also zugleich auch *Versittlichung* des Menschen: Vom „philosophischen Selbstdenken der Wahrheit in ihrer Allgemeinheit", d. h. vom Bemühen um systematische begriffliche Erfassung der Wirklichkeit, wurde erwartet, dass es „auch das menschliche Handeln an den Ort des Rechten bringt" (ebd., 42–43).

Es war die Systemphilosophie Fichtes, Schellings und Hegels, die dem von Humboldt entworfenen Modell der individuellen Bildung durch Forschung gleichsam als Universaldisziplin zugrunde lag. Die Gleichsetzung von Philosophie und Wissenschaft begann aber mit dem raschen Aufstieg der Naturwissenschaften um die Mitte des 19. Jahrhunderts problematisch zu werden.

Die nun propagierte Unterordnung der Theorie unter die Erfahrung führte zu dem, was Max Weber später einmal als die „Entzauberung der Welt" bezeichnen sollte: die Reduktion des Bestehenden auf „Faktisches", das ohne immanenten Sinn und Wert eben nur für sich besteht.

Identitätskrise der Philosophie

Die Veränderung, von der die deutschsprachige Wissenschaftskultur um die Mitte des 19. Jahrhunderts erfasst wurde, lässt sich am Bedeutungswandel des Begriffs „Forschung" demonstrieren: Forschung ist nicht mehr die individuelle Suche nach der allgemeinen begrifflichen Erfassung von Wirklichkeit, sondern die Anwendung der von einer Forschergemeinschaft allgemein akzeptierten, prinzipiell lehr- und erlernbaren Verfahren – „Methoden" – zur Lösung konkreter Problemstellungen. Mit der „Methodisierung" der Wissenschaft ging also die Entpersönlichung der Forschung einher. Die sittliche Vervollkommnung durch „Bildung" wurde zur Privatangelegenheit, die wissenschaftliche Forschung zum Beruf, der nicht allgemeine Bildung, sondern eine bestimmte Ausbildung zur Voraussetzung hatte. Mit der rasch voranschreitenden und von spektakulären Erfolgen begleiteten Empirisierung und Spezialisierung der Wissenschaften verlor die Philosophie ihre Stellung als die den Einzelfächern übergeordnete Königsdisziplin. In den Augen vieler Naturwissenschafter hatte sich die idealistische Systemphilosophie vor allem aufgrund ihrer haltlosen naturphilosophischen Spekulationen wissenschaftlich blamiert. Die Art und Weise, wie etwa Hegel das Verhältnis von Theorie und Erfahrung – und damit das Verhältnis von Philosophie und Einzelwissenschaft – bestimmte, musste ihnen nun geradezu als lächerlich erscheinen: „Die Naturphilosophie nimmt den Stoff, den die Physik ihr aus der Erfahrung bereitet, an dem Punkte auf, bis wohin ihn die Physik gebracht hat, und bildet ihn wieder um, ohne die Erfahrung als die letzte Bewährung zu Grunde zu legen; die Physik muss so der Philosophie in die Hände arbeiten, damit diese das ihr überlieferte verständige Allgemeine in den Begriff übersetze, indem sie zeigt, wie es als ein in sich selbst notwendiges Ganzes aus dem Begriff hervorgeht." (zit. n. Schnädelbach, 1983, S. 109)

Kein Wunder, dass man aus der Perspektive eines gerade im Begriff der Erfahrung gegründeten Wissenschaftsverständnisses dieser Art des Philosophierens mit Geringschätzung begegnete. Die Philosophie, die an der Durchsetzung des neuen Forschungsmodells von Wissenschaft keinen Anteil hatte, geriet in eine tiefe Identitätskrise. Zu einem guten Teil wenigstens ist, wie Schnädelbach (1983) zeigt, die Geschichte der Philosophie nach Hegels Tod im Jahr 1831 als Geschichte verschiedener Versuche zur Bewältigung dieser Krise zu schreiben. Diese – philosophischen – Reaktionen auf den allseits beklagten Niedergang der Philosophie stellten den Kontext her, in dem die „neue" Psychologie entstehen sollte.

Krisenbewältigung

Das, was weiter oben als die Übernahme von Denk- und Arbeitsweisen aus den Naturwissenschaften in die Philosophie bezeichnet wurde, kann nun näher bestimmt werden: Eine wichtige Quelle für die Herausbildung einer naturwissenschaftlichen Psychologie bildeten solche Ansätze, die die in Misskredit geratene Philosophie rehabilitieren wollten, indem sie ihr einen von den Einzelwissenschaften unabhängigen Gegenstandsbereich zuwiesen, der ganz nach Art, d. h. nach dem Vorbild der übrigen Naturwissenschaften zu behandeln war. Das Feld, das dazu besonders geeignet schien, war das der philosophischen Erkenntnistheorie. Der entscheidende Impuls ging zunächst von Naturwissenschaftern, insbesondere aber von Sinnesphysiologen aus. Ihr Programm einer Empirisierung von Logik und Erkenntnistheorie war von Anfang an mit einer Rückbesinnung auf Kant verbunden.[3] Aus eben diesem erkenntnistheoretischen Diskussionszusammenhang vermochte schließlich auch eine methodisch an den Naturwissenschaften orientierte Psychologie sowohl Fragestellungen als auch wissenschaftliche Legitimität zu beziehen.

Eine andere Möglichkeit der Erneuerung der Philosophie ist beispielsweise von Franz Brentano verfolgt worden: Brentano hatte in den Jahren vor seiner Berufung an die Wiener Universität die allein auf Erfahrung gestützte Analyse „psychischer Zustände" als ureigenstes Aufgabengebiet der Philosophie und damit die Psychologie als Grundlagenfach der Philosophie festgelegt.[4] Die Ausarbeitung seines Programms, das die Philosophie auf der Basis der Psychologie rehabilitieren sollte, wurde von ihm mit seiner *Psychologie vom empirischen Standpunkte* (Brentano, 1874b) in Angriff genommen.

Beide Ausgangspunkte für die Herausbildung einer naturwissenschaftlichen Psychologie – die Rehabilitierung der Philosophie durch Umdeutung

3 Die „physiologisierende" Kant-Deutung von Hermann Helmholtz wird im letzten Teil dieses Abschnitts ausführlich erörtert.

4 Vgl. Benetka (1999) und S. 166–220 im 3. Abschnitt dieses Buches.

erkenntnistheoretischer in psychologische Problemstellungen und Erneuerung der Philosophie überhaupt auf Grundlage der Psychologie – riefen schließlich eine mächtige Gegenbewegung auf den Plan. Gerade in der Abkehr von diesen beiden Spielarten des Psychologismus gewann die „reine" Philosophie erneut an Kraft: So begann sich die breite, aber in sich sehr uneinheitliche Bewegung des Neukantianismus (vgl. etwa Köhnke, 1986) Anfang der achtziger Jahre geschlossen von allen Formen psychologisierender Erkenntnistheorie zu distanzieren. Der Versuch, die Domäne des Apriori – die Kantischen Anschauungsformen und Kategorien – empirisch zu behandeln, wurde als Grenzüberschreitung betrachtet. „Zurück zu Kant" bedeutete nun die Aufnahme und Fortführung des kritizistischen Erbes – und das nicht nur im Bereich der Erkenntnistheorie, sondern auch in jenem der Ethik, der Ästhetik, der Religionsphilosophie etc. (Schmidt, 1995, S. 78–92).

Die Neukantianer haben die Psychologie nicht abgelehnt, sondern ihr den Status einer – letztlich in der Begründung ihrer einzelwissenschaftlichen Forschung von der transzendentalen Erkenntniskritik abhängigen – naturwissenschaftlichen Einzeldisziplin zugeschrieben. Dieses Verhältnis von Logik – in deren weiterer Bedeutung, welche Erkenntnistheorie und Methodenlehre miteinschließt – und Psychologie letztlich auf den Begriff gebracht zu haben, war das Verdienst der Psychologismuskritik Edmund Husserls. Husserl konnte im ersten Band seiner *Logischen Untersuchungen* (Husserl, 1900) den – wie er meinte – kardinalen Denkfehler der Psychologisierung der Logik als reflexiven Zirkel aufweisen: Empirische Aussagen über Psychisches müssen selbst logische Prinzipien (logische Regeln, Gesetze, Schlussfolgerungen) in Anspruch nehmen, deren Gültigkeit somit voraussetzen. Die Begründung der Gültigkeit kann daher niemals das Geschäft empirischer Forschung sein. Sie muss für sich selbst, d. h. in Form einer „reinen Logik" geleistet werden (vgl. dazu ebd., insbes. S. 84–88).

Kant

Die Frage nach der Möglichkeit einer von der Philosophie separierten Naturwissenschaft Psychologie hatte erstmals Immanuel Kant aufgeworfen. Im ersten Absatz der Vorrede zu seiner Schrift *Metaphysische Anfangsgründe der Naturwissenschaft* von 1786 wurde zunächst der Begriff Natur als „der Inbegriff aller Dinge, so fern sie *Gegenstände unserer Sinne*, mithin auch der Erfahrung sein können", also als „das Ganze aller Erscheinungen, d. i. die Sinnenwelt, mit Ausschließung aller nicht sinnlichen Objekte", bestimmt. Weiter heißt es dann: „Die Natur in dieser Bedeutung des Wortes genommen, hat nun, nach der Hauptverschiedenheit unserer Sinne, zwei Hauptteile, deren der eine die Gegenstände *äußerer*, der andere den Gegenstand des *inneren* Sinnes enthält, mithin ist von ihr eine zwiefache Naturlehre, die *Körperlehre* und *Seelenlehre* möglich, wovon die erste die *ausgedehnte*, die zweite die *denkende* Natur in Erwägung zieht." (Kant, 1786, S. 11)

Anders als bei Descartes handelt es sich bei der „ausgedehnten" und „denkenden Natur" nicht um zwei verschiedene Substanzen. Unterscheidungskriterium ist allein die Form der Wahrnehmung: alles das, was den äußeren Sinnen gegeben ist, gehört zur Körperlehre. Erscheinungen, die durch den inneren Sinn erfasst werden, sind Gegenstand der Seelenlehre.

Die Unhaltbarkeit eines substantiellen Seelenbegriffs hatte Kant schon in seiner *Kritik der reinen Vernunft* erwiesen (Kant, 1781, insbes. S. 341–398). Das Vorgehen der Rationalisten, aus meinem Selbstbewusstsein, d. h. aus dem Umstand, dass ich mich selbst als das Subjekt meiner Erfahrungen identifizieren kann, die substantielle Existenz eines Ichs, eines Selbst, einer Seele abzuleiten, war für Kant ein Paralogismus: ein unzulässiger Schluss von einer Erfahrungsgegebenheit auf eine jenseits der Erfahrung existierende Entität. Die Seelenlehre konnte mithin keine rationale Wissenschaft sein: Es bleibt, so folgerte Kant, nichts anderes übrig, „als unsere Seele an dem Leitfaden der Erfahrung zu studieren und uns in den Schranken der Fragen zu halten, die nicht weiter gehen, als mögliche innere Erfahrung ihren Inhalt darlegen kann" (ebd., S. 384).

Die Psychologie muss also eine empirische Disziplin sein. Die empirische Grundlage allein reicht allerdings nicht aus, um aus einer Disziplin eine „eigentliche Wissenschaft" zu machen. „*Eigentliche* Wissenschaft", so bestimmte Kant, „kann nur diejenige genannt werden, deren Gewißheit apodiktisch ist; Erkenntnis, die bloß empirische Gewißheit enthalten kann, ist ein nur uneigentlich so genanntes *Wissen.*" Zwar ist „dasjenige Ganze" jeder Erkenntnis, das „systematisch ist", schon allein darum als „Wissenschaft" zu bezeichnen – und, „wenn die Verknüpfung der Erkenntnis in diesem System ein Zusammenhang von Gründen und Folgen ist, so gar *rationale* Wissenschaft". Wenn aber diese Gründe in ihr, „wie z. B. in der Chemie, doch zuletzt bloß empirisch sind, und die Gesetze, aus denen die gegebenen Facta durch die Vernunft erklärt werden, bloß Erfahrungsgesetze sind, so führen sie kein Bewußtsein der Notwendigkeit bei sich (sind nicht apodiktisch-gewiß) und alsdenn verdient das Ganze in strengem Sinn nicht den Namen einer Wissenschaft, und Chymie sollte daher eher systematische Kunst, als Wissenschaft heißen" (Kant, 1786, S. 12). Die Begründung offenbart das Ideal, das der Rede von der eigentlichen Wissenschaft zugrunde lag: die Newton'sche Wissenschaft der klassischen Mechanik. Für „die chymischen Wirkungen der Materien" kann – anders eben als für ein System sich bewegender Körper wie es etwa die Planeten darstellen – „kein Gesetz der Annäherung oder Entfernung der Teile" angegeben werden, „nach welchem etwa in Proportion ihrer Dichtigkeiten u.d.g. ihre Bewegungen samt ihren Folgen sich im Raume a priori anschaulich machen und [mathematisch] darstellen lassen" (ebd., S. 15).

In seiner *Kritik der reinen Vernunft* hatte Kant (1781) die Synthese von Empirismus und Rationalismus zu leisten versucht. Weder die Erfahrung, die Sinnlichkeit, noch der Verstand allein können, so meinte er, zu Erkenntnis führen. Erstere vermittelt Inhalt ohne Form, letzterer Form ohne Inhalt. Die Sinnlichkeit liefert also das Material, das der Verstand ordnet, verarbeitet. Die Elemente des Verstands, die a priori gegeben sind, nannte Kant Kategorien. Sie brauchen in dem hier zur Diskussion stehenden Zusammenhang nicht weiter zu interessieren. Wichtig hingegen ist, dass auch die Anschauungen, die im Prozess der Erkenntnis der Tätigkeit des Verstandes vorausgehen, gleichsam vorgeformt sein müssen. Alles, was wir als Dinge der Außenwelt wahrnehmen, nehmen wir als etwas wahr, das entweder gleichzeitig da ist oder aufeinander folgt. Alles, was wir erfahren, ist also immer in einen Rahmen zeitlicher und räumlicher Relationen eingeordnet. Die entscheidende Kantische Idee ist es nun, dass Raum und Zeit keine Eigenschaften der Dinge sind und auch nicht im Nachhinein aus den Dingen erschlossen werden. Raum und Zeit sind vielmehr Eigenschaften unseres Erkenntnisvermögens. Sie gehen jeder Sinneserfahrung voraus, sie strukturieren, ordnen diese. Ohne diese raum-zeitliche Ordnung bliebe das, was uns gegeben ist, bloß eine gestaltlose Masse von Empfindungen. Die Einordnung in Raum und Zeit macht aus Empfindungen Erscheinungen. Auf dem Umstand, dass Raum und Zeit als apriorische Anschauungsformen in uns selbst liegen, beruht für Kant die Möglichkeit der „reinen" Mathematik.

Die prinzipielle Anwendbarkeit der Mathematik entscheidet nach Kant über den wissenschaftlichen Status jeder besonderen Naturlehre: „Ich behaupte aber", so hieß es in den *Metaphysischen Anfangsgründen,* „daß in jeder besonderen Naturlehre nur so viel *eigentliche* Wissenschaft angetroffen werden könne, als darin *Mathematik* anzutreffen ist." Jede eigentliche Wissenschaft der Natur erfordert „einen reinen Teil, der dem empirischen zum Grunde liegt, und der auf Erkenntnis der Naturdinge a priori beruht" (Kant, 1786, S. 14). Damit war das Argument vorbereitet, mit dem Kant der „empirischen Seelenlehre" den „Range einer eigentlich so zu nennenden Naturwissenschaft" absprechen zu müssen glaubte: In der Psychologie ist Mathematik nicht zur Anwendung zu bringen, weil deren empirisches Material – die „Phänomene des inneren Sinnes" – keine räumliche Ausdehnung hat: „Denn die reine innere Anschauung, in welcher die Seelen-Erscheinungen konstruiert werden sollen, ist die *Zeit*, die nur eine Dimension hat." Weil die Möglichkeit reiner Mathematik aber auf den Anschauungsformen Raum *und* Zeit beruht, kann die Psychologie „niemals etwas mehr als eine historische, und, als solche, [...] systematische Naturlehre des inneren Sinnes, d. i. eine Naturbeschreibung der Seele, aber nicht Seelenwissenschaft [...] werden" (ebd., S. 16).

Doch damit nicht genug: In den Augen Kants war die Psychologie nicht nur eine „bloß empirische" Disziplin, sondern noch dazu eine Disziplin, deren empirische Grundlage selbst problematisch ist. Nicht einmal als „systematische Zergliederungskunst" oder „Experimentallehre" – ein Status den Kant der ansonsten ebenfalls als „uneigentliche Wissenschaft" qualifizierten Chemie zugestand – ließ Kant die Psychologie gelten. Ein Experimentieren nach der Art der Chemie ist in der Psychologie undenkbar, „weil sich in ihr das Mannigfaltige der inneren Beobachtung nur durch bloße Gedankenteilung von einander absondern, nicht aber gesondert aufbehalten und beliebig wiederum verknüpfen, noch weniger aber ein anderes denkendes Subjekt sich unseren Versuchen der Absicht angemessen von uns unterwerfen lässt, und selbst die Beobachtung an sich schon den Zustand des beobachteten Gegenstandes alteriert und verstellt" (ebd., S. 16).

Kants Beitrag zur Herausbildung der einzelwissenschaftlichen Psychologie war also doppeldeutig: Das Studium der dem inneren Sinn gegebenen Erscheinungen war etwas gänzlich anderes als die Klärung der Bedingungen der Möglichkeit von Erkenntnis. Mit dieser Unterscheidung hatte Kant der Psychologie ein vom Bereich der Philosophie klar getrenntes Aufgabenfeld zugeschrieben. Erörterungen der methodischen Seite der empirischen Psychologie, d. h. Erörterungen der Frage, wie die Psychologie ihren Aufgaben nachzukommen hat, konnte Kant als Philosoph im Allgemeinen belassen. Philosophisch relevant war bloß die Beurteilung ihres wissenschaftlichen Status. Und die fiel negativ aus. Kants Skepsis gegenüber den Möglichkeiten einer wissenschaftlichen Psychologie gründeten sich unter anderem auch darauf, dass er den methodischen Zugang zu den Phänomenen des inneren Sinnes kritisch betrachtete: die Introspektion schien ihm ein äußerst unsicheres Mittel der Untersuchung zu sein.

Das wahre Wesen des Subjekts, das denkt, will und urteilt, war auf dem Wege der inneren Erfahrung nicht zu erschließen, weil ich mich selbst in der inneren Erfahrung nur erkennen kann, wie ich mir selbst *erscheine* – womit für Kant die Unmöglichkeit einer rationalen Psychologie begründet war. Aber auch die bloße Beschreibung und Ordnung der seelischen Erscheinungen sah er als schwierig an, nicht zuletzt auch deshalb, weil eben „die Beobachtung an sich schon den Zustand des beobachteten Gegenstandes alteriert und verstellt". Auf diesen Einwand wird im Fortgang der Darstellung immer wieder zurückzukommen sein: bei der Erörterung der experimentellen Psychologie Wilhelm Wundts z. B., oder dann vor allem auch bei der Diskussion der phänomenologischen Psychologie Franz Brentanos.

Kant selbst hatte aus seiner Skepsis gegenüber der Methode der Selbstbeobachtung schließlich auch die Konsequenz gezogen. In seiner späten Schrift *Anthropologie in pragmatischer Hinsicht* aus 1798 schlug er vor, die Psychologie mehr auf Beobachtungen der äußeren Sinne als auf jene des inneren Sinnes zu gründen. Die introspektive Methode sollte also aufgegeben und stattdessen mit der systematischen Beobachtung von Menschen „in der Welt", d. h. mit der Beobachtung, wie sich Menschen in konkreten Situationen verhalten und miteinander interagieren, begonnen werden. Die auf diese Weise gewonnenen Kenntnisse der „menschlichen Natur", die durch Reisen oder wenigstens durch die Lektüre von Reiseberichten und darüber hinaus durch das Studium der Weltgeschichte, von Biographien und sogar von Theaterstücken und Romanen zu ergänzen sind, können, wie Kant meinte, in Erfahrungsgesetze gegossen werden und sich dann bei der Bewältigung praktischer Lebensprobleme als hilfreich erweisen (vgl. Leary, 1982, S. 23–24). Aber auch diese Art von „anthropologischer Psychologie" blieb für Kant nichts anderes als eine „bloß empirische Disziplin", wenn auch eine bessere und vor allem praktisch nützlichere als eine, die allein auf Introspektion gegründet ist.

In der Entwicklung seiner Kritik einer „empirischen" Seelenlehre als Teil der Naturlehre hat Kant nicht nur Gegenstand und Methodik einer neu zu schaffenden, von der Philosophie verselbständigten Psychologie umrissen, sondern gleichsam auch das Terrain vorgegeben, auf dem die Auseinandersetzungen um diese neue Psychologie in Zukunft zu führen waren. Die Frage nach der Möglichkeit einer naturwissenschaftlichen Psychologie wurde im deutschen Sprachraum von allem Anfang an primär als ein Problem der Methodologie diskutiert (vgl. Danziger, 1990, S. 22). Und selbst die Inhalte der nachfolgenden Debatten blieben auf die Kantische Kritik bezogen: auf die Rolle der Introspektion, die Möglichkeit der Mathematisierung und den Einsatz von experimentellen Verfahren. Aus dem Versuch heraus, die skeptischen Einwendungen Kants zu widerlegen, entstanden schließlich die ersten Konzepte einer naturwissenschaftlichen Psychologie.

Herbarts Revision der Kantischen Psychologiekritik

Die Psychologie kann niemals eine „eigentliche" Naturwissenschaft werden, so lautete Kants Überzeugung. Es mag merkwürdig erscheinen, dass es gerade diese *negative* Bestimmung war, die auf die Herausbildung einer neuen, auf die Anwendung von experimentellen Methoden und Mathematik gestützten Psychologie großen Einfluss ausüben sollte. Kants Kritik wurde als Herausforderung verstanden, als eine Herausforderung dazu, seine kritischen Einschätzungen der Möglichkeit einer wissenschaftlichen Seelenlehre zu widerlegen.

So könnte man die Geschichte der Entstehung der deutschsprachigen Psychologie z. B. allein unter dem Gesichtspunkt des Kantischen Einwands gegen die Introspektion zu schreiben versuchen: Solange die Psychologie das subjektive Erleben oder das individuelle Bewusstsein zum Gegenstand ihrer Untersuchung bestimmt, muss sie sich mit dem von Kant aufgeworfenen Dilemma der Selbstbeobachtung herumschlagen. Es ließe sich dabei leicht zeigen, dass die verschiedenen Methodologien, die im Zuge der Entwicklung der deutschen Psychologie – von der Psychologie Wundts über die positivistische Psychologie hin zu der stark an der phänomenologischen Psychologie Brentanos orientierten Würzburger Schule und von dort aus weiter zu den verschiedenen Spielarten der Gestaltpsychologie – hervorgebracht wurden, in ihrem Kern immer auch als Ansätze zur Lösung des Introspektionsproblems zu betrachten sind. Die folgende Analyse wird allerdings den anderen Strang der Reaktionen auf die Kantische Kritik aufnehmen und die Diskussion um die Anwendbarkeit der Mathematik in der Psychologie in den Vordergrund rücken. Es geht also zunächst um die Widerlegung des Kantischen Standpunkts durch Herbart und dann in weiterer Folge um das von Fechner in kritischer Distanz zu Herbart formulierte „neue Prinzip mathematischer Psychologie", das unter der Bezeichnung „Psychophysik" einen grundlegenden – und bis heute relevanten – Beitrag zum Wissensbestand der modernen Psychologie darstellt. Auf die Frage, wie subjektives Erleben ohne oder nur mit einem Minimum an Selbstbeobachtung wissenschaftlich untersucht werden kann, wird dann bei der Erörterung der methodischen Voraussetzungen der Psychologie Wilhelm Wundts ausführlich Bezug genommen.

Die Mathematisierung der Psychologie

Johann Friedrich Herbart, der von 1809 an als Nachfolger Kants in Königsberg und von 1833 an schließlich in Göttingen lehrte, hat sein Programm, „eine Seelenforschung herbeyzuführen, welche der Naturforschung gleiche" (Herbart, 1824, S. 185), in seinem *Lehrbuch zur Psychologie* (Herbart, 1816) und dann vor allem in seiner zweibändigen *Psychologie als Wissenschaft, neu gegründet auf Erfahrung, Metaphysik und Mathematik* (1824/25) dargelegt.[5] Auf die metaphysischen Voraussetzungen seines Systems braucht hier nicht näher eingegangen zu werden. Nur so viel sei festgehalten: Herbart glaubte, einen substantiellen Träger der psychischen Erscheinungen annehmen zu müssen, den er „Seele" nannte und als „Monade" oder als „einfaches reales Ganzes" bestimmte. Die „Seele" sollte „nach allgemein metaphysischen Prinzipien" keiner „anderen Modification fähig [sein], als der Selbsterhaltungen gegen Störungen durch andre Wesen". Solche seelischen Selbsterhaltungen bezeichnete er als „Vorstellungen". Es gab für ihn – in deutlicher Abkehr von der Leibniz-Wolffschen Tradition der Vermögenspsychologie – also kein substantielles Ich, kein Selbstbewusstsein, das von sich aus Vorstellungen setzen kann. Im Gegenteil: Es sind die Reaktionen der Seele gegen Eindrücke von außen, aus denen das „Selbstbewusstseyn oder die Ichheit" erst hervorgehen (Herbart, 1825, S. 285): „Von den Objecten aus, und durch sie selbst geleitet, müssen wir zu uns kommen, denn ohne sie ist das Selbstbewusstseyn eine Ungereimtheit." (Herbart, 1824, S. 250)

---

5 Johann Friedrich Herbart wurde am 4. Mai 1776 in Oldenburg geboren. Er studierte an der Universität in Jena zunächst Rechtswissenschaften und Philosophie, ging dann aber nach Bern, wo er von 1797–1800 als Hauslehrer tätig war. Von 1800 an bereitete er, während er weiterhin als Privatlehrer in Bremen seinen Unterhalt bestreiten musste, seinen Studienabschluss an der Universität Göttingen vor. 1802 promovierte er zum Dr. phil. und erwarb noch im selben Jahr die venia legendi. Er lehrte zunächst als Privatdozent, ab 1805 dann als außerplanmäßiger Professor für Philosophie. 1809 wurde Herbart dann nach Königsberg berufen. 1833 kehrte er nach Göttingen zurück, wo er bis zu seinem Tode – Herbart starb am 14. August 1841 – als Professor der Philosophie wirkte.

Die Seele erwirbt sich im Laufe ihres Daseins eine Unmenge von Vorstellungen, die Herbart wie überdauernde Wesenheiten fasste. Wegen der „Enge des Bewusstseins“ können sich immer nur relativ wenige dieser Vorstellungen zur gleichen Zeit über der „Schwelle des Bewusstseins“ befinden. Das Kommen und Gehen der psychischen Erscheinungen im Bewusstsein versuchte er nun in einer Art Maschine-Modell des Geistes zu beschreiben. Dieses Modell beruhte letztlich auf der Annahme, dass das psychische Geschehen analog zur Bewegung von materiellen Einheiten im dreidimensionalen Newton'schen Raum zu verstehen ist: Das Bewusstsein erscheint also als Raum, in dem die Grundelemente – die „Vorstellungen“ – nach feststehenden Gesetzmäßigkeiten aufeinander einwirken.

Kant hatte bestimmt, „dass in jeder besonderen Naturlehre nur so viel eigentliche Wissenschaft angetroffen werden könne, als darin Mathematik anzutreffen ist“ (Kant, 1786, S. 14). Die Seelenlehre wird, so glaubte Kant, niemals den Status einer eigentlichen Wissenschaft erlangen, weil die Erscheinungen des inneren Sinnes nur in einer Dimension gegeben sind, d. h. nur eine zeitliche, nicht aber auch eine räumliche Ausdehnung haben. Deshalb ist eine Anwendung der Mathematik nicht möglich; es sei denn, so räumte Kant ein, man wollte „das *Gesetz der Stetigkeit* in dem Abflusse der inneren Veränderungen“ des inneren Sinnes „in Anschlag bringen“ (ebd., S. 15). Diesem Gedanken ist Kant selbst aber nicht weiter nachgegangen. Herbart hingegen griff den Hinweis auf und machte ihn zur Grundlage seines Konzepts einer Mechanik des Geistes.[6]

Vorstellungen werden – so stellte Herbart fest – wenn sie aufeinander treffen, „Intensitäten“, „intensive Größen“, oder – so der Terminus, den er selbst bevorzugte – „Kräfte“, die sich in der Klarheit ihrer Darstellung im Bewusstsein äußern. Mit dem Begriff der Kraft war eine – neben der zeitlichen Abfolge – zweite Dimension der psychischen Erscheinungen gefunden und – so sah es zumindest Herbart: der Kantischen Forderung entsprechend – die Anwendung der Mathematik in der Seelenlehre prinzipiell möglich geworden. Entscheidend war die Annahme, dass alle psychischen Erscheinungen hinsichtlich ihrer Intensität entlang eines Kontinuums anzuordnen sind: An dem einen Ende dieses Kontinuums kommen Vorstellungen kleiner Intensität zu liegen, die unterhalb der Bewusstseinsschwelle bleiben; am anderen Ende Vorstellungen großer Intensität, die im Mittelpunkt der Aufmerksamkeit un-

6 David E. Leary hat zeigen können, dass faktisch alle dem Herbart'schen System zugrunde liegenden Leitkonzepte sich auf Gottfried Wilhelm Leibniz zurückführen und auch im Werk Kants auffinden lassen. Vgl. dazu ausführlich Leary (1980).

seres Bewusstseins stehen. Der Grad der Intensität einer Vorstellung ist keine Konstante, sondern variiert über die Zeit. In dem Maße, als die Kraft von bestimmten Vorstellungen relativ zu anderen größer wird, treten sie mit größerer Klarheit im Bewusstsein hervor. Und umgekehrt: Wenn sie an Intensität verlieren, entschwinden sie unserer Aufmerksamkeit und sinken vielleicht sogar unter die Bewusstseinsschwelle. Die Zu- bzw. Abnahme an Intensität passiert nicht zufällig, sondern unterliegt einer gesetzmäßigen Beziehung: Jede Zunahme an Intensität einer Vorstellung ist mit einer proportionalen Abnahme der Kraft einer anderen Vorstellung verbunden.

Die Voraussetzung einer strengen Proportionalität der Zu- und Abnahme der Intensitäten erlaubt ihre mathematische Darstellung. Dies soll im Folgenden am einfachsten aller möglichen Fälle demonstriert werden (vgl. Boring, 1950, S. 258–260): Angenommen, a und b seien zwei einander entgegengesetzte Vorstellungen (z. B. sauer und süß), die gleichzeitig im Bewusstsein existieren, wobei a größere Intensität besitzt als b. Beide Vorstellungen werden einander hemmen, d. h. beide werden an Intensität verlieren. Die durch die hemmende Wirkung von a bewirkte Abnahme der Intensität von b ist nun durch folgendes, von Herbart völlig willkürlich festgelegtes Verhältnis bestimmt:

$$d(b) : b = a : (a + b)$$

Also: das Ausmaß der Intensitätsabnahme d(b) verhält sich zur ursprünglichen Intensität von b so, wie die ursprüngliche Intensität von a zur Gesamtsumme der ursprünglichen Intensität a + b. Daraus ergibt sich, dass

$$d(b) = ab : (a + b).$$

Die Intensität der gehemmten Vorstellung b errechnet sich dann wie folgt:

$$b - d = b - ab : (a + b) = [b\,(a + b) - ab] : (a + b) = b^2 : (a + b)$$

Der Term $b^2 : (a + b)$ wird nur dann gleich Null sein, wenn $b = 0$ oder $a = \infty$. Beides ist unmöglich, weil definitionsgemäß b eine bewusste Vorstellung ist und die Kraft keiner Vorstellung, also auch nicht die von a, unendlich sein kann. Inhaltlich bedeutet dies: Sind zwei einander entgegengesetzte Vorstellungen ungleicher Intensität gegeben, so kann die Vorstellung mit größerer Intensität jene mit geringerer Intensität zwar hemmen, nicht aber vollständig verdrängen. Daraus folgt, dass die Zahl der gleichzeitig im Bewusstsein vorhandenen Vorstellungen nicht unter 2 sinken kann: Die Weite des Bewusstseins ist also größer als zwei Vorstellungen.

Von diesem einfachen Fall ausgehend führte Herbart Schritt für Schritt komplexere Beispiele ein, die er dann nach der hier skizzierten Art und Weise mathematisch zu behandeln versuchte: Zwei einander nicht entgegengesetzte Vorstellungen a und b (z. B. rot und süß) werden sich miteinander verbinden, sich „complizieren", wie Herbart in diesem Fall sagte, (z. B. zu einer Vorstellung von einem Ding mit diesen zwei Merkmalen – Himbeerzuckerl) und mit vereinigter Intensität eine ihnen entgegengesetzte Vorstellung c (weiterhin: sauer) hemmen oder – was in dieser Konstellation nun möglich ist – vielleicht sogar verdrängen. „Verdrängen" bedeutet nicht „vernichten". Herbart umschrieb „Verdrängung" als eine Zustandsänderung: Ein wirkliches Vorstellen wird in ein Streben, vorzustellen, verwandelt (vgl. dazu Jaeger u. Staeuble, 1978, S. 188). Eine verdrängte Vorstellung strebt also danach, wieder ins Bewusstsein einzutreten. Dies wird ihr nur dann gelingen, wenn sie in die gerade bestehende Totalität der bewussten Vorstellungen – in die, wie Herbart sie nannte, „apperzeptive Masse" – aufgenommen werden kann. „Apperzeption" bezeichnet also nicht einfach nur das Bewusstwerden einer Vorstellung, sondern meint auch diese ihre Einpassung in die Gesamtheit der gerade bewussten Vorstellungen und Vorstellungsreihen.

Für Herbart hatte diese Art von Psychologie vor allem pädagogische Implikationen. Sie sollte Wege, Mittel und Hindernisse des Lernens aufzeigen. Aus dem Konzept der „apperzeptiven Masse" war z. B. abzuleiten, dass jede Präsentation von neuem Lernmaterial mit einer Einstimmung auf das Kommende beginnen musste: Eine kurze Übersicht über die Themen, die in einer Unterrichtsstunde behandelt werden sollen, „hebt" bei den Studierenden bereits Bekanntes ins Bewusstsein und bereitet sie darauf vor, das Neue in das bestehende Vorwissen einzupassen. Die ganze Herbart'sche Pädagogik erging sich letztlich derart in einer strengen Formalisierung des Unterrichtsablaufs: Vorbereitung – Präsentation – Assoziation (durch Herausarbeiten der Ähnlichkeiten und Unterschiede mit dem bereits Bekannten) – Generalisation (oder besser: Systematisierung, z. B. Grammatik) – praktische Anwendung – das waren die Etappen, die jede Vermittlung von neuem Lernstoff zu durchlaufen hatte.

Das entscheidende Manko von Herbarts Mathematisierung der Psychologie war, dass sie ohne jede Maßbestimmung, d. h. ohne Messung auskommen musste. An diesem Punkt setzte schließlich auch die Kritik Fechners an: Herbarts Ansatz war für ihn „untriftig", weil in ihm der Bezug zum Physischen und das hieß für Fechner vor allem: der Bezug zu einem möglichen materiellen Maßstab nicht gegeben war.

Fechners Psychophysik

Kant hatte die Untersuchung der „Phänomene des inneren Sinnes“ als einen selbständigen Teil der „Naturlehre“ bestimmt. In den nachfolgenden Auseinandersetzungen um seine skeptischen Einwendungen bezüglich des wissenschaftlichen Status' der Seelenlehre wurden die ersten Fundamente einer zukünftigen Psychologie als Naturwissenschaft gelegt: Herbart nahm für sich das Verdienst in Anspruch, die Mathematisierbarkeit der Psychologie demonstriert zu haben. Fechner schließlich war der Erste, der im Bereich des Psychischen Messungen vorzunehmen vermochte.

Schon ein nur flüchtiger Blick auf das Gesamtwerk jenes Mannes, der mit seiner Psychophysik einen auch heute noch blühenden Zweig der experimentellen Psychologie begründet hatte, lässt an der linearen Konstruktion der Geschichte Zweifel aufkommen: Gustav Theodor Fechner – war das nicht der, der ein ganzes Buch dazu verwendet hatte, um zu demonstrieren, dass auch Pflanzen eine Seele haben? Und wie ist es zu verstehen, dass der große Wilhelm Wundt ihn an seinem Grab als den „Vollender der romantischen Naturphilosophie“ rühmte – wenn in diesem Zusammenhang von „Ruhm“ überhaupt die Rede sein kann. Denn war es nicht gerade die Naturphilosophie gewesen, die wegen ihres maßlosen Spekulierens über das Wesen der Natur für die heftigen Attacken gegen die Philosophie von Seiten der Naturwissenschaften zuallererst verantwortlich war? Und der Autor der berühmten „Elemente der Psychophysik“ – ein Buch, mit dem der Psychologie ein Forschungsfeld eröffnet wurde, wie es trockener, spröder nicht sein konnte – Gustav Theodor Fechner ein Naturphilosoph, ein „Begriffsdichter“, ein romantischer Spinner?

Im Folgenden wird zu zeigen sein, dass Fechner seine Psychophysik nicht trotz, sondern gerade aufgrund seiner an die Tradition der Schelling-Schule anschließenden Naturphilosophie entwickelt hat. Indem man sich auf die philosophischen Voraussetzungen von Fechners Leib-Seele-Theorie einlässt, wird darüber hinaus erkennbar, wie sehr die antimetaphysische Haltung der positivistischen Wissenschaftstheorie selbst naturphilosophische Wurzeln hat. Schließlich dachte Ernst Mach daran, seine nachmals so einflussreichen *Beiträge zur Analyse der Empfindungen* (Mach, 1886) Fechner zu widmen.

Vorneweg: Fechner hat zur Geschichte der Psychologie mehr beigetragen als bloß seine Psychophysik. Er veröffentlichte bahnbrechende Arbeiten zur Psychologie subjektiver Farberscheinungen und gilt ob seiner späten Schriften auch zu Recht als Begründer einer experimentellen Ästhetik. Sigmund Freud, der sich ansonsten über die Quellen der Inspiration zu seinen eigenen Überlegungen eher bedeckt hielt, hat Fechners Einfluss auf die Entwicklung der Psychoanalyse an verschiedenen Stellen seines Werks ausdrücklich hervorgehoben: Das von Fechner übernommene Konzept des „Lustprinzips“ ist schließlich zu einem Grundbaustein der psychoanalytischen Theorie geworden (vgl. dazu ausführlich Nitzschke, 1989 u. 1998). Davon sei im Folgenden aber abgesehen. Es soll hier lediglich um die philosophischen Voraussetzungen der Psychophysik, also um die Geschichte ihrer Entstehung gehen.

Auch die Angaben zur Biographie Fechners seien nur auf das unbedingt Notwendige beschränkt: Fechner hatte an der Leipziger Universität ursprünglich Medizin studiert und auch die zum Praktizieren notwendigen Examina abgeschlossen. Den Doktortitel erwarb er, nachdem er sich unter dem Einfluss seiner naturphilosophischen Studien von der Medizin abgewandt hatte, 1823 an der philosophischen Fakultät und im selben Jahr dort auch die venia legendi. Als ein Herr Doktor war Fechner allerdings schon zu Zeiten seines Medizinstudiums aufgetreten: Unter dem Pseudonym Dr. Mises ließ er von 1822 an satirische Schriften erscheinen. Die wirtschaftliche Not zwang ihm das Leben eines Schreibknechts auf: Er begann vielbändige Standardwerke zur Physik und dann auch zur Chemie aus dem Französischen zu übersetzen und durch eigens von ihm zusammengestellte Repertorien zu ergänzen. Von 1830 an fungierte er zudem als alleiniger Redakteur des neu gegründeten *Pharmaceutischen Centralblatts*. Er schrieb unzählige Artikel für verschiedene Konversationslexika und redigierte von 1834 bis 1838 selbst *Das Hauslexikon. Vollständiges Handbuch praktischer Lebenskenntnisse für alle Stände*, das aus acht Bänden, zusammen etwa 7.000 eng bedruckte Seiten, bestand. Daneben publizierte Fechner auch über seine eigenen physikalischen Forschungen auf dem Gebiet der Elektrizitätslehre. Es waren diese Arbeiten, die ihm 1835 schließlich eine Professur für Physik an der Leipziger Universität einbrachten. Von 1824 bis 1838 hat Fechner – die unter dem Namen Dr. Mises veröffentlichten Satiren nicht mitgerechnet – Jahr für Jahr durchschnittlich 2.000 Druckseiten produziert (Gundlach, 1993, S. 58). Kein Wunder, dass er gesundheitlich zusammenbrach.

Fast vier Jahre lang – von Anfang 1840 bis zum Herbst 1843 – war Fechner arbeitsunfähig. Seine Professur musste er zurücklegen. Er erhielt aber einen Teil seines Gehalts weitergezahlt – und das auch nach seiner Genesung, obwohl er auf die Lehrkanzel für Physik nicht mehr zurückkehrte. Zum Ausgleich hielt er vom Sommer 1846 an unbezahlte Vorlesungen, nicht über

Physik, sondern vorwiegend über philosophische Fragen. Frei von finanziellen Sorgen publizierte er nur noch, was ihn wirklich interessierte. 1846 erschien *Ueber das höchste Gut*, jene Schrift, in der er die Maxime aufstellte, dass der „Mensch [...] die größte Lust, das größte Glück in die Welt überhaupt zu bringen suchen" (Fechner, 1846, S. 10) sollte. Fechner ging in dieser Schrift u. a. auch davon aus, dass es ein Maß der Lust geben müsse, das zu der Verteilung von Gütern unter den Menschen in Beziehung gesetzt werden könnte: eine – nicht näher bestimmte – funktionale Beziehung, bei der das Wachstum des Glücks oder der Lust langsamer voranschreitet als das Wachstum der Güter und des Besitzes. Ein erstes Wetterleuchten der Psychophysik, wenn man so will (Gundlach, 1993, S. 163). 1848 erschien *Nanna oder über das Seelenleben der Pflanzen*, 1851 schließlich der *Zend-Avesta*, in dem Fechner seine „Grundansicht" des Verhältnisses von Leib und Seele und auch die Fundamentalformel seiner Psychophysik entwickelte.

Geist und Materie – eine logarithmische Beziehung?

Edwin G. Boring hat Fechners Psychophysik als ein „Nebenprodukt" seiner Philosophie bezeichnet, als ein Nebenprodukt, das – anders als die Fechner'sche Philosophie – in der Welt der Wissenschaft auf große Resonanz gestoßen sei (Boring, 1950, S. 279). Dies ist paradigmatisch dafür, wie Fechner von der Psychologie im Nachhinein vereinnahmt wurde: Der Vielseitigkeit seiner Interessen und der Vielschichtigkeit seines Gesamtwerks begegnete man damit, dass man zwischen dem Philosophen und dem Wissenschafter, zwischen dem zu starken Verallgemeinerungen und bisweilen aberwitzigen Analogien neigenden Theoretiker und dem nüchtern forschenden Empiriker zu unterscheiden suchte (Jaeger, 1988, S. 50). In der neueren Fechner-Forschung dagegen wird gerade die Kombination dieser Gegensätze in seinen Konzepten betont: eine Verbindung, die sich in lebenslangem Ringen um eine auf dem Grundsatz der prinzipiellen Vereinbarkeit von Wissen und Glauben errichtete Weltauffassung herstellte. Dass Fechner selbst sich der Differenz zwischen Wissenschaft und (Natur-)Philosophie wohl bewusst war, zeigt z. B. die Verwendung eines Pseudonyms für seine spekulativen Schriften. Nachdem er seine tiefe Lebenskrise überstanden hatte, ließ er den „Dr. Mises" aber fallen, ganz so, als ob er zur Überwindung des Gegensatzes einen Weg gefunden hätte.

Zur Naturphilosophie, zu der der „Nachtansicht" des mechanischen Materialismus entgegengesetzten „Tagesansicht" der Welt – wie es später bei

Fechner hieß – war er durch die Lektüre der Schriften von Lorenz Oken bekehrt worden. Oken selbst war stark durch Schellings „Identitätslehre" geprägt. Schelling hatte den aus Kants *Kritik der reinen Vernunft* resultierenden Dualismus zwischen Erscheinung und Ding an sich durch eine heute recht eigentümlich anmutende Konstruktion zu überwinden versucht: Die Natur – auch das „tote Sein" der anorganischen Welt – fasste er als Leben, als etwas Tätiges, Schaffendes, Fließendes, als ein schöpferisches, geistiges Prinzip, das aus sich selbst heraus, und zwar in seiner höchsten Gestaltung im Menschen, Vernunft schafft, durch die es sich selbst erkennt, in der es zum Bewusstsein seiner selbst kommt. Natur ist also nichts Ungeistiges, sondern unbewusster, eben noch nicht zu sich selbst, zur Erkenntnis seiner selbst gekommener Geist. Daher konnte Schelling sagen, dass die Natur „sichtbarer Geist", der Geist „unsichtbare Natur" sei. Es ist dieser Gedanke, den Fechner aufgreifen und zur Grundlage seiner eigenen Naturphilosophie machen sollte. Körperliche Natur und Geist sind bei ihm nicht mehr Anfang und Ende einer Entwicklungsreihe, sondern zwei Aspekte ein und desselben Seins. Im *Zend-Avesta* – was „nach gewöhnlicher, wenn auch nicht unbestrittener Auslegung" so viel bedeutet wie „lebendiges Wort" (Fechner, 1851, Bd. 1, S. V) – legte Fechner die These vor, dass Leib und Seele, Körper und Geist, Physisches und Psychisches nur zwei Weisen sind, in denen dasselbe Grundwesen erscheinen kann: „In der That, ein gemeinschaftliches Wesen liegt der geistigen Selbsterscheinung und der leiblichen Erscheinung für Andres als das Selbst ist, unter. Innerlich erscheint sich's selbst so, Anderem äußerlich so; was aber erscheint, ist Eines." (Ebd., S. 412) Gleich im Anschluss daran findet sich die Kernidee der Psychophysik klar und deutlich ausgesprochen: „Weil es aber doch dasselbe Grundwesen ist, was sich selbst als Geist und Anderem als Leib erscheint, so müssen sich auch beide Erscheinungsweisen im Zusammenhange und Wechselbedingtheit ändern." (Ebd., S. 413)[7]

In dem mit „Kurze Darlegung eines neuen Princips mathematischer Psychologie" betitelten Zusatz zum zweiten Band des *Zend-Avesta* machte sich Fechner daran, diesen Zusammenhang von Körperlichem und Seelischem mathematisch darzustellen. Er ging dabei von einer funktionalen Beziehung aus: „Funktional" bedeutet, dass aus jeder Änderung in dem einen Bereich

7 Es tut in dem hier diskutierten Zusammenhang nichts zur Sache, dass Fechner später die Annahme eines „hinter" der Erscheinung von Leib und Seele liegenden Grundwesens verworfen hat. Fechner vertrat schließlich die Ansicht, dass Körper und Seele ein einziges „Ding" bilden, d.h., dass Körper und Seele in Wirklichkeit nur einen Komplex von Erscheinungen darstellen, der von zwei verschiedenen Standpunkten – als Gehirnprozess äußerlich, als geistiger Prozess innerlich – aufgefasst werden kann. (Vgl. dazu ausführlich Heidelberger, 1988 u. 1993)

immer auf eine Änderung in dem anderen geschlossen werden kann. Daraus ergab sich die Möglichkeit, „das an sich nicht wegzudisputirende aber immer unbestimmte Gefühlsmaß psychischer Phänomene durch eine [...] Beziehung zu dem bestimmten Maß der zugehörigen physischen Phänomene zu charakterisiren und dadurch mittelbar selbst zur Bestimmtheit zu erheben" (Fechner, 1951, Bd. II, S. 373).

Man sagt: Den Seinen gibt's der Herr im Schlafe; Fechner empfing seine Einsicht, wenn schon nicht im Schlafe, so doch nach dem Aufwachen noch in seinem Bette liegend: Am 22. Oktober 1850 morgens fiel ihm ein, dass die psychische Intensität als Logarithmus der zugehörigen physischen Intensität festgelegt werden kann (ebd., S 375). Die „Fundamentalformel" lautete:

$$d\gamma = d\beta/\beta$$

wobei $d\gamma$ für die momentane Änderung der Intensität der geistigen Tätigkeit, β für die „an einem gegebenen Ort und zu einer gegebenen Zeit" gemessene „lebendige Kraft" der körperlichen Aktivität und $d\beta$ für die Änderung dieser Kraft in „einem unendlich kleinen Raum- oder Zeittheil" stehen (ebd., S. 374). Inhaltlich besagt diese Formel einfach, dass die die augenblickliche Änderung der physischen Kraft begleitende Änderung der psychischen Intensität nicht der absoluten Änderung der Intensität der physischen Prozesse $d\beta$, sondern dem Verhältnis $d\beta/\beta$ proportional ist.

Zu seiner „Maßformel" gelangte Fechner durch Integration, so dass das Ausmaß der geistigen Intensität sich als Summation einer kontinuierlichen Reihe absoluter Zuwächse der korrespondierenden physischen Intensität darstellen lässt, beginnend mit jenem physischen Wert, bei dem der psychische Null ist:

$$\gamma = \log \beta/b$$

wobei „b den Werth von β bezeichnet, für welchen $\gamma = 0$" (ebd., S. 375).

Wichtig ist, dass Fechner seine Formeln ohne Bezug auf empirische Daten einführte.[8] In dem mit „Historisches" überschriebenen Kapitel am Ende des zweiten Bandes seiner *Elemente der Psychophysik* erinnerte sich Fechner, dass die Erfindung seiner Fundamentalformel rein spekulativen Versuchen entsprungen war, „gewisse Grundverhältnisse zwischen Leib und Seele und zwischen niederem und höherem Geistigen durch das Verhältniss zwischen arithmetischen Reihen niederer und höherer Ordnung schematisch zu erläutern".

8 Vgl. dazu ausführlich die Argumentation von Marshall (1982).

In diesem Kontext hätten sich schließlich auch geometrische Reihen als brauchbar erwiesen (Fechner, 1860, Bd. II, S. 554).

Mit seiner Formel wandte sich Fechner an den Göttinger Physikprofessor Wilhelm Weber „mit der Bitte um ein Urtheil darüber". Der „wirkliche Erfolg" der Idee werde, so hieß es in dem von Fechner in den *Elementen* abgedruckten Antwortschreiben Webers, „aber davon abhängen, ob Sie das Glück haben, dass die stützenden neuen Facta sich bald dazu finden" (ebd., S. 558). Erst jetzt ging Fechner daran, sich um eine empirische Grundlage für sein „neues Princip mathematischer Psychologie" zu kümmern. Die Ergebnisse eigener und fremder Forschung finden sich dann in den neun Jahre später fertig gestellten zwei Bänden der *Elemente der Psychophysik* verarbeitet. Während der Suche nach „stützenden neuen Facta" sollte sich aber der Gegenstandsbereich der Psychophysik entscheidend verändern.

Die im *Zend-Avesta* dargelegte „Grundansicht" war auf die universelle Identität von Geist und Materie bezogen: Es existiert – so könnte man den Fechner'schen Monismus umschreiben – kein psychisches Phänomen, dem nicht ein physisches, kein physisches, dem nicht ein psychisches entspricht. Das Leib-Seele-Problem stellt nur einen möglichen Anwendungsfall dar: den funktionalen Zusammenhang zwischen *menschlicher* Seele und *menschlichem* Körper, zwischen psychischen und den sie begleitenden körperlichen Tätigkeiten, enger noch: zwischen psychischen Vorgängen und der Tätigkeit des menschlichen Gehirns. Lässt sich das Verhältnis zwischen Körper und Geist in einer mathematischen Beziehung darstellen, so wird eine konkrete Maßbestimmung im Bereich des Psychischen möglich. Voraussetzung dafür ist aber, dass die begleitenden physischen Prozesse quantifizierbar sind. Selbst unter der Annahme, dass die einer bestimmten psychischen Tätigkeit unterliegenden zentralnervösen Vorgänge im Sinne des Identitätspostulats überhaupt eindeutig festgelegt werden können,[9] standen Mittel und Wege zu deren Messung Fechner nicht zur Verfügung. Im Bestreben, den von ihm behaupteten Zusammenhang empirisch zu fundieren, musste er also einen Umweg einschlagen. Die Lösung, die er fand, war kurz und bündig in einem Satz zu formulieren: „Wir werden so zu sagen den Reiz, das Anregungsmittel der Empfindung, als Elle an die Empfindung anlegen." (Fechner, 1858, S. 4)

Eine andere Psychophysik als die im *Zend-Avesta* angedeutete war damit auf die Welt gebracht: die „äußere" Psychophysik, die Fechner nun von der ursprünglich intendierten „inneren" abhob – und zwar je nachdem, ob „es

9 Fechner verabsäumte es, Kriterien für die Feststellung der Identitätsbeziehung anzugeben.

sich um die Beziehungen der Seele zu der körperlichen Außenwelt oder der körperlichen Innenwelt handelt" (ebd., S. 21). Zur körperlichen Außenwelt steht die Seele jedoch in einer anderen Art von Beziehung als zur körperlichen Innenwelt: Die Relation zwischen Reiz und Empfindung ist *kausal,* der Zusammenhang zwischen geistiger und körperlicher Tätigkeit *funktional.*

Der Entwicklung der äußeren Psychophysik lag zunächst weniger eigene empirische Forschung als vielmehr die Rezeption der sinnesphysiologischen Arbeiten des früheren Lehrers und Leipziger Freundes Ernst Heinrich Weber zugrunde. Weber hatte schon in den dreißiger Jahren in seinen Untersuchungen über den Tastsinn festgestellt, dass der eben noch merkliche Unterschied zwischen zwei Reizintensitäten (ΔS) in einem konstanten Verhältnis zu der Größe des Ausgangsreizes (S) steht: $\Delta S/S$ = konst. Fechner deutete Webers Einsicht – indem er sie gleichsam als empirisches Analogon zu seiner eigenen Fundamentalformel auffasste – in eine Aussage über die Beziehung zwischen Reizen und Empfindungen um und nannte sie das „Weber'sche Gesetz".[10] Eine frühe Formulierung lautete: „Die Größe des Reizzuwuchses [muss] gerade im Verhältniß der Größe des schon gewachsenen Reizes ferner wachsen [...], um noch dasselbe Wachsthum der Empfindung zu leisten." (ebd., S. 15) Oder in Kurzfassung in den *Elementen*: „Gleiche relative Reizzuwüchse [entsprechen] gleichen Empfindungszuwüchsen." (Fechner, 1860, I, S. 65)

Dem Umstand, dass das „Weber'sche Gesetz" nur im Mittelbereich eines Reizkontinuums näherungsweise gültig ist, begegnete Fechner mit der Annahme, dass eine unbeschränkte Gültigkeit nur im Bereich der inneren Psychophysik zu erweisen sein würde. Seiner Konzeption gemäß bewirkt der Reiz nicht unmittelbar die Empfindung, sondern nur durch die Vermittlung innerer körperlicher Tätigkeiten, die mit der Empfindung in einem unmittelbaren Zusammenhang stehen. Den Erwartungen widersprechende Resultate der äußeren Psychophysik könnten – wie Fechner argumentierte – einfach dadurch bedingt sein, dass ein Reiz eben „nur unter normalen, mittleren Verhältnissen eine seiner Größe proportionale lebendige Kraft der innern Bewegungen auslöst, welche der Empfindung unmittelbar unterliegen" (Fechner, 1858, S. 23). Das ist alles andere als plausibel – und dient nur allzu offenkundig bloß dem Zweck, die einmal aufgestellten mathematischen Formeln gegen eine mögliche Widerlegung durch unpassende Daten zu immunisieren.

10 In Webers eigener Verallgemeinerung ist eben nicht von Empfindungen die Rede. Fechners Reformulierung geht also über den Referenzbereich der Weber-Formel hinaus. Gundlach (1993, S. 123–124 u. 160–161) hat deshalb vorgeschlagen, „Webers Gesetz" von dem eigentlich von Fechner eingeführten „Weber'schen Gesetz" zu unterscheiden.

Wenig plausibel ist auch die Voraussetzung, dass jeder eben merkliche Zuwachs der Empfindung nicht nur gleich merklich, sondern auch tatsächlich gleich groß ist. Dieser Einwand wurde erstmals von dem belgischen Physiker Joseph Antoine Ferdinand Plateau erhoben und blieb für viele Jahre ein zentrales Thema der Fechner-Kritik. Der Annahme, dass die Größe der eben merklichen Empfindungsunterschiede eben nicht konstant ist, sondern in einer gesetzmäßigen Beziehung zu der Reizstärke steht, wurde mit dem so genannten Potenzgesetz ($R = k \cdot S^m$) Rechnung getragen, das in den fünfziger Jahren des 20. Jahrhunderts von Stanley S. Stevens auf rein empirischem Wege formuliert wurde.

Fasst man die bisherige Darstellung zusammen, so bleibt als wesentliches Resultat festzuhalten, dass sowohl die Fundamental- als auch die Maßformel rein spekulativ gewonnen wurden. Dies ist insofern von Bedeutung, als Fechner seinen Lesern durch den Aufbau der zwei Bände der *Elemente der Psychophysik* eine andere Interpretation nahe legt. Fechner diskutierte im ersten Band das Prinzip der Messung im Bereich des Psychischen zunächst im Allgemeinen, stellte dann Methoden vor[11] und präsentierte eine Fülle von experimentell erzeugten Fakten zu dem, was er als „äußere Psychophysik" bezeichnete. Die Ableitung der mathematischen Formeln erfolgte erst am Beginn des zweiten Bandes. Zum Schluss erörterte er die Implikationen für die „innere Psychophysik", d. h. für eine mit einem Mindestmaß an Metaphysik auskommende Lösung des Leib-Seele-Problems. So musste fast zwangsläufig der Eindruck entstehen, dass die mathematischen Formeln induktiv gewonnen wurden. Genau das Gegenteil war aber der Fall: All das Material, das Fechner zur empirischen Bestätigung heranzog, wurde nur dazu hergestellt, den von vornherein feststehenden logarithmischen Zusammenhang gleichsam zu illustrieren. Auch die mathematische Herleitung der Formeln musste sich dabei – wie Horst Gundlach in seiner sorgfältigen Fechner-Studie zeigen kann – „allerlei

---

11 „Bis jetzt stehen drei Maßmethoden der Unterschiedsempfindlichkeit zu Gebote, die ich der Kürze halber als
1. Methode der eben merklichen Unterschiede,
2. Methode der richtigen und falschen Fälle,
3. Methode der mittleren Fehler
bezeichne." (Fechner, 1860, I, S. 71)
Alle drei Methoden zählen immer noch zum Standardrepertoire der Psychophysik. Die „Methode der eben merklichen Unterschiede" nennt man heute „Grenzmethode", die „Methode der richtigen und falschen Fälle" „Konstanzmethode", die „Methode der mittleren Fehler" „Herstellungsmethode".

Hilfsprinzipien und Näherungsgleichungen" (Gundlach, 1993, S. 116) bedienen, um zu einem glücklichen Ende, d. h. zu dem bereits bekannten Ergebnis zu gelangen.

Was in der äußeren Psychophysik nur näherungsweise zu zeigen war, sollte für die innere Psychophysik und damit letztlich für die Beziehung von Geist und Materie, d. h. der Beziehung zwischen der inneren unsichtbaren oder nur sich selbst sichtbaren Seite der Natur und ihrer den Wissenschaften zugänglichen Außenseite uneingeschränkte Gültigkeit besitzen. Das war nun im Sinne Fechners ein Glaube, d. h. eine Behauptung, die – im Gegensatz zum Wissen – nicht unmittelbar durch Erfahrung gegeben oder unmittelbar aus ihr abzuleiten ist, sondern deren Annahme durch den Verweis auf Erfahrungsgegebenheiten bloß nahe gelegt werden kann. In diesem Sinne war Fechners Psychophysik die empirische Seite einer „induktiven Metaphysik", d. h. des Versuchs, den Glauben an eine sinnvolle Ordnung der Welt und das Wissen um diese Welt in einen durch Erfahrungstatsachen und Analogieschlüsse plausibel gemachten Zusammenhang zu bringen.

Es mag heute seltsam erscheinen, dass gerade dieses Gedankengebäude Pate gestanden haben soll bei der Herausbildung der streng antimetaphysischen Weltauffassung des Positivismus.[12] Fechners Ansatz, die cartesianische Kluft zwischen psychischer und physischer Wirklichkeit zu überwinden, findet sich in Ernst Machs Empiriokritizismus zu einem radikalen Ende gedacht. Für Mach war die Trennung zwischen einem Ich und der Welt der naiv realistische „Standpunkt des gemeinen Mannes" (Mach, 1886, S. 30), ein Produkt der menschlichen Geschichte, das sich deshalb durchsetzen und hartnäckig behaupten konnte, weil es sich für das Handeln im Alltag als erfolgreich erwiesen hat. Die erkenntnistheoretische Reflexion hingegen zeigte, dass unser gesamtes Wissen von der – psychischen *und* physischen – Welt ein Wissen von Bewusstseinsinhalten ist, die auf verschiedene Art und Weise in einen funktionalen Zusammenhang zu bringen sind. Die Bewusstseinsinhalte selbst lassen sich in letzte Bestandteile – „Elemente", wie sie bei Mach heißen – zerlegen und verschiedenen Gruppen zuordnen, die den üblichen Einteilungen in Dinge, Leib und Psychisches entsprechen (vgl. dazu Wolters, 1988, S. 114).

12 Vg. dazu ausführlich die ausgezeichnete Arbeit von Heidelberger (1993).

Physiologie

Die Frage nach der Herausbildung der modernen, naturwissenschaftlichen Psychologie ist in der bisherigen Darstellung ausschließlich von der Warte der Geschichte der Philosophie abgehandelt worden. Das versteht sich insofern von selbst, als die Psychologie ja im Kontext der Philosophie entstanden ist und – zumindest in institutioneller Hinsicht – bis in die Zeit des Nationalsozialismus hinein an diesen Kontext gebunden blieb. Die Anfänge der Psychologie als Einzelwissenschaft sind aber auch aufs Engste mit der Entwicklung der Physiologie verknüpft. Nicht umsonst trug jenes Werk, das in der Rückschau gemeinhin als das erste Lehrbuch der neuen Wissenschaft gilt, das Adjektiv „physiologisch" in seinem Titel: Wilhelm Wundts *Grundzüge der physiologischen Psychologie*, die 1874 das erste Mal erschienen sind. „Physiologische Psychologie" war für Wundt eine Synonym für „experimentelle Psychologie". Damit wurde schon im Titel angezeigt, was die Psychologie von der Physiologie vor allem übernommen hatte: die experimentelle Forschungsweise.

Zudem haben – über die Anfänge der Psychologie weit hinausgehend – zwischen Physiologie und Psychologie aber auch inhaltliche Bindungen bestanden. Die von 1890 an von Hermann Ebbinghaus und Arthur König herausgegebene erste überregionale psychologische Fachzeitschrift hieß: *Zeitschrift für Psychologie und Physiologie der Sinnesorgane*. In der Einführung zum ersten Band steht zu lesen: „Die beiden Gebiete [Psychologie bzw. Physiologie der Sinnesorgane und des Nervensystems im allgemeinen] sind [...] von beiden Seiten aus gleichsam zu einem Ganzen zusammengewachsen; sie fördern und fordern sich gegenseitig und bilden zwei gleichberechtigte Glieder einer großen Doppelwissenschaft." (Ebbinghaus u. König, 1890, S. 2)

Diese konzeptionelle Verbindung hat historische Wurzeln, die zeitlich vor dem tatsächlichen Beginn des psychologischen Experimentierens nach dem Vorbilde der Physiologie liegen. Die Erörterung der experimentellen Methoden wird daher noch zurückgestellt. Im Folgenden geht es zunächst darum, zu zeigen, dass und wie von Seiten der Physiologie zur Herausbildung eines genuin psychologischen Gegenstandsbereichs beigetragen wurde.

Organische Physik

Wie die Psychologie an die Philosophie, so war ursprünglich die Physiologie institutionell an die Anatomie gebunden. Im deutschen Sprachraum kam der

Prozess ihrer Verselbständigung in der zweiten Hälfte des 19. Jahrhunderts zu einem Abschluss (vgl. dazu Danziger, 1990, S. 25–26). Johannes Müller war der wichtigste Wegbereiter dieser Entwicklung.

Johannes Müller, 1801 in Koblenz geboren, war ein typischer Protagonist der Naturforschung in Zeiten des Umbruchs und der Neuorientierung der deutschen Wissenschaft: Beheimatet in zwei verschiedenen Wissenschaftskulturen, eine „Übergangsfigur" (Hagner u. Wahrig-Schmidt, 1992, S. 7) zwischen romantischer Naturphilosophie und positiver Forschungswissenschaft. Sein Versuch, die Philosophie zur Konstruktion naturwissenschaftlicher Forschung in der Biologie heranzuziehen, sicherte ihm, der nur 57 Jahre alt wurde, einen festen Platz in den wissenschaftlichen und wissenschaftstheoretischen Diskussionen der Nachwelt. Alle glaubten auf ihn Bezug nehmen zu können, die Vertreter einer streng mechanistischen Auffassung der Lebensvorgänge ebenso wie deren Kritiker. Müller selbst war Vitalist: Er hielt also die Annahme einer besonderen Kraft, die sich nur an organischer, nicht aber an anorganischer Materie äußert, für unumgänglich.[13]

Ausgerechnet die besten unter seinen Schülern waren es, die sich in den vierziger Jahren zusammentaten, um die vitalistische Biologie aus ihrer beherrschenden Stellung zu vertreiben: Émil Du Bois-Reymond, Ernst Brücke und Hermann Helmholtz. Carl Ludwig, der nicht bei Müller studiert hatte, schloss sich erst später der Gruppe an. Ihr radikales Programm einer physikalistischen Biologie hatte Du Bois-Reymond in einem Brief an einen Freund bereits 1842 klar umrissen. Es gehe darum, „die Wahrheit geltend zu machen, daß im Organismus keine anderen Kräfte wirksam sind, als die gemeinen physikalisch-chemischen; daß, wo diese bislang nicht zur Erklärung ausreichen, mittels der physikalisch-mathematischen Methode entweder nach ihrer Art und Weise der Wirksamkeit im konkreten Fall gesucht werden muß, oder daß neue Kräfte angenommen werden müssen, welche, von gleicher Dignität mit den physikalisch-chemischen, der Materie inhärent, stets auf nur abstoßende oder anziehende Componenten zurückzuführen sind" (Zit. n. Bernfeld, 1944, S. 62–63).

In der zweiten Hälfte des 19. Jahrhunderts wurde diese streng mechanistische Auffassung zum vorherrschenden Paradigma der deutschen Physiologie. Für die Herausbildung einer selbständigen Psychologie war diese Entwicklung von großer Bedeutung: Das Projekt einer organischen Physik brachte es

13 Die Frage, wie diese Lebenskraft „zur Materie gekommen ist", lag für Müller „außer aller Erfahrung und Wissen" (Müller, 1834, S. 18; zit. n. McLaughlin, 1992, S. 309).

nämlich mit sich, dass der – noch für Müller ganz selbstverständliche – Anspruch, psychologische Problemstellungen im Kontext der Physiologie zu behandeln[14], aufgegeben werden musste. Die neue „physiologische Psychologie" war, wie Kurt Danziger (1997, S. 51) es formulierte, von der nun endgültig als Einzelwissenschaft etablierten Physiologie der zweiten Hälfte des 19. Jahrhunderts gleichsam abgestoßen worden.

Die Physiologisierung Kants: Hermann Helmholtz

1826 hatte Müller in seiner Schrift *Über die phantastischen Gesichtserscheinungen* (Müller, 1826) sein „Gesetz der spezifischen Sinnesenergien" formuliert: „Die verschiedenen Sinnesorgane, auf die gleiche Art erregt, antworten jedes in seiner eigenen Art." (Zit. n. Hehlmann, 1967, S. 139) Daraus folgt, dass die Qualität unserer Sinnesempfindungen nicht nur von den wahrgenommenen Objekten abhängt, sondern auch von der besonderen Beschaffenheit der Sinnesnerven, die diese Empfindungen vermitteln.

Fast 30 Jahre später – 1855, anlässlich der Königsberger Feiern zum 100. Jahrestag der Inaugural-Dissertation Immanuel Kants – stellte Hermann Helmholtz in seinem Festvortrag *Über das Sehen des Menschen* Müllers Lehre von der Abhängigkeit der Wahrnehmungsinhalte von – wie Helmholtz es ausdrückte – „eingeborenen Gesetzen des Geistes", also a priori gegebenen subjektiven Wahrnehmungsbedingungen als sinnesphysiologische Bestätigung der Kantischen Vernunftkritik dar (Helmholtz, 1855, S. 379).[15] Übergeordnetes Ziel dieser Umdeutung von Kants Frage nach den Bedingungen der Möglichkeit aller Erkenntnis in eine physiologische Problemstellung war es, den vulgär-materialistischen Tendenzen der Zeit entgegenzutreten. Die Theorie der sinnlichen Wahrnehmungen schien Helmholtz eben jenes Feld zu sein, von dem aus das mit dem Aufstieg der Naturwissenschaften und dem damit verbundenen Siegeszug des mechanistischen Weltbildes problematisch

14 „Nemo psychologus nisi physiologus" – frei übersetzt: Nur der Physiologe kann Psychologie betreiben! (Pongratz, 1967, S. 91) Müller hatte diesen Satz bereits 1822, ganz zu Beginn seiner wissenschaftlichen Karriere – als Promotionsthese formuliert. Diesem Credo ist er Zeit seines Lebens treu geblieben. In seinem Hauptwerk, dem zweibändigen *Handbuch der Physiologie des Menschen* (Müller, 1834–1840), war im zweiten Buch der dritte und letzte Abschnitt ausschließlich der Erörterung von Fragen gewidmet, die man aus heutiger Sicht dem Gegenstandsgebiet der Psychologie zurechnen würde.

15 Man sieht, wie tief die Philosophie im Ansehen der wissenschaftlichen Öffentlichkeit gesunken ist: Zum Gedenken an den Größten der deutschen Philosophen hielt ausgerechnet ein Nicht-Philosoph die Festrede.

gewordene Verhältnis von Philosophie und Einzelwissenschaften auf eine neue Grundlage zu stellen war.

Hermann Helmholtz, 1821 in Potsdam geboren, Physiologe und Physiker, Wissenschaftstheoretiker, Wissenschaftspolitiker, programmatischer Vordenker der Naturwissenschaft seiner Zeit, ein „intellectual giant", wie ihn Jammes Clerk Maxwell nannte, ein Genie, das als 26-jähriger das Prinzip der Energieerhaltung formulierte, nur wenig später den Augenspiegel erfand, als Erster die Leitungsgeschwindigkeit der Nerven maß, dann bahnbrechende Arbeiten zur Optik und Akustik verfasste, sich schließlich auch mit hydro- und elektrodynamischen Themen beschäftige, vom Kaiser 1883 in den Adelsstand erhoben, gegen Ende seines Lebens aufgrund seines wissenschaftspolitischen Einflusses respektvoll mit dem Beinamen „Reichskanzler der Physik" (Fischer, 1997) versehen – dieser Hermann von Helmholtz war Mechanist, Physikalist, aber – allein seine gesellschaftliche Stellung zeigt es an[16] – kein Materialist. Es ist notwendig, sich den politischen Kontext zu vergegenwärtigen: Die Niederlage der bürgerlichen Revolution von 1848 hatte auch im Bereich der Wissenschaft den Rückzug aus gesellschaftspolitischem Denken befördert. Deutsche Naturforscher verfolgten in der zweiten Hälfte des 19. Jahrhunderts gegenüber ihren staatlichen und kirchlichen Herren denn auch eine Art von Stillhaltepolitik. Dem Vorwurf, dass sie in ihrem Szientismus antireligiöse Tendenzen vertreten, wussten Naturwissenschafter nicht zuletzt auch mit sorgfältiger Abgrenzung gegenüber dem Materialismus vorzubeugen – „carefully insisting", wie Anne Harrington es in ihrem Buch *Reenchanted Science* ausdrückte, „that a *mechanistic* approach *to* nature had nothing in common with a *materialistic* understanding *of* nature". Der Bezug auf Kant hatte also durchaus auch diese politische Funktion: „Nothing in the human reasoning apparatus equipped science to speak with authority about such matters as the fate of the soul and the ultimate nature of reality." (Harrington, 1996, S. 13)

16 Helmholtz hatte von 1838 an am Königlich-Medizinisch-Chirurgischen Friedrich-Wilhelm-Institut in Berlin Medizin studiert und nach seinem Studienabschluss 1842 einige Jahre lang als Militärarzt gearbeitet. 1848 wurde er Lehrer für Anatomie an der Berliner Kunstakademie. Ein Jahr später erhielt er – als Nachfolger Brückes, der nach Wien übersiedelte – einen Ruf auf ein Extraordinariat für Physiologie an der Universität Königsberg. 1851 wurde er dort zum ordentlichen Professor ernannt. 1855 übernahm Helmholtz eine Professur für Anatomie und Physiologie an der Universität Bonn, 1858 ein Ordinariat für Physiologie an der Universität Heidelberg. 1871 wurde er als Nachfolger von Gustav Magnus auf einen Lehrstuhl für Physik an die Universität Berlin berufen. Von 1887 an war er Präsident der neu gegründeten Physikalisch-Technischen Reichsanstalt in Berlin-Charlottenburg.

„Die Naturwissenschaften stehen“, so konnte Helmholtz in seiner Kant-Rede von 1855 formulieren, „noch jetzt fest auf denselben Grundsätzen, die sie zu Kant's Zeiten hatten.“ Für die allseits konstatierte Entfremdung zwischen Philosophie und Naturwissenschaft sind ausschließlich die Exzesse des deutschen Idealismus und der romantischen Naturphilosophie verantwortlich zu machen. Anders als bei Fichte, Schelling oder Hegel hat nämlich gerade die Philosophie Kants nicht darauf abgezielt, „die Zahl unserer Kenntnisse durch das reine Denken zu vermehren, denn ihr oberster Satz war, dass alle Erkenntniss der Wirklichkeit aus der Erfahrung geschöpft werden müsse, sondern sie beabsichtigte nur, die Quellen unseres Wissens und den Grad ihrer Berechtigung zu untersuchen, ein Geschäft, welches immer der Philosophie verbleiben wird und dem sich kein Zeitalter ungestraft wird entziehen können“ (Helmholtz, 1855, S. 368). Eben dieser letzte Satz war gegen den Materialismus eines Karl Vogt, Jakob Moleschott oder Ludwig Büchner, also gegen eine Auffassung gerichtet, die vorgab, dass die Naturwissenschaften selbst das materielle Wesen der Welt an sich erkennen und damit die Philosophie entbehrlich machen würden.[17]

Das „Geschäft, welches immer der Philosophie verbleiben wird“, war für Helmholtz also die Erkenntnistheorie. Das Grundproblem der Philosophie lautete mithin: „Was ist Wahrheit in unserem Anschauen und Denken? In welchem Sinn entsprechen unsere Vorstellungen der Wirklichkeit?“ Philosophie und Naturwissenschaft würden, so meinte Helmholtz, von zwei entgegengesetzten Seiten auf dieses Problem stoßen: Die Philosophie versucht von den Einwirkungen der Körperwelt zu abstrahieren, „um rein hinzustellen, was der eigenen Tätigkeit des Geistes angehört“. Die Naturwissenschaft hingegen will eben von dieser geistigen Tätigkeit absehen, „um rein übrig zu behalten, was der Welt der Wirklichkeit angehört“. Beschäftigung mit Erkenntnistheorie ist also „eine gemeinsame Aufgabe beider“. (Helmholtz, 1878, S. 149)

Wie nähert sich nun der philosophierende Naturwissenschafter Hermann Helmholtz dieser Aufgabe? Es ist bereits darauf hingewiesen worden, dass Helmholtz Müllers Gesetz der spezifischen Sinnesenergien dahingehend deutete, dass unsere körperliche – und letztlich auch geistige – Organisation we-

17 Karl Vogt machte den drastischen Vergleich, dass Gedanken im selben Verhältnis zum Gehirn stehen wie die Galle zur Leber oder der Urin zur Niere, im deutschen Sprachraum bekannt – ein Satz, der ebenso wie Moleschotts Formel, dass der Mensch ist, was er isst, zu den Gemeinplätzen der materialistischen Literatur der damaligen Zeit gehörte (vgl. Schnädelbach, 1983, S. 132).

sentlichen Anteil daran hat, wie uns die Objekte der Außenwelt erscheinen. Wie ist unter diesen Voraussetzungen ein „objektives" Wissen über die Außenwelt möglich? Die Antwort, die Helmholtz entwickelte, geht davon aus, dass Sinnesempfindungen nichts anderes sind als Zeichen für die Beschaffenheit der Außenwelt, deren Deutung sich erst durch ein körperliches Inkontakttreten zur Außenwelt, also durch konkrete Handlungen, herstellt und durch Erfahrung gelernt wird.

Der Begriff der „Empfindung" wurde von Helmholtz zumeist recht uneindeutig gebraucht. Logisch konsequent ist es, das Wort in dem von ihm entfalteten Zusammenhang nur in „physischer Beziehung", d. h. also als Vorgang im Sinnesorgan zu verstehen.[18] Insofern die Erregungszustände in den Nerven von der „Eigentümlichkeit der Einwirkung", durch die sie verursacht sind, eine „Nachricht" geben, können sie also als „Zeichen" derselben gelten. Als „Zeichen", nicht als „Abbild", wie Helmholtz betonte. Denn „ein Zeichen braucht gar keine Art der Ähnlichkeit mit dem zu haben, dessen Zeichen es ist. Die Beziehung [...] beschränkt sich darauf, daß das gleiche Objekt, unter gleichen Umständen zur Einwirkung kommend, das gleiche Zeichen hervorruft" (ebd., S. 153).

Wie gelangen wir aber nun von der Ebene der Zeichen, d. h. von der Ebene der durch äußere Objekte verursachten Nervenerregungen zur Auffassung dieser äußeren Objekte selbst? Für Helmholtz handelt es sich dabei um einen Lernprozess: Indem uns unsere im Kontakt mit der Außenwelt entstandenen Empfindungen bewusst werden, begeben wir uns auf die Suche nach ihren Ursachen. Aus der Beobachtung der Wirkungen gelangen wir zu einer Vorstellung von der Ursache dieser Wirkung. Die „Richtigkeit" dieser Vorstellung erweist sich schließlich in ihrer Brauchbarkeit im praktischen Handeln.

Bei oftmaliger Wiederholung derselben Bewusstseinsvorgänge wird das Verfahren unter Zurhilfenahme des Gedächtnisses abgekürzt: Wir kommen zu „Induktionsschlüssen", die sich von gewöhnlichen logischen Schlüssen nur dadurch unterscheiden, dass ihnen „die reinigende und prüfende Arbeit des bewußten Denkens" fehlt. Für Helmholtz hat diese unbewusst ablaufende logische Tätigkeit die Form eines Syllogismus: Der Major besteht aus früheren Erinnerungsbildern, der Minor aus dem aktuellen sinnlichen Eindruck, woraus das Wahrnehmungsobjekt erschlossen wird. (Helmholtz, 1878, S. 162). In seiner *Physiologischen Optik* hatte Helmholtz den Vorgang an einem Beispiel präzisiert: „Wenn wir Erregung in denjenigen Nervenappa-

18 Vgl. dazu die Anmerkungen Moritz Schlicks (1921) zu Helmholtz (1878), insbes. Anm. 10 u. 12, S. 200.

raten gefühlt haben, deren peripherische Enden an der rechten Seite beider Netzhäute liegen, so haben wir in millionenfach wiederholten Erfahrungen unseres ganzen Lebens gefunden, daß ein leuchtender Gegenstand nach unserer linken Seite hin vor uns lag. Wir mußten die Hand nach links erheben, um das Licht zu verdecken, oder das leuchtende Objekt zu ergreifen, oder uns nach links hin bewegen, um uns ihm zu nähern. Wenn also in diesen Fällen kein eigentlicher bewußter Schluß vorliegt, so ist doch die wesentliche und ursprüngliche Arbeit eines solchen vollzogen und das Resultat desselben erreicht, aber freilich nur durch die unbewußten Vorgänge der Assoziation von Vorstellungen, die im dunklen Hintergrunde unseres Gedächtnisses vor sich geht und deren Resultate sich daher auch unserem Bewußtsein aufdrängen, als gewonnen durch eine uns zwingende, gleichsam äußere Macht, über die unser Wille keine Gewalt hat." (Zit. n. Schlick, 1921, S. 214–215)

Was aber hat das alles mit Kant zu tun? Der Gedankengang von Helmholtz ist bemerkenswert. Wir nehmen, so heißt es in seiner Kant-Rede, „nie die Gegenstände der Aussenwelt unmittelbar wahr", sondern „nur Wirkungen dieser Gegenstände auf unsere Nervenapparate". Die Gegenstände selbst müssen wir uns – und zwar in der oben beschriebenen Art und Weise – erschließen. Dabei setzen wir die „Gegenwart äusserer Objecte" gleichsam als Ursachen für die Veränderungen im Nervensystem voraus – „denn es kann keine Wirkung ohne Ursache sein". Woher aber wissen wir das? Ist das ein Erfahrungssatz? Nein! Wir brauchen diesen Satz, „ehe wir noch irgendeine Kentniss von den Dingen der Aussenwelt haben, wir brauchen ihn, um überhaupt nur zu der Erkenntnis zu kommen, dass es Objecte im Raum um uns giebt." Der Satz: „keine Wirkung ohne Ursache" ist also – wie eben schon Kant erkannt hatte – a priori gegeben: ein „vor aller Erfahrung gegebenes Gesetz unseres Denkens". (Helmholtz, 1855, S. 395–396)

In späteren Publikationen ist Helmholtz immer wieder auf diese Argumentation zurückgekommen. Sie weiter präzisierend, gelangte er schließlich auch zu einer sinnesphysiologischen Deutung des Kantischen Apriori der Raumanschauung. Der Sehraum ist nicht angeboren, sondern wird von uns erschlossen, indem wir uns durch Bewegungen unseres Körpers ständig in andere räumliche Beziehungen zu den wahrgenommen Objekten setzen und damit erreichen, dass sich deren Eindruck auf uns verändert (Helmholtz, 1878, S. 154). Eine „*vor aller Erfahrung mitgebrachte* Form der Anschauung", so konnte Helmholtz dann sagen, ist der Raum nur insofern, als „seine Wahrnehmung an die Möglichkeit motorischer Willensimpulse geknüpft" ist, „für die uns die geistige und körperliche Fähigkeit durch unsere Organisation gegeben sein muß, ehe wir Raumanschauung haben" (ebd., S. 155). Zu Recht sprach Schlick in seinem Kommentar von einer *psychologischen* Konzeption der Apriorität des Raumes (Schlick, 1921, S. 203–204), die er von der von Kant intendierten transzendental-logischen unterschieden haben wollte.

Für die Entstehung der modernen Psychologie wichtig ist, dass Helmholtz' Erkenntnistheorie zwar von sinnesphysiologischen Erkenntnissen ihren Ausgang nimmt, aber letztlich nicht ohne Rekurs auf Psychologie auskommt. Schon in seiner Kant-Rede von 1855 heißt es, dass es „eine schwere Aufgabe" ist, „die Natur der psychischen Prozesse [...], welche die Lichtempfindung in eine Wahrnehmung der Aussenwelt verwandeln", zu bestimmen – eine Aufgabe, bei deren Lösung man bei den Psychologen „leider [...] keine Hülfe" findet (Helmholtz, 1855, S. 391). Mit „psychischen Prozessen" waren die von ihm postulierten „unbewussten Schlussvorgänge" gemeint. In einem mit *Über das Verhältnis der Naturwissenschaften zur Gesamtheit der Wissenschaften* betitelten Vortrag von 1862 formulierte er dann, dass die Sinnesphysiologie in engste Verbindung zur Psychologie treten muss, da sie in den Sinneswahrnehmungen Resultate psychischer Prozesse nachweist, die der psychologischen Selbstbeobachtung verborgen bleiben (vgl. Gehlhaar, 1991, S. 11). Systematisch wurde das Zusammenwirken von Physiologie und Psychologie schließlich in dem berühmten *Handbuch der physiologischen Optik* (1856–1866) bestimmt: Während die physikalische Optik die Wege „des Lichts im Auge" und die physiologische Optik die „Lehre von den Empfindungen des Sehnervenapparates" zum Gegenstand hat, fällt der Psychologie „die Lehre von dem Verständnisse der Gesichtsempfindungen [zu], welche von den Vorstellungen handelt, die wir auf Grund der Gesichtswahrnehmungen über die Objekte der Außenwelt uns bilden" (1866, S. 30; zit. n. Brauns, 1993, S. 30). Damit ist neben dem physikalischen und physiologischen ein diesen gleichwertiger, genuin psychologischer Forschungsbereich abgegrenzt. Erinnert sei an die zur Einleitung in diesem Kapitel zitierten Sätze aus der Einführung zum ersten Band der *Zeitschrift für Psychologie und Physiologie der Sinnesorgane*: Psychologie und Physiologie sind „von beiden Seiten aus zu einem Ganzen zusammengewachsen; sie fördern und sie fordern sich gegenseitig und bilden zwei gleichberechtigte Glieder einer großen Doppelwissenschaft" (Ebbinghaus u. König, 1890, S. 2). Kein Wunder, dass Helmholtz von Anfang an dem Herausgeber-Gremium dieses Journals angehörte. Der erste Artikel, der in der neuen Zeitschrift abgedruckt wurde, trug den Titel *Die Störung der Wahrnehmung kleinster Helligkeitsunterschiede durch das Eigenlicht der Netzhaut*, beschäftige sich mit dem Fechnerschen Gesetz – und stammte aus der Feder von Hermann Helmholtz (1890).

Psychologie als Einzelwissenschaft

Wilhelm Wundt

Für Edwin G. Boring (1950, S. 303), den Doyen der amerikanischen Psychologiegeschichtsschreibung, war Helmholtz – neben Fechner – der Wegbereiter, Wilhelm Wundt aber der eigentliche Begründer der experimentellen Psychologie. Mit den physiologischen Arbeiten Helmholtz' zeigte sich Boring gut vertraut. Nicht umsonst hatte er sein Buch *Sensation and Perception in the History of Experimental Psychology* (Boring, 1942) Helmholtz gewidmet. An Fechners Werk fand Boring nur das von Bedeutung, was ihm in seine eigene positivistische Wissenschaftsauffassung passte. Die Psychologie Wundts allerdings hat Boring gänzlich missverstanden. Das bräuchte nicht erwähnt zu werden, wenn Borings Lesart nicht für viele Jahre das Bild von Wundt in der modernen Psychologie geprägt hätte. Nicht nur in den USA, sondern auch im deutschen Sprachraum. Seit den Tagen des sogenannten Methodenstreits Ende der fünfziger und Anfang der sechziger Jahre des 20. Jahrhunderts, in dem die deutschsprachige Psychologie sich an in den USA entwickelten Methoden und Theorien auszurichten begann, hat das Fach mit aktuellen Forschungstrends auch seine professionelle Identität und damit sein historisches Selbstverständnis aus den Vereinigten Staaten bezogen.

Borings berühmtes Buch *A History of Experimental Psychology* erschien erstmals 1929. In der zweiten, stark erweiterten Ausgabe von 1950 umfasste das Wilhelm Wundt gewidmete Kapitel einschließlich des Anmerkungsapparats etwas mehr als dreißig Seiten (Boring, 1950, S. 316–347). Zu lesen steht darin die Psychologen nur allzu gut vertraute Wundt-Folklore: dass Wundt die Psychologie als Naturwissenschaft betrachtet (ebd., S. 319), wissenschaftlich mit experimentell gleichgesetzt (ebd., S. 321), die „Introspektion" zur primären Methode der Forschungsarbeit im psychologischen Laboratorium gemacht (ebd., S. 328) und das grundlegende Prinzip seiner Psychologie – die Assoziation – aus der Tradition des Britischen Empirismus entlehnt hat (ebd., S. 329); dass Wundt Elementarist (ebd., S. 329), in Bezug auf das Leib-Seele-Problem Dualist (ebd., S. 333) und seine Konzeption von Psychologie im Ganzen gesehen außergewöhnlich „eng" gewesen ist (ebd., S. 343); und – als biographisches Detail zum Schluss – dass Wundt das Leben eines weltabgewandten Gelehrten geführt hat (ebd., S. 344).[19]

Diese Äußerungen Borings sind nicht bloß ungenau oder einfach falsch. Sie beschreiben – Punkt für Punkt – geradezu das Gegenteil von dem, was Wundt selbst gedacht, veröffentlicht und gelebt hat. Wie, so wird man sich fragen, ist so etwas möglich? Woher hat Boring sein „Wissen" bezogen? Sicher nicht aus dem Studium der Wundt'schen Schriften. Allerdings: Frei erfunden hat er es auch nicht. Boring ließ sich in Sachen Wundt einfach von seinem von ihm so bewunderten Lehrer führen: von Edward B. Titchener, der, wie er selbst eingestand, Teile des Wundt'schen Werkes sehr frei ins Englische übersetzt hatte und sich, mit der Autorität eines Studienabschlusses in Leipzig ausgestattet, selbst zum Sachwalter der Wundt'schen Psychologie in den Vereinigten Staaten ernannt hatte. Titchener, ein Engländer, der in der Tradition des Britischen Empirismus groß geworden war, bevor er seine zwei Studienjahre am Leipziger Laboratorium zubrachte, war Positivist. Er vertrat also eine wissenschaftstheoretische Position, die Wundt selbst nicht nur nicht teilte, sondern heftig bekämpfte.[20]

Die positivistische Abkehr von der tief in der Philosophie des Deutschen Idealismus verankerten Psychologie Wundts ist – das wird noch ausführlich zu zeigen sein[21] – keine US-amerikanische Erfindung. Oswald Külpe, Hermann Ebbinghaus, Georg Elias Müller, jene Psychologen also, um die sich zu Beginn des 20. Jahrhunderts im deutschen Sprachraum die Scientific Community der Experimentalpsychologen zu formieren begann, waren der empiriokritizistischen Philosophie Ernst Machs und Richard Avenarius' verbunden (Danziger, 1979b). Welchen wissenschaftstheoretischen Standpunkt deutsche Psychologen auch immer einnahmen – sie gehörten doch einer gemeinsamen Wissenschaftskultur an und waren mit der deutschen philosophischen Tradition, somit auch mit den intellektuellen Wurzeln der Wundt'schen Psychologie gut vertraut: mit Kant, Fichte, Herbart, Schopenhauer, vor allem aber mit Leibniz, der dieser Genealogie der deutschen Philosophie die Grundlagen bereitet hatte.

Auf das Titelblatt seiner *Beiträge zur Theorie der Sinneswahrnehmung* von 1862 ließ Wundt das berühmte Leibniz'sche Wort: „Nihil est in intellectu

---

19 Vgl. zu dieser Zusammenfassung Boring'scher Behauptungen auch Blumenthal (1980a, S. 118 u. 1980b, S. 437).

20 Zum Verhältnis Titchener-Wundt vgl. z. B. Tweney u. Yachanin (1980).

21 Vgl. S. 101–148 im 3. Abschnitt dieses Buches.

quod non fuerit in sensu – nisi intellectus ipse“[22] drucken. Der erste Teil des Satzes stammt von John Locke; der Leibniz'sche Zusatz des „nisi intellectus ipse“ bringt knapp und präzise den Gegensatz zum Britischen Empirismus zum Ausdruck. Am Beginn des psychologischen Schaffens Wundts steht also das Bekenntnis zur Deutschen und damit die Abgrenzung gegenüber der Britischen Philosophie. Dem ist Wundt zeitlebens treu geblieben.

Vor diesem Hintergrund unterschiedlicher Denktraditionen – „nationaler Denkstile“, wie sie im Anschluss an Ludwik Fleck zu bezeichnen sind – muss man die Wundt-Darstellung Titcheners und Borings zu verstehen versuchen. In den Ohren eines Empiristen hallte beim Hören von Begriffen wie „Assoziation“ oder „Element“ sofort die Stimme des Empirismus wider. Das ist der Grund, warum Titchener und Boring am Mythos, dass die Britische Philosophie auf Wundt so großen Einfluss ausübte, weben konnten. Weil ihnen die intellektuellen Quellen seines Denkens fremd waren, verkannten sie, dass Wundt z. B. den Begriff der Assoziation eher im Sinne von „Verschmelzung“ oder „Komplexion“, also im Sinne der Herbart'schen Psychologie verwendet hatte, dass elementare „Empfindungen“, „Vorstellungen“, „Gefühle“ für ihn keine in der Erfahrung gegebene Entitäten, sondern gedankliche Abstraktionen waren, oder dass er John Stuart Mills Metapher einer „chemistry of mind“[23] ablehnen musste, weil sich in ihr die für seine Psychologie so zentrale Unterscheidung zwischen physischer und psychischer Kausalität verwischte (vgl. dazu ausführlich Danziger, 1980a).

Geschichte wurde und wird meist aus der Sicht der Sieger geschrieben. Das Besondere an Wundt ist, dass er zwar der Lehrer vieler Schüler, nicht aber der Begründer einer wissenschaftlichen Schule war. Sowohl in Deutschland als auch in den USA fand das Wundt'sche Projekt einer wissenschaftlichen Psychologie keine Fortsetzung. Was von Wundt blieb, war das Vorbild seiner Laborgründung. Wie Blumenthal (1980a, S. 130) es pointiert für die amerikanische Psychologie formulierte: Die vielen jungen Leute aus den Vereinigten Staaten, die bei Wundt studierten, nahmen aus den Leipziger Lehrveranstaltungen – denen sie schon allein der fremden Sprache wegen wohl nur schwer zu folgen vermocht hatten – zumeist nichts anderes als „the laboratory apparatus and the floor plan of Wundt's Leipzig laboratory“ mit. Weil in der Folge gegen die Intention Wundt's – in Deutschland mehr noch als in den

22 „Nichts ist im Verstand, was nicht vorher in den Sinnen war – außer der Verstand selbst.“

23 Für Stuart Mill war die „philosophy of mind“ analog zur Chemie zu betreiben: Es galt zunächst, die Grundelemente des Geistes und dann die aus ihnen möglichen Verbindungen zu bestimmen.

USA – die wissenschaftliche Psychologie auf experimentelle Laborforschung eingeengt wurde, gewöhnte man sich daran, am Wundt'schen Erbe selektiv das wahrzunehmen, was dem eigenen Tun und Lassen in der Gegenwart entgegenkam. Was nicht dazu passte, wurde entweder umgedeutet oder – z. B. die Völkerpsychologie – überhaupt aus dem historischen Gedächtnis gestrichen.

Wilhelm Wundt wurde am 16. August 1832 in dem kleinen Dorf Neckarau bei Mannheim als Sohn eines Pastors geboren.[24] Seine Kindheit und Jugend verbrachte er von 1836 an im badischen Heidelsheim nahe der Kreisstadt Bruchsal. 1845 wurde er im Heidelberger Lyceum eingeschult. Nach seinem Abitur 1851 begann Wundt an der Universität Tübingen, wo der Bruder seiner Mutter, Friedrich Arnold, ein Ordinariat für Anatomie und Physiologie innehatte, Medizin zu studieren. Vom Wintersemester 1852/53 setzte er – sein Onkel war nach Heidelberg berufen worden – sein Studium an der dortigen Universität fort. 1855 bestand er das medizinische Staatsexamen, promovierte kurz darauf zum Dr. med. und war danach für sechs Monate als Assistenzarzt an der Heidelberger Frauenklinik tätig. Im Frühsommer 1856 ging Wundt für ein paar Monate nach Berlin, um dort in den physiologischen Laboratorien von Johannes Müller und Émil Du Bois-Reymond zu arbeiten. Nach seiner Rückkehr habilitierte er sich an der Universität Heidelberg. Seine Vorlesungstätigkeit, die er mit Beginn des Sommersemesters 1857 aufgenommen hatte, musste er wegen einer schweren Lungenerkrankung aber bald schon unterbrechen. Während seiner etwa ein Jahr dauernden Rekonvaleszenz entstand dann sein erstes Buch über *Die Lehre von der Muskelbewegung*. Im August 1858 erhielt Wundt schließlich die Stelle eines Assistenten im neuen Physiologischen Institut, das für den im selben Jahr auf ein Ordinariat für Physiologie nach Heidelberg berufenen Hermann Helmholtz eingerichtet worden war.[25] Hauptaufgabe des Institutsassistenten war es, angehende Mediziner in die Praxis der Laborarbeit einzuführen.

Wundt blieb bis 1864 in dieser Position tätig. Für ihn war es eine ungemein produktive Zeit. Er publizierte viel und hielt an der medizinischen Fa-

24 Zur Biographie Wilhelm Wundts vgl. seine kurz vor seinem Tod fertig gestellte Selbstdarstellung (Wundt, 1920). Gute biographische Skizzen über Leben und Werk vor seiner Berufung nach Leipzig geben Bringmann, Bringmann u. Balance (1980) und dann vor allem Diamond (1980). Ein reich bebilderter, wenn auch etwas unkritischer Versuch zu einer Gesamt-Biographie stammt von Lamberti (1995).

25 Auf Anregung Friedrich Arnolds war zu dem schon bestehenden Heidelberger Lehrstuhl für Anatomie ein separates Ordinariat für Physiologie systemisiert und schließlich Helmholtz angeboten worden (Diamond, 1980, S. 28–29) – ein sichtbares Zeichen dafür, wie weit die institutionelle Verselbständigung der Physiologie von der Anatomie damals bereits fortgeschritten war.

kultät neben den Laborpraktika eigene Vorlesungen: über experimentelle Physiologie, medizinische Physik, mikroskopische Anatomie, aber auch regelmäßig über „Anthropologie", „Ethnographie" oder „Naturgeschichte der Rassen und Völker" (Graumann, 1980, S. 75). Eine Lehrveranstaltung über Psychologie kündigte er erstmals im Sommersemester 1862 unter „Psychologie vom naturwissenschaftlichen Standpunkt" an.

Während seiner Assistentenzeit bei Helmholtz wurde Wundt – der nach Boring ein stilles, zurückgezogenes Gelehrtenleben geführt haben soll – politisch aktiv. Er engagierte sich in der Arbeiterbildung[26], hielt eine Fülle von populärwissenschaftlichen Vorträgen und kam mit führenden Sozialdemokraten in persönlichen Kontakt, mit August Bebel z. B. und – für seine weitere akademische Karriere nicht ohne Belang – mit dem Philosophen, Sozialpolitiker und Publizisten Friedrich Albert Lange. 1866 wurde Wundt schließlich in die II. Ständekammer des badischen Landtags gewählt. 1869 legte er sein Mandat von sich aus zurück.

Nach seinem Rückzug aus dem Helmholtz'schen Institut setzte Wundt seine Lehrtätigkeit an der Universität Heidelberg fort. Er veröffentlichte u. a. ein sehr erfolgreiches *Lehrbuch der Physiologie des Menschen* und ein *Handbuch der medizinischen Physik.* 1864 erhielt er den Titel eines außerordentlichen Professors, 1871 endlich ein reguläres Extraordinariat, mit der Verpflichtung, über Anthropologie und Medizinische Psychologie zu lesen. 1873 erschien der erste Band seiner *Grundzüge der Physiologischen Psychologie,* im Frühjahr 1874 der zweite. Im selben Jahr wurde er auf Empfehlung Friedrich Albert Langes auf dessen Lehrstuhl für induktive Philosophie an die Universität Zürich, 1875 schließlich auf ein Ordinariat für Philosophie nach Leipzig berufen. Vom Wintersemester 1879/80 an begann er dort in einem Raum im Universitätsgebäude gemeinsam mit Studenten und mit Hilfe einer von ihm privat im Laufe der Jahre zusammengetragenen Apparatesammlung experimentalpsychologische Forschungen durchzuführen. Im Vorlesungsverzeichnis für das Wintersemester 1883/84 fand sich dann das bis dahin nur informell bestehende Laboratorium erstmals als *Institut für Experimentalpsychologie* in die Liste der Universitätsinstitute bzw. -seminare aufgenommen.[27]

Es ist alles andere als selbstverständlich, dass ein Forscher, der in seiner wissenschaftlichen Konzeption dem Begriff der Entwicklung eine zentrale Rolle zu-

26 Von 1863 an amtierte er als Vorsitzender des Heidelberger Arbeiterbildungsvereins.

27 Zu Wundts Berufung nach Leipzig und zur Institutsgründung vgl. v. a. Bringmann, Bringmann u. Ungerer (1980a).

weist, auch selbst zeitlebens nicht aufhört, sein Denken beständig weiterzuentwickeln. Auf Wundt hingegen trifft dies in jeder Hinsicht zu. Ob seines ständigen Über- und Neubearbeitens verlor so mancher Zeitgenosse offenbar die Orientierung. So beklagte sich William James in einem Brief an Carl Stumpf aus dem Jahr 1887: "He [Wundt] aims at beeing a sort of Napoleon of the intellectual world. Unfortunately he will never have a Waterloo, for he is a Napoleon without genius and with no central idea which, if defeated, brings down the whole fabric in ruin." (zit. n. van Hoorn u. Verhave, 1980, S. 72)

James irrte sich. Es gibt diese „zentrale Idee" in der Wundt'schen Psychologie, eine Idee, die von nachfolgenden Generationen wissenschaftlicher Psychologen dann aber – wenn schon nicht „überwunden" – so doch einfach fallen gelassen wurde: das Prinzip der psychischen Kausalität, d. i. die Überzeugung, dass Psychisches nur als aus Psychischem entstanden, psychische Zustände also als nichts anderes als Wirkungen psychischer Ursachen aufzufassen sind. Um diese Grundüberzeugung lassen sich all die anderen Grundsätze gruppieren, die der Wundt'schen Psychologie von Anfang an zugrunde lagen: der Anti-Materialismus, die Auffassung der Psychologie als Grundlagendisziplin der Geisteswissenschaften, das Verständnis des Psychischen als Prozessgeschehen, der historische Zugang, d. h. das Bemühen, Seelisches stets in seiner Entwicklung zu begreifen, etc.

Nur langsam und allmählich hat die von Wundt entwickelte Psychologie Gestalt angenommen. Zwei Hauptphasen sind grob zu unterscheiden. Die frühe Konzeption, das „Heidelberger Programm" (Graumann, 1980), ist in den beiden Büchern *Beiträge zur Theorie der Sinneswahrnehmung* (Wundt, 1862) und *Vorlesungen über die Menschen- und Thierseele* (Wundt, 1863) dargelegt. In Leipzig hat Wundt dann den Übergang von einer intellektualistischen zu einer voluntaristischen Psychologie vollzogen. Beide Phasen der Theorieentwicklung werden anschließend gesondert erörtert. S. 79–88 geht es dann um Wundts Wissenschaftstheorie und Praxis der Laborforschung, S. 89–100 schließlich um die Entstehung der Völkerpsychologie.

Das „Heidelberger Programm"

In der Rückschau hat Wundt seine frühen theoretischen Arbeiten zur Psychologie als eine Art „Jugendsünde" betrachtet. So ließ er den zweiten, „völkerpsychologischen" Band seiner 1863 erschienenen *Vorlesungen über die Menschen- und Thierseele* in die erst 1892, also knapp dreißig Jahre nach der Erstausgabe erfolgten Neuauflage, gar nicht mehr aufnehmen. Der erste Band, in dem er seine Ansichten zu den Tatsachen des individuellen Seelenlebens – dem Gegenstand der physiologischen oder experimentellen Psychologie – dargelegt hatte, wurde grundlegend überarbeitet, bevor er ihn zur Wiederveröffentlichung frei gab.

Einleitend ist also zu bemerken, dass Wundt seine Völkerpsychologie nicht erst im hohen Alter erfunden hat: Die Zweiteilung der Psychologie in einen auf das Individuum gerichteten experimentellen Forschungszweig und in einen auf an das Zusammenleben der Menschen gebundenen psychischen Erscheinungen abzielende „vergleichende Psychologie der Rassen und Völker" (Wundt, 1920, S. 205) war schon in Wundts frühester Konzeption gegeben. Der völkerpsychologische Ansatz wird aber gesondert erörtert. Im Folgenden geht es vor allem um die Entwicklung der Experimentalpsychologie. Der von Wundt zuerst in seinen *Beiträgen zur Theorie der Sinneswahrnehmung* (Wundt, 1862) veröffentlichte Entwurf einer experimentellen Psychologie liest sich – das sei gleich einmal vorweggenommen – in vielen Teilen wie der Versuch, das von Helmholtz von Seiten der Sinnesphysiologie aus skizzierte Programm einer zukünftigen Psychologie zu verallgemeinern und in konkrete Forschungspraxis umzusetzen.

Die Psychologie ist, so steht in der Einleitung zu den *Beiträgen* geschrieben, „seit Aristoteles nicht um einen Schritt weitergekommen" (ebd., S. XI). Den Grund für diese Stagnation sah Wundt in einer unzureichenden Entwicklung der Methodik. Als „Wissenschaft von den Thatsachen des Bewusstseins" sieht sich die Psychologie vor das Problem gestellt, dass „das Bewusstsein selbst und Alles was in ihm geschieht schon verwickelte Phänomene sind". Wie in den übrigen Wissenschaften auch ist uns unmittelbar in unserer Beobachtung nur die „komplicierte Erscheinung" gegeben, nicht aber das Einfache, aus dem sie zusammengesetzt ist. Dieses Einfache sind in der Psychologie nun aber die „Anfänge des Seelenlebens". Psychische Erscheinungen wissenschaftlich zu erklären, hieß also für Wundt, den Prozess ihres Gewordenseins von seinen Anfängen aus zu rekonstruieren – von seinen Anfängen sowohl im Individuum als auch in der ganzen stammesgeschichtlichen Entwicklung. Bei dieser *phylogenetischen* Betrachtung kann, so meinte Wundt, die allgemeine Psychologie sich zweier Hilfswissenschaften und der von ihnen entwickelten Methoden bedienen: der „Entwicklungsgeschichte der Seele" und der „vergleichenden Psychologie": Während die eine „die allmähliche

Ausbildung des Seelenlebens beim Menschen" verfolgt, stellt die andere „die Verschiedenheit desselben [...] in der Thierreihe und in den Völkerracen des Menschengeschlechts" dar (Wundt, 1862, S. XIV). Diesem völker- und dann auch tierpsychologischen Teil seiner Konzeption war der nachmals unterdrückte zweite Band der *Vorlesungen* gewidmet. In den ein Jahr zuvor erschienenen *Beiträgen zur Theorie der Sinneswahrnehmung* hatte sich Wundt zunächst einmal die methodische Erneuerung der Individualpsychologie zum Ziel gesetzt.

Die ursprüngliche Methode aller bisherigen (Individual-)Psychologie war die Selbstbeobachtung. Wundts Einwand gegen die Introspektion ergibt sich aus dem bisher dargelegten Argumentationsgang gleichsam von selbst. Weil in ihr immer nur zusammengesetzte Erscheinungen, also fertige Produkte, nicht aber die Prozesse ihrer Bildung gegeben sind (ebd., S. XVI), muss eine allein auf die Selbstbeobachtung gegründete „empirische Psychologie" auf die bloße Beschreibung und „ordnungslose Aneinanderreihung" von Bewusstseinstatsachen beschränkt bleiben. Die Erforschung der Entwicklungsgesetze des Psychischen, wie Wundt sie beabsichtigte, war so nicht zu erreichen.

Die Rekonstruktion der Entwicklung komplexer psychischer Erscheinungen aus ihren Anfängen kann in der Individualpsychologie auf zwei getrennten Analyse-Ebenen erfolgen: auf der *ontogenetischen* Ebene, auf der es um das Entstehen höherer psychischer Funktionen aus einfacheren, niedrigeren geht; und auf der *aktualgenetischen* Ebene, auf der die Bildung aktueller Bewusstseinsinhalte in Frage steht. Es sei daran erinnert, dass Hermann Helmholtz die bewusste Auffassung von Außenweltobjekten als Resultat einer unbewusst ablaufenden, d. h. der Selbstbeobachtung verborgen bleibenden psychischen Tätigkeit verstanden hat, die aufzuklären eben Aufgabe einer wissenschaftlichen Psychologie ist. Um das Einfache, aus dem die uns zu Bewusstsein gelangenden psychischen Erscheinungen zusammengesetzt sind, entschlüsseln und daraus die Gesetze der Entstehung „verwickelter" Bewusstseinstatsachen ableiten zu können, bedurfte es – so meinte Wundt – in der Psychologie eines neuen methodischen „Hülfsmittels": des *Experiments*, wie es in der Sinnesphysiologie entwickelt und seit Jahren erfolgreich eingesetzt wurde. Die zweite methodische Neuerung, die Wundt in die Psychologie einzuführen empfahl, war vor allem für den ontogenetischen Gesichtspunkt von Bedeutung: eine „Erweiterung der bisherigen Beobachtungsmethode" durch die Einbeziehung statistischer Daten. Unter dem Eindruck der von dem belgischen Astronomen und Meteorologen Adolphe Quételet begründeten „Moralstatistik" glaubte Wundt, dass sich „in den statistischen Ermittlungen" einer wissenschaftlichen Gesellschaftslehre „eine Menge von Thatsachen" finden würden, „die unmittelbar zu wichtigen psychologischen Schlussfolgerungen geeignet sind". Aus den Selbstmordziffern verschiedener Gesellschaften z. B. ließen sich wissenschaftlich gesicherte Aussagen über die Abhängigkeit des Suicids von „äusseren Momenten" wie Alter, Geschlecht, Beruf, nationaler Charakter, Klima, Witterung oder Jahreszeit ableiten; an den Zahlen über Eheschließungen bzw. -scheidungen könnte man zeigen, dass „auch die Liebe psychologischen Gesetzen folgt", etc. (Wundt, 1862, S. XXIV–XXV). Ursprüngliches Ziel der Quételet'schen Statistik war es gewesen, den „moralischen Standard" verschiedener Bevölkerungsgruppen festzustellen. Wundt betrachtete die durch die Anwendung der Wahrscheinlichkeitsrechnung auf menschliches Verhalten hypothetisch erschlossenen Größen schließlich als im gesellschaftlichen Zusammenleben entstandene psychische Faktoren, die individuelles Handeln wesentlich beeinflussen können. Ursachen menschlichen Handelns, so hieß es dann in seinem Entwurf einer psychologischen Handlungstheorie im zweiten Band seiner *Vorlesungen über die Menschen- und Thierseele*, sind immer auch „im gesellschaftlichen Zustand eines Volkes" begründet: Das Soziale, Kulturelle ist ein Moment, „das auf die Handlungen des Willens von wesentlichem Einflusse ist" (Wundt, 1863, Bd. II, S. 410).

Das, was Wundt an der Statistik faszinierte, war, dass sie an die Stelle „vager Vermuthungen", wie sie sich aus der alltäglichen Beobachtung von Einzelfällen zwangsläufig ergeben, eine in der Häufung der Beobachtungen begründete Gewissheit setzt (1862, S. XXV). Eben hierin ist die statistische der experimentellen Methode nahe verwandt.

Das Experiment war für Wundt das „Hülfsmittel" der Wahl im Bereich der aktualgenetischen Analyse. Helmholtz' Konzept einer unbewussten psychischen Aktivität, die das Zustandekommen bewusster Wahrnehmungen erklären soll, findet sich bei ihm nun auf die Entstehung aller uns in der Selbstbeobachtung gegebenen Bewusstseinstatsachen verallgemeinert. „Was in's Bewusstsein kommt", sagte Wundt, „ist nur die fertige Arbeit. [...] Der Schauplatz der wichtigsten Seelenvorgänge [liegt] in der unbewussten Seele." Um die Natur der die Bewusstseinsgegebenheiten hervorbringenden unbewussten Seelenprozesse untersuchen zu können, bedarf es nach Wundt der experimentellen Forschungsstrategie.

Die Anwendung der experimentellen Methode auf psychologische Fragestellungen war zuerst von der Physiologie demonstriert worden, und zwar auf jenem Gebiet, wo Physiologie und Psychologie sich eng berühren: auf dem Gebiet von Empfindung und Wahrnehmung. Die Bedingungen, die dabei variiert und in ihren Auswirkungen beobachtet wurden, waren Sinnesreize. Musste dieser Ansatz nicht ein für alle Mal auf die Ebene einfacher Wahrnehmungsprozesse, also einfacher psychischer Erscheinungen beschränkt bleiben? Im Gegensatz zu seiner späteren Überzeugung hat Wundt in seiner Programmatik aus den frühen sechziger Jahren diese Frage entschieden verneint. Die experimentelle Kontrolle äußerer Einwirkungen eröffnet – so war Wundt überzeugt – auch den Zugang zu den Bereichen höherer Seelentätigkeit wie Vorstellen und Denken.

Das Prinzip des experimentellen Vorgehens lag für Wundt darin, an sich „unsichtbare Vorgänge" über ihre Anbindung an einfach zu manipulierende Außenweltgegebenheiten zu kontrollieren und in ihren „sichtbaren" Wirkungen zu erfassen. Wie in der Physiologie z. B. nicht direkt beobachtbare Hemmungs- oder Erregungsprozesse, so sollten jetzt auch in der Psychologie unbewusste psychische Tätigkeiten darüber, wie sie sich „äußern" – etwa über ihren zeitlichen Verlauf – registriert werden.

In seiner methodischen Einleitung zu seinen *Beiträgen zur Theorie der Sinneswahrnehmung* führte Wundt eines seiner frühen psychologischen Experimente als Beispiel an.[28] Es ging darum, den zeitlichen Verlauf von zwei aufeinanderfolgenden Vorstellungen zu messen. Für Wundt war das bewusste Resultat eines Wahrnehmungsprozesses das Ende einer Entwicklungskette: aus Empfindungen werden Wahrnehmungen, aus Wahrnehmungen Vorstellungen. Eine Vorstellung ist mithin nichts anderes als eine zu Bewusstsein gelangte Wahrnehmung (Wundt, 1862, S. 446). Versuchsaufbau und Versuchsergebnisse hat Wundt wie folgt beschrieben: „Ich liess ein Pendel, das an einem bestimmten Punkt seines Weges an einen Hebel anschlug, vor einer Kreisskala schwingen. Es konnte dann genau verglichen werden der wahre Ort des Pendels im Moment wo es den Schall erzeugte mit dem Ort, an dem es scheinbar sich befand im Moment wo der Schall gehört wurde. Es ergab sich dabei eine konstante Skalendifferenz, aus dieser und aus der Schwingungsdauer konnte die Zeit, welche zwischen Gehörs- und Gesichtsvorstellung vergeht, berechnet werden. Diese Zeit ist im Mittel zu 1/8 Sekunde gefunden worden, und zwar war diese Differenz von 1/8 Sekunde

28 An diesem Beispiel zeigt sich, wie eng genuin psychologische Fragestellungen ursprünglich an erkenntnistheoretische Probleme gebunden waren: Wundt war es bei diesem Experiment eigentlich darum gegangen, individuelle Beobachtungsdifferenzen in der Astronomie aufzuklären. Die Problemstellung geht auf Friedrich Wilhelm Bessel zurück, der individuelle Abweichungen bei der Bestimmung des zeitlichen Eintretens verschiedener astronomischer Erscheinungen als unvermeidbar erkannte und dafür den Begriff der „persönlichen Gleichung" in die Fachliteratur einführte.

bald positiv bald negativ, d. h. entweder konnte der Beobachter zuerst sehen und dann hören oder zuerst hören und dann sehen." (Ebd., S. XXVII–XXVIII)

Was sollte damit gezeigt werden? Wundts Behauptung, er habe eine bislang völlig unbekannte psychische Konstante gefunden, kommt dem heutigen Leser angesichts des Umstands, dass er selbst in seinem Experiment die einzige Versuchsperson war, vielleicht ein wenig absurd vor. Für die weitreichenden theoretischen Schlussfolgerungen, die er aus dieser so unspektakulär wirkenden Inszenierung zu ziehen imstande war, ist diese „Naturkonstante" aber völlig belanglos. Mit diesem Experiment ist, so meinte Wundt, nämlich „zu vollständiger Evidenz gebracht das psychologische Gesetz der Einheit der Vorstellung" (ebd., S. XXVIII). Gemeint ist damit nichts anderes, als dass uns immer nur eine einzige Vorstellung gerade bewusst sein kann. Anders ausgedrückt: Zwei Vorstellungen können nur unmittelbar nacheinander, niemals aber gleichzeitig im Bewusstsein sein. Das kam einem Frontalangriff auf die Psychologie Herbarts gleich. Zwei gleichzeitige, aber einander entgegengesetzte Vorstellungen, so hieß es bei Herbart, werden einander hemmen, die stärkere kann die schwächere aber nicht aus dem Bewusstsein verdrängen. Das allgemeine Gesetz lautete: Die Weite des Bewusstseins ist größer als zwei Vorstellungen. Eben dieses Fundament, dieses erste Axiom der Herbart'schen Psychologie glaubte Wundt nun empirisch widerlegt zu haben. Doch damit nicht genug: Daraus ließen sich sogleich Konsequenzen für eine allgemeine Theorie der Gefühle ableiten: Jeder weiß aus eigener Anschauung, dass unser Wahrnehmen und Denken stets von einem Gefühl einer allgemeinen Befindlichkeit begleitet wird. Wir fühlen uns mehr oder weniger wohl oder unwohl und sind uns dessen mehr oder weniger bewusst. Bringt man das „Gesetz der Einheit der Vorstellungen" in Anwendung, so ergibt sich, dass dieses „Gemeingefühl" nicht neben, d. h. zur gleichen Zeit z. B. mit einem äußeren Sinneseindruck im Bewusstsein bestehen kann. Dass uns das so zu sein scheint, ist schon das Resultat einer Reflexion, also etwas Sekundäres, erst im Nachhinein Entstandenes. Am Anfang muss aber etwas Einheitliches sein, aus dem sich diese Unterscheidung erst herausbildet. Alle Empfindungen – ganz gleich ob von den Sinnesorganen, den inneren Organen oder den Muskeln vermittelt – tragen in ihren Ursprüngen, so meinte Wundt schließlich, ein subjektives Moment in sich, eine gefühlsmäßige Färbung, eine Färbung, die für gewöhnlich mit der vagen Bezeichnungen „angenehm" bzw. „unangenehm" belegt wird. Die Trennung von „Gefühl" und „Empfindung im engeren Sinn" ist dann schon eine „komplicierte Erscheinung", ein – in der reflexiven Selbstbeobachtung gegebenes – Produkt, nicht aber der „Anfang" des individuellen Seelenlebens.

Wie aber stellte sich Wundt das Werden, die Entwicklung einer solchen „komplicierten Erscheinung" vor? Was genau soll also die Rede von der zugrunde liegenden unbewussten psychischen Aktivität bedeuten? Im ersten Band seiner *Vorlesungen über die Menschen- und Thierseele* (Wundt, 1863, Bd. I, S. 41–56) findet sich der wesentliche Gedankengang fein säuberlich dargestellt. Wundt geht zunächst davon aus, dass alles Denken Schlussfolgern ist. Ein Urteil ist nicht der Anfang, sondern das Resultat eines Schlussprozesses. Das Urteil: „Der Löwe ist ein Thier" ist ein Schluss aus „einfacheren Urteilen" wie „Der Löwe empfindet", „Der Löwe bewegt sich" etc. Der Satz „Der Löwe empfindet" ist wieder aus einer Anzahl einfacher Erfahrungsurteile erschlossen: z. B. aus „Der Löwe wendet sein Auge dem Licht, sein Ohr dem Schall zu" etc. Wenn man auf diesem Wege mit der Aufgliederung fortfährt, so gelangt man zu einfachen sinnlichen Wahrnehmungen als dem eigentlichen Ausgangspunkt unserer bewussten Denkakte. Die sinnliche Wahrnehmung ist selbst aber wiederum ein Erfahrungsurteil: „Wenn ich es mir zum Bewusstsein bringe, dass das was ich sehe die Farbe Roth hat, so unterscheide ich es von Gelb, Grün, Blau u. s. w. Ich unterscheide es zugleich als eine Lichtempfindung von einer Ton- oder Tast- oder Geruchsempfindung. Woran unterscheide ich es? Offenbar an bestimmten Merkmalen, die es für meine Empfindung besitzt. […] Nun haben wir aber gesehen, dass jedes Merkmal nichts Anderes ist als ein Urtheil. Jede sinnliche Wahrnehmung entsteht also schon aus einer Menge theils bejahender, theils verneinender Urtheile, und die Wahrnehmung selber ist nichts Anderes, als der Schluss, der aus diesen Urtheilen gefolgert wird." (Ebd., S. 52–53) Sowohl das Urteil, welches das einzelne Merkmal der Empfindung feststellt, als auch der Schlussprozess sind uns im Bewusstsein nicht gegeben. Kurz und gut: Wie schon bei Helmholtz, so werden auch bei Wundt die einfachen Sinneswahrnehmungen durch einen unbewussten logischen Vorgang aus Empfindungen erschlossen. Wundt geht aber über Helmholtz' Anwendung dieses Konzepts weit hinaus. Für ihn erklärt sich daraus nicht nur die Entstehung von Wahrnehmungen, sondern überhaupt die Bildung des (Selbst-)Bewusstseins. Auf allen Ebenen des Seelenlebens herrscht mithin ein und dasselbe logische Grundgesetz, das die vielfältigen Äußerungen des seelischen Lebens – „von der einfachen Empfindung an bis zur Bildung der abstrakten und ethischen Begriffe" – miteinander verbindet (Wundt, 1862, S. 450). „Die Seele [ist] ein aus sich selber heraus nach logischen Gesetzen handelndes und sich entwickelndes Wesen" (ebd., S. 451) – für den „Heidelberger Wundt" war das zwar durchaus eine metaphysische Setzung, aber letztlich eine, deren Annahme durch die Ergebnisse experimentalpsychologischer Forschung, durch empirische Befunde also, nahe gelegt wurde.

Voluntarismus

Im vorangegangenen Kapitel wurde gezeigt, dass Wundt von allem Anfang an Psychisches als ein fortwährendes Entwicklungsgeschehen charakterisiert hat, das aus sich selbst heraus aus einfachen Anfängen immer komplexere Bildungen hervorbringt. Seelisches Geschehen ist für ihn in seinem frühen Programm ein Konstruktionsprozess, der auf allen Ebenen von ein und denselben Prinzipien beherrscht wird: von den Gesetzen der Logik. Mit der ersten Auflage seiner *Grundzüge der physiologischen Psychologie* (1873/74) begann Wundt davon abzurücken: Psychische Aktivität betrachtete er in der Folge nicht mehr als einen logischen, sondern als einen motivationalen, genauer: als einen volitionalen Prozess (Danziger, 1980a, S. 82). Sein System der Psychologie erhielt nun die Bezeichnung „Voluntarismus".

Den Terminus „volitiv" verwendete Wundt in einer besonderen Bedeutung: „Wollen" im Sinne eines bewussten Wählens oder Entscheidens war ihm nämlich nur ein Spezialfall willentlicher Aktivität: das komplexe Endprodukt eines psychischen Entwicklungsprozesses, als dessen Ausgangspunkt ihm „Triebhandlungen" galten. Die Triebhandlungen selbst sah Wundt in „Affecten" verankert.

Um die Pointe des Wundt'schen Ansatzes zu verstehen, müssen zunächst die Grundbegriffe seines fertigen Systems der (Individual-)Psychologie im Zusammenhang dargestellt werden. Als den Gegenstand der Psychologie hatte Wundt in seiner Leipziger Zeit die „unmittelbare Erfahrung" bestimmt und damit die auf Kant zurückgehende Unterscheidung zwischen den „Phänomenen des inneren Sinnes" und denen der „äußeren Sinne" als unhaltbar zurückgewiesen: Es gibt nur eine einheitliche Erfahrung; äußere und innere Erfahrung sind nichts anderes als zwei verschiedene Betrachtungsweisen dieser einen einheitlichen Erfahrung. Von der weitreichenden Bedeutung dieser Begriffsbestimmung von Psychologie wird weiter unten noch ausführlich die Rede sein. Wichtig für den hier zur Diskussion stehenden Zusammenhang ist, dass Wundt, indem er die Unterscheidung von „inneren" und „äußeren" *Objekten* der Erfahrung als Kriterium der Abgrenzung zwischen Psychologie und Naturwissenschaften fallen ließ, den Inhalt der psychologischen Erfahrung nicht mehr als eine „Summe von Gegenständen", sondern als die „Erlebnisse des Subjectes" in ihrer „unmittelbaren Beschaffenheit", d. h. als ein Prozessgeschehen begreifen konnte. Die „psychischen Thatsachen" sind, so hieß es bei Wundt nun, „Ereignisse, nicht Gegenstände"; „sie verlaufen in der Zeit und sind in keinem folgenden Moment die nämlichen, die sie in einem vorausgegangen waren". (Wundt, 1896a, S. 17) Wundt sprach von einem „Aktualitätsprinzip", das für die Auffassung der psychischen Vorgänge maßgebend ist. Psychologische Kategorien wie „Empfindung", „Gefühl", „Wille" sind Begriffe, mit deren Hilfe einzelne Aspekte des realen psychischen Geschehens herausgehoben werden. Sie sind immer schon „Produkte der psychologischen Analyse", also gedankliche Abstraktionen, keine tatsächlich, d. h. getrennt für sich allein existierenden Entitäten.

Dem Umstand, dass sich jede unmittelbare Erfahrung in zwei Faktoren sondern lässt – in einen Inhalt und in unsere Auffassung von diesem Inhalt – entsprachen nach Wundt zwei Arten von „psychischen Grundelementen": die Empfindungen als „objective" und die einfachen Gefühle als „subjective Elemente".[29] Die Unterscheidung ist natürlich wiederum Ergebnis einer Abstraktion: Gefühle bestehen nicht für sich, sondern nur in Verbindung mit Kognitionen.

Entsprechend ihrer Beziehung zum aktuellen Verlauf der psychischen Vorgänge lassen sich die einfachen Gefühle nach drei Hauptrichtungen ordnen: jene, die „eine Modification des momentanen *gegenwärtigen* Zustandes" bedeuten, nannte Wundt „Lust- bzw. Unlustgefühle"; jene, die einen „Einfluss auf den *nachfolgenden* Zustand" ausüben, „erregende bzw. beruhigende Gefühle"; und jene, deren „Eigenart durch den *vorausgehenden* Zustand" bestimmt ist, „spannende bzw. lösende Gefühle". (Ebd., S. 100)

---

29 „Die Elemente des objectiven Erfahrungsinhaltes bezeichnen wir als Empfindungen: so z. B. einen Ton, eine bestimmte Wärme-, Kälte-, Lichtempfindung u. s. w., wobei jedes Mal von allen Verbindungen dieser Empfindungen mit anderen, sowie nicht minder von jeder räumlichen und zeitlichen Ordnung derselben abgesehen wird. Die subjektiven Elemente bezeichnen wir dagegen als Gefühlselemente oder einfache Gefühle. Beispiele solcher Gefühlselemente sind: das Gefühl, dass irgendeine Licht-, Schall-, Geschmacks-, Geruchs-, Wärme-, Kälte-, Schmerzempfindung begleitet, oder das Gefühl beim Anblick eines wohlgefälligen oder missgefälligen Objectes, die Gefühle im Zustand der Aufmerksamkeit, im Moment eines Willensactes u. s. w." (Wundt, 1896a, S. 34)

Die uns unmittelbar gegebenen Erfahrungen sind also aus Empfindungen und einfachen Gefühlen „zusammengesetzt". Sie sind „psychische Gebilde", die sich aus den Elementen formen. Aus den Empfindungen entstehen die Wahrnehmungen, aus den Wahrnehmungen die Vorstellungen, aus den einfachen Gefühlen die Affekte und die Willensvorgänge. Der spezifische Charakter der zusammengesetzten Erfahrungsinhalte ist nicht in der Beschaffenheit der Elemente begründet. Psychische Gebilde sind gegenüber den Elementen, aus denen sie hervorgehen, etwas anderes, etwas Neues. Wundt nannte diesen Grundsatz das „Prinzip der schöpferischen Synthese" (ebd., S. 376).

Einfache psychischen Gebilde gehen wiederum Verbindungen untereinander ein. Auf diese Weise entsteht der „Zusammenhang der psychischen Gebilde"; mehrere psychische Zusammenhänge verbinden sich zu „psychischen Entwicklungen": z. B. zur Entwicklung der intellektuellen Funktionen, des Willens, der Gefühle etc.; diese „Partialentwicklungen" schließen sich zur „Gesamtentwicklung der einzelnen psychischen Individualität" zusammen; und „indem sich endlich [...] der einzelne Mensch in fortwährenden Wechselwirkungen mit Wesen gleicher Art befindet, erheben sich zuletzt über diesen individuellen die generellen psychischen Entwicklungen" (ebd., S. 31), die für Wundt den Gegenstand der Völkerpsychologie bilden.

Also: Wie schon im Heidelberger Programm, so geht es auch in Wundts Leipziger Konzeption darum, höhere Formen des Psychischen in ihrer Gewordenheit aus einfachen Anfängen zu verstehen: sowohl auf der aktualgenetischen, wie auch auf der ontogenetischen, schließlich auch auf der Ebene der menschlichen Kultur – überall herrscht ein und derselbe Grundzug psychischer Entwicklung. Und in diesem Entwicklungsgeschehen kommt – die Benennung des Wundt'schen Systems als Voluntarismus verweist darauf – dem Wollen eine besondere Bedeutung zu. Für Wundt ist es der Motor, der das psychische Geschehen in Bewegung hält.

Zu Beginn dieses Abschnitts ist nachdrücklich betont worden, dass Willensvorgänge bei Wundt aufs Engste mit Affekten in Beziehung stehen. Ein „Affect" ist nichts anderes als ein zeitlicher Vorgang, in dem wechselnde psychische Gefühle miteinander zu einem „eigenartigen Ganzen" verbunden sind, das auf das Subjekt „intensivere Wirkungen" ausübt als ein einzelnes Gefühl (ebd., S. 199): z. B. Freude, Vergnügen, Heiterkeit, Hoffnung, Zorn, Kummer, Sorge, Furcht etc.

Für das Entstehen von Willensvorgängen ist der Ausgang des Affektverlaufs entscheidend: Geht der Vorgang in „eine plötzliche Veränderung des Vorstellungs- und Gefühlsinhalts über, die den Affect momentan zum Abschlusse bringt", so handelt es sich dabei um einen Willensvorgang. Die den Affekt beendende motorische Aktivität nannte Wundt die Willenshandlung (ebd., S. 215–216). Jeder Willenshandlung liegt also ein affektives Geschehen als Ursache zugrunde. Die Betonung liegt auf „jeder". Daraus folgt, dass es kein willkürliches Handeln ohne Affekt gibt: Ein Handeln aus „rein intellektuellen Überlegungen, wie es von manchen Philosophen angenommen wurde, existiert überhaupt nicht". (Wundt, 1911, S. 43)

Die aus dem Affektverlauf hervortretenden, die Willenshandlung vorbereitenden Vorstellungs- und Gefühlsverbindungen heißen, so Wundt, Motive. Jedes Motiv lässt sich wieder in einen Vorstellungs- und einen Gefühlsteil sondern. Den kognitiven Teil bezeichnete Wundt als „Beweggrund", den emotionalen als „Triebfeder".[30] Der einfachste Fall eines Willensvorgangs ist der, der nur durch ein einziges Motiv bestimmt ist. Die Bewegungen, die daraus resultieren, sind „Triebhandlungen". Demgegenüber sind „Willkürhandlungen" eben dadurch charakterisiert, dass sie aus „mehreren gegeneinander wirkenden gefühlsstarken Motiven" entstehen (ebd., S. 44). Wird der vorangegangene Kampf der Motive vom Subjekt bewusst aufgefasst, so handelt es sich dabei um eine „Wahlhandlung". Für alle Formen der Willenshandlung charakteristisch ist das ihre Ausführung begleitende „Tätigkeitsgefühl".

Die – gerade durch das Fehlen des Moments der Wahl oder Entscheidung charakterisierte Triebhandlung ist also die ursprüngliche Form der Willenshandlung. Trieb und Wille sind nicht zwei grundverschiedene psychische Vorgänge, sondern bloß zwei verschiedene Entwicklungsstufen ein und desselben Vorgangs. Die Natur macht – so hatte Leibniz sein Kontinuitätsgesetz begründet – keine Sprünge. Im Wundt'schen System der Psychologie ist dieses Prinzip allgegenwärtig.

Der einfache Willensvorgang ist aber nicht nur die ursprüngliche Form komplexer Wahlvorgänge; er hat für Wundt auch eine für die Auffassung aller psychischen Vorgänge „typische Bedeutung" (1896a, S. 17). In ihm sind nämlich Vorstellungen, Gefühle und körperliche Bewegungen noch unmittelbar miteinander verbunden. Die kognitiv-emotionale Auffassung einer bestimmten Reizkonstellation führt unweigerlich zur Ausführung einer bestimmten Handlung. Wird die – was, wie Wundt meint, erst auf einer höhe-

30 „Wenn ein Raubthier seine Beute angreift, so ist der Beweggrund der Anblick derselben, die Triebfeder kann in dem Unlustgefühl des Hungers oder des durch den Anblick erregten Gattungshasses bestehen. Die Beweggründe eines verbrecherischen Mordes können Aneignung fremden Gutes, Beseitigung eines Feindes u. dergl., die Triebfedern Gefühl des Mangels, Hass, Rache, Neid u. a. sein." (Wundt, 1896a, S. 218)

ren Stufe der intellektuellen Entwicklung möglich ist – körperliche Komponente gehemmt, existieren die kognitiven und emotionalen Komponenten für sich weiter und erreichen ein gewissen Maß an Selbständigkeit. Das ist die Voraussetzung dafür, dass sich zwischen Kognitionen, Emotionen und Körperbewegung neue Verbindungen herstellen können. Ein Entwicklungsprozess ist in Gang gesetzt, an dessen Ende dieselben situativen Bedingungen, die ursprünglich eine Triebhandlung hervorgerufen haben, nun das Subjekt dazu bringen, aus einer Vielfalt von Reaktionsmöglichkeiten eine bestimmte Handlung auszuwählen (vgl. dazu ausführlich Danziger, 1980b, S. 98–99). Wundt stellte dieser progressiven Entwicklung auch eine „regressive" gegenüber. Durch die oftmalige Wiederholung zusammengesetzter Willensvorgänge „von übereinstimmendem Motivinhalt [...] erleichtert sich der Kampf der Motive". Die in den früheren Fällen unterlegenen Motive werden schwächer, schließlich gänzlich gehemmt. Ein ursprünglich komplexer Willensvorgang ist in einen einfachen übergegangen. Durch Einübung wird auch das durch einen äußeren Reiz erweckte Motiv schwächer. Am Ende löst das Vorliegen eines äußeren Reizes automatisch die entsprechenden Bewegungsfolgen aus. (Wundt, 1896a, S. 226–227) Diesen Gedanken der Entstehung automatisierter Bewegungen aus Willensvorgängen übertrug Wundt schließlich auch auf die phylogenetische Entwicklung: Reflexe betrachtete er in einer für ihn typischen lamarckistischen Schlussfigur als eine im Zuge der Stammesgeschichte vollzogene Automatisierung ursprünglicher Triebhandlungen (ebd., S. 227–228; vgl. auch Danziger, 1980b, S. 90–94).

In dieser Art – nach Analogie des Willensvorganges – waren für Wundt alle anderen psychischen Prozesse aufzufassen. Jeder psychische Vorgang muss einen Anfang haben, in dem die drei Momente Kognition, Emotion und Bewegung miteinander verknüpft sind. Durch Prozesse der Hemmung werden sie voneinander isoliert und somit „frei", um neue Bindungen einzugehen. „Hemmung" war ein neurophysiologisches Konzept, mit dem Wundt sich seit seinem Forschungsaufenthalt in Berlin bei Du Bois-Reymond intensiv befasst hatte (Wundt, 1871–1876). Mit relativ geringem Erfolg war er über Jahre hinweg bemüht gewesen, den hemmenden Einfluss hypothetisch angenommener höherer Nervenzentren auf niedrigere experimentell darzustellen (vgl. dazu Diamond, 1980; Woodward, 1982). Das an physiologischen Problemstellungen entwickelte Modell tauchte in seinen *Grundzügen der physiologischen Psychologie* von 1873/74 nun als ein psychologisches wieder auf. Die Tatsachen, so hieß es da, „legen es nahe, als Substrate des einfachen Vorgangs der Apperzeption *Hemmungsvorgänge* vorauszusetzen". (Wundt, 1873/1874, Bd. II, S. 382).

Der – psychologische – Begriff der Apperzeption bildete von nun an das theoretische Herzstück des Wundt'schen Voluntarismus. Seine Bedeutung erschließt sich zunächst im Kontext seiner Theorie des Bewusstseins. Bewusstsein ist für Wundt der umfassende Zusammenhang „der gleichzeitigen und der in der Zeit sich folgenden psychischen Vorgänge" (Wundt, 1896a, S. 239). Die Rede von „in der Zeit sich folgenden Vorgängen" verweist auf den Wechsel, also das Kommen und Gehen psychischer Inhalte. Was uns jetzt noch „bewusst" ist, kann im nächsten Augenblick schon wieder aus dem Fluss des Bewusstseins verschwunden, d. h. unbewusst geworden sein. Aber nicht alles, was uns gleichzeitig bewusst ist, ist uns in gleicher Weise, also gleichermaßen klar und deutlich bewusst. Den Vorgang, durch den irgendein psychischer Inhalt zu klarer Auffassung gebracht wird, bezeichnete Wundt als *Apperzeption*, den durch „eigenthümliche Gefühle" charakterisierten Zustand, der diese klare Auffassung begleitet, als *Aufmerksamkeit*. Die apperzeptierten Inhalte nannte er den *Blickpunkt*, die Gesamtheit der gleichzeitig gegebenen Inhalte das *Blickfeld* des Bewusstseins (ebd., S. 245). Apperzeption ist also nichts anderes als die Verschiebung eines psychischen Inhalts in den Blickpunkt des Bewusstseins. Das bedeutet aber auch, dass die Differenzierung zwischen Blickpunkt und Blickfeld selbst Produkt der Apperzeption ist.

Wundt unterschied zwei Verlaufstypen: die passive und die aktive Apperzeption. Bei der passiven Apperzeption drängen sich psychische Inhalte ohne „die vorbereitende Gefühlswirkung der Aufmerksamkeit" in den Blickpunkt des Bewusstseins; die aktive Apperzeption hingegen wird durch Gefühle der Spannung und Erregung gleichsam vorbereitet und daher bewusst vollzogen. Im traditionellen Sprachgebrauch der Psychologie wurde dem durch die Unterscheidung von „willkürlicher" und „unwillkürlicher Aufmerksamkeit" Rechnung getragen. Tatsächlich aber steckt hinter beiden Vorgängen ein und derselbe Sachverhalt: Die Apperzeption selbst ist für Wundt nämlich nichts anderes als ein Willensvorgang, und zwar ein Willensvorgang, der nicht in einer äußeren „körperlichen", sondern in einer inneren Handlung endet. Die passive Apperzeption entspricht mithin einer „inneren Triebhandlung", die aktive einer „inneren Willkürhandlung".

Es wurde als charakteristisch hervorgehoben, dass Wundt durch alle Phasen seines Schaffens hindurch in der Betrachtung der Inhalte der unmittelbaren Erfahrung einen streng genetischen Standpunkt eingenommen hat: Das, was uns in der Erfahrung unmittelbar gegeben ist, sind komplexe psychische Gebilde, aus denen in der psychologischen Analyse die sie konstituierenden

Bestandteile herausgelöst werden können. Die Erörterung der Frage nach den Mechanismen, die die Verbindung einfacher psychischer Vorgänge zu psychischen Gebilden leisten, blieb hier noch weitgehend ausgespart. Auch dafür bot Wundt eine genetische Erklärung an.

Wundt unterschied zwei Mechanismen: elementare Verbindungsprozesse, die wie von selbst ablaufen, vom Subjekt also passiv erlebt werden – Assoziationen, wie Wundt sie nannte. Sie bilden die Grundlage für die vom Subjekt aktiv erlebten Apperzeptionen. Assoziationen sind uns – ebenso wie die psychischen Elemente – in der unmittelbaren Erfahrung nicht gegeben. Sie werden wie diese erst durch Analyse, d. h. durch einen apperzeptiven Vorgang, erschlossen.

Apperzeptive Verbindungen bestimmen alle höheren psychischen Vorgänge. Der Unterschied ihrer Wirkungsweise zu jener der Assoziationen lässt sich gut am Beispiel des Denkens demonstrieren. Es gibt, schrieb Wundt in seiner *Einführung in die Psychologie*, Fälle von „schweren Geistesstörungen", die durch „Ideenflucht" gekennzeichnet sind (Wundt, 1911, S. 82): Wortreihen werden produziert, die eine nach der anderen zwar assoziativ, alle miteinander aber nicht zu einem sinnvollen Gesamtzusammenhang verbunden sind. Das ist das Wesen der Apperzeption: Sie gibt dem Denken wie überhaupt allen Formen höherer psychischer Aktivität Richtung und Zusammenhalt.

Die Apperzeption, mithin das Wollen, ist für Wundt das Grundprinzip psychischer Tätigkeit. Im Wollen wurzelt die Bildung aller komplexen psychischen Zusammenhänge: die Bildung des Bewusstseins, des Ichgefühls und des damit verbundenen Selbstbewusstseins, schließlich auch die Herausbildung der auf der Sonderung des Selbstbewusstseins beruhenden Gegenüberstellung von Subjekt und Objekt. Aus heutiger Sicht mutet es befremdend an, dass diese dynamische Konzeption, die das Trieb- und Affektgeschehen als Ursache für die Aktivität des Psychischen betont, als „Assoziationspsychologie" missverstanden werden konnte.

Experimentelle Forschung

Rein technisch betrachtet, war nichts an dem, was Wundt und seine Studenten im psychologischen Labor machten, wirklich neu. Neu aber war der theoretische Kontext, in dem die experimentellen Veranstaltungen inszeniert wurden. Wundt hatte eine psychologische Theorie entwickelt, die sich zumindest in Teilen in experimentelle Versuchsanordnungen „übersetzen" ließ. Anders ausgedrückt: Dem Leipziger Experimentieren lag ein theoretisch fundiertes psychologisches Forschungsprogramm zugrunde. Dieser Zusammenhang von psychologischer Theorie und experimenteller Forschung allerdings war alles andere als selbstverständlich. Er musste durch methodologische Überlegungen legitimiert werden. Von historisch interessierten Psychologen wird zumeist übersehen, dass Wundt nicht nur über Physiologie und Psychologie, sondern auch über Wissenschaftstheorie publiziert hat: über Fragen der Methodologie der Wissenschaften im Allgemeinen und natürlich auch über die Methodologie der Psychologie. Und es ist kein Zufall, dass Wundts theoretisches Hauptinteresse in den Jahren der Etablierung seines Leipziger Laboratoriums gerade der Ausarbeitung der zwei Bände seiner *Logik* galt (Wundt, 1880 u. 1883).

Wundts wissenschaftstheoretische Auffassungen sind für das Verständnis des von ihm in Leipzig entwickelten Forschungsstils von entscheidender Bedeutung. Sie sind vor allem durch ihre scharfe Frontstellung gegenüber Induktivismus und Positivismus charakterisiert: Die Anschauung, dass die Naturwissenschaft ihre Erfolge dem Verzicht auf jedwede Spekulation und somit einzig und allein der Induktion verdankt, war für Wundt nichts als ein Mythos. Überblickt man die Geschichte der modernen Wissenschaften von ihren Ursprüngen an, so stößt man, wie Wundt argumentierte, allenthalben auf spekulative Voraussetzungen. Galileis Grundsatz beispielsweise, „dass alles Geschehen in der Natur einfachsten Regeln folge, und dass daher jede Untersuchung der Naturerscheinungen von möglichst einfachen Annahmen auszugehen habe", ist nicht aus der Erfahrung gewonnen. Er stellt vielmehr ein Postulat dar, aus dem die der Untersuchung vorangehenden Hypothesen abzuleiten sind. Die Bestätigung dieser Hypothesen ist allerdings dann Sache der Empirie (Wundt, 1883, S. 242–243).

Die Unterscheidung zwischen Postulat und daraus abgeleiteten Hypothesen ist wichtig: Ein Postulat wie der Galiliei'sche Grundsatz ist empirisch nicht überprüfbar. Es kann streng genommen nur „Voraussetzung", nicht aber zugleich, wie Wundt – hinter den entwickelten Stand seiner eigenen Begriffsbildung zurückfallend – meinte, „auch Resultat der wissenschaftlichen Erfahrung" sein (ebd., S. 239). Um Wundt selbst als Beispiel zu nehmen: Das „Postulat" des Positivismus, dass die Wissenschaft keine andere Aufgabe habe, als „das Gegebene" „angemessen" zu beschreiben, hat er entschieden abgelehnt. „Naturbeschreibung" allein macht also noch keine Wissenschaft: Entgegen dem positivistischen Ideal, von allen „über das Thatsächliche hinausgehenden Voraussetzungen" abzusehen, operiert beispielsweise gerade die von den Positivisten so oft als Modellwissenschaft genannte Mechanik mit „Abstractionen und Construktionen [...] und sie vermeidet nicht einmal den logischen Hülfsbegriff der Naturerklärung, der einer rein deskriptiven Auffassung der Dinge völlig fremd bleibt, den Kraftbegriff". Es wird mithin etwas an die Erfahrungstatsachen herangetragen, was selbst nicht in diesen Erfahrungstatsachen enthalten ist: Die logische Verbindung der Erscheinungen ist aus den Erscheinungen nicht zu erschließen. Ohne das Bestreben, die gegebenen Tatsachen in einen logischen Zusammenhang zu bringen, ohne „Naturerklärung" also, gibt es für Wundt keine Wissenschaft: Die Naturwissenschaft ist daher „nur insoweit eigentliche Wissenschaft, als sie bestrebt ist, Naturerklärung zu sein" (ebd., S. 285–286). Das ist aber nun selbst wiederum ein Postulat, das die Praxis der wissenschaftlichen Forschung anzuleiten vermag, aber nicht durch in dieser Praxis zu Tage geförderten Erfahrungstatsachen „überprüft" oder gar „bestätigt" werden kann.

Für Wundt bestand also die Aufgabe der Wissenschaft darin, die Erfahrungstatsachen zu erklären und das hieß: in einen logischen Zusammenhang zu bringen. Das ist ohne theoretische Vorannahmen, ohne „Spekulation", nicht möglich. Der Verzicht auf theoretische Voraussetzungen führt letztlich dazu, dass sich der Betrieb von Wissenschaft im Sammeln isolierter Fakten erschöpft. Ein wirklicher Erkenntnisfortschritt ist auf dieser Grundlage nicht zu erzielen.

Aus der Bestimmung, dass Wissenschaft „Naturerklärung" zu sein hat, ergibt sich für Wundt die besondere Rolle der experimentellen Methode: Das Experiment dient – weil es „den Eintritt der Erscheinungen beherrscht", zunächst einmal dazu, „die Sicherheit der Beobachtung zu vergrössern". Indem es aber auch „die Bedingungen des Geschehens selbst verändert", schreitet es von der Frage nach dem Wie zu der Frage nach dem Warum der Erscheinungen fort. Zieht die „isolirte Veränderung eines Umstandes regelmässig bestimmte Veränderungen in dem Ablaufe der Ereignisse nach sich", so ist der Veränderung der experimentellen Bedingung ein – wie Wundt es formulierte – „causaler Werth" beizulegen. Bemerkenswert ist der Zusatz, dass der kausale Gesichtspunkt Voraussetzung, nicht Resultat der experimentellen Inszenierung ist: „In Wahrheit ist [...] nicht die causale Betrachtung aus dem experimentellen Verfahren hervorgegangen, sondern sie hat umgekehrt mit Nothwendigkeit zu jener willkürlichen Isolirung und Varirung der Umstände geführt, in welchen das Wesen des Experiments besteht." (Ebd., S. 278)

Wieder wird deutlich, wie sehr Wundt der deutschen philosophischen Tradition verbunden war. In der Vorrede zur zweiten Auflage seiner *Kritik der reinen Vernunft* hatte Kant den Gedanken, dass „die Vernunft nur das einsieht, was sie selbst nach ihrem Entwurfe hervorbringt", wie folgt auf die experimentelle Naturforschung angewandt. Die Naturforscher haben – so führte Kant in jener berühmten, für Auffassung und Handhabung der experimentellen Methode im deutschen Sprachraum wegweisenden Passage aus – begriffen, dass die Vernunft „die Natur nötigen müsse, auf ihre Fragen zu antworten, nicht sich aber gleichsam am Leitbande gängeln lassen müsse [...]. Die Vernunft muß mit ihren Prinzipien, nach denen allein übereinkommende Erscheinungen für Gesetze gelten können, in der einen Hand, und mit dem Experiment, das sie nach jenen ausdachte, in der anderen, an die Natur gehen, zwar um von ihr belehrt zu werden, aber nicht in der Qualität eines Schülers, der sich alles vorsagen läßt, was der Lehrer will, sondern eines bestallten Richters, der die Zeugen nötigt, auf Fragen zu antworten, die er ihnen vorlegt." (Kant, 1781, S. 23)

Die Vernunft liefert den Entwurf, der mittels Experiment geprüft wird. Das Experiment für sich allein kann nicht zu Erkenntnis führen (vgl. dazu ausführlich Lohff, 1992). Es ist – im Wundt'schen Sprachgebrauch – bloß „ein methodisches Hülfsmittel". Der Begriff „Methoden" umfasste für Wundt allein „die logischen Verfahrungsweisen der Untersuchung".

Bevor die Forschungspraxis im Leipziger Laboratorium erörtert wird, gilt es noch nachzuvollziehen, wie Wundt seine methodologischen Überlegungen über die Naturwissenschaften im Allgemeinen auf den besonderen Fall der Psychologie umlegte. Zwei Momente sind hierbei von Bedeutung: Erstens, dass „Beobachtung" in der Psychologie zunächst „Selbstbeobachtung" bedeutet. Und zweitens, dass für Wundt das an die Erscheinungen, mit denen sich die Psychologie befasst, herangetragene Prinzip der Kausalität ein anderes sein muss als in den übrigen Naturwissenschaften.

Seine Erörterungen über „Die Hülfsmittel und Methoden der Psychologie" in seiner *Methodenlehre* begann Wundt mit dem Satz: „Auf der inneren Wahrnehmung beruht die ganze Psychologie". „Innere Wahrnehmung" ist nicht „Selbstbeobachtung". Damit ist nur die gegenüber jener der Naturwissenschaften besondere Betrachtungsweise der uns in der Erfahrung gegebenen Erscheinungen bezeichnet. Es gibt nur eine einheitliche Erfahrung. Die Naturwissenschaften untersuchen die Eigenschaften und wechselseitigen Beziehungen der in der Erfahrung gegebenen Objekte losgelöst vom Subjekt und gehen somit von der „äußeren Wahrnehmung" aus; die Psychologie hingegen ist mit der unmittelbaren, d. h. im ursprünglichen Zusammenhang mit dem Subjekt gegebenen Erfahrung befasst und fußt eben auf „innerer Wahrnehmung". Im Falle der Naturwissenschaften wird aus der „äußeren Wahrnehmung" „Beobachtung", indem die Aufmerksamkeit „planmäßig" auf die Erscheinungen gelenkt wird. Eben das ist für die „innere Wahrnehmung" nicht möglich. „Denn da in diesem Fall das beobachtende Subject mit dem beobachteten Objecte zusammenfällt, so ist es selbstverständlich, dass die Richtung der Aufmerksamkeit auf die Erscheinung diese selber verändert." (Wundt, 1883, S. 482) Die innere Wahrnehmung kann nur dann zu einem wissenschaftlich brauchbaren Instrument werden, wenn sie „mit anderen Hülfsmitteln von objectiver Beschaffenheit" verbunden wird. Ein solches Hilfsmittel ist das Experiment. Durch die Kontrolle der äußeren Bedingungen, unter denen die innere Wahrnehmung erfolgt, soll diese selbst kontrolliert werden. Dabei muss gewährleistet sein, dass ein unter bestimmten Ausgangsbedingungen hervorgerufener innerer Zustand bei Wiedervorliegen genau derselben Bedingungen in gleicher Weise wieder auftritt.

Während das Experiment in den Naturwissenschaften also die Sicherheit von Beobachtungen erhöhen soll, so macht es in der Psychologie Beobachtungen überhaupt erst möglich. Wie in der Naturwissenschaft, so geht es aber auch beim Experimentieren in der Psychologie darum, zur Klärung nicht nur des Wie, sondern auch des Warum der Erscheinungen beizutragen. Allerdings ist hier der experimentellen Inszenierung eine von den Naturwissenschaften verschiedene Kausalbetrachtung zugrunde gelegt.

Auf Wundts Konzept der „psychischen Kausalität" ist bereits mehrfach hingewiesen worden: Psychisches ist für ihn durch Psychisches verursacht, durch Psychisches hervorgebracht zu verstehen. Das „Seelenleben" bildet einen eigenen Kausalzusammenhang, der nicht auf die in der Naturwissenschaften erarbeiteten Prinzipien „physischer Kausalität" reduziert werden kann. Und zwar deshalb nicht, weil Affekte und darin wurzelnde Willensvorstellungen eine Art „Kraft" vorstellen, für die es in der naturwissenschaftlichen Betrachtung kein Pendant gibt. Psychische Vorgänge und Zustände sind komplexe Gebilde, in denen zu den Eigenschaften der in ihnen enthaltenen Komponenten neue hinzutreten. Dieser schöpferische Charakter der psychischen Tätigkeit bedeutet aber nicht Regellosigkeit oder Zufälligkeit. Im Gegenteil: Wie das Naturgeschehen, so folgt auch das psychische Geschehen bestimmten Gesetzmäßigkeiten. Die Erschließung solcher psychologischen Gesetze hat aber eine von den Naturwissenschaften verschiedene Kausalbetrachtung zur Voraussetzung.

Anders als bei psychischen ist bei physischen Vorgängen die Qualität der Wirkung in der Ursache vorgebildet. Das erlaubt progressive kausale Erklärungen: Von gegebenen Ursachen kann auf künftige Wirkungen geschlossenen werden. In der Psychologie hingegen ist stets der umgekehrte Weg einzuschlagen: Von gegebenen Wirkungen aus sind die sie verursachenden Bedingungen aufzusuchen. Wundt nannte das eine „regressive Causalbetrachtung". In der Naturwissenschaft sind daher Voraussagen möglich, in der Psychologie nicht: „Auf physischem Gebiete können [...] auch in einfacheren Fällen aus Combinationen von Ursachen, die in der gegebenen Weise noch niemals zusammen beobachtet worden sind, die Wirkungen vorausgesagt werden; auf psychischem Gebiet ist das selbst in den einfachsten Fällen niemals möglich, sondern hier kann immer nur von gleichen auf gleiche Fälle eine solche Voraussage gemacht werden, ein Umstand, durch welchen diese für alle verwickelten psychischen Vorgänge überhaupt ausgeschlossen ist." (Wundt, 1894, S. 117)

Reaktionszeitversuche

Das oben ausführlich dargestellte System der voluntaristischen Psychologie wurde von Wundt nicht in einem Wurf, sondern Schritt für Schritt, und zwar in den Neuauflagen seiner *Grundzüge der physiologischen Psychologie* aus den achtziger Jahren ausformuliert. Die zunehmende Präzisierung der Theorie ging mit der Herausbildung und Weiterentwicklung der experimentellen Laborforschung in Leipzig einher. Wundt hatte von den holländischen Physiologen F. C. Donders und Johan Jacob de Jaager die Technik des so genannten Reaktionsversuches übernommen und damit ein Mittel in die Hand bekommen, das es ihm erlaubte, einige seiner Thesen über die Natur der Willensvorgänge in experimentelle Demonstrationen umzusetzen. Das experimentelle Vorgehen brauchte im Zuge des Transfers aus der Physiologie in die Psychologie nicht geändert werden. Was die mit der Gründung des Leipziger Laboratoriums 1879 begonnene experimentelle Forschung zur *psychologischen* Forschung machte, war allein der theoretische Kontext, in dem sie vollzogen wurde.

Das Prinzip des Reaktionsversuchs war denkbar einfach: Es bestand im Wesentlichen darin, „dass ein einfacherer oder zusammengesetzterer Willensvorgang durch einen äußeren Sinnesreiz angeregt und nach Ablauf bestimmter, zum Theil als Motive benutzter psychischer Vorgänge durch eine Bewegungsreaction beendet wird" (Wundt, 1896a, S. 231). Die Grundform sah folgendermaßen aus: Ein die „vorbereitende Spannung der Aufmerksamkeit" bewirkendes Signal kündigte einen zwei bis drei Sekunden danach gesetzten Sinnesreiz an, der durch eine bestimmte Bewegung z. B. der Hand beantwortet werden sollte. Dieser Ablauf stellte eine „einfache Willenshandlung" nach: der Sinneseindruck wurde als „Motiv" benutzt, dem eine bestimmte Handlung eindeutig zugeordnet war. Die Durchführung mit Hilfe des Hipp'schen Chronoskops erlaubte es, die Reaktionszeit auf Tausendstelsekunden genau zu messen.

In dieser einfachen Versuchsanordnung konnte die Vorbereitung der Handlung variiert werden: Die durch die Ankündigung des Signalreizes ausgelöste Erwartung war entweder auf den als Motiv wirkenden Sinnesreiz oder auf die durch das Motiv auszulösende Handlung zu richten. Unter der ersten Bedingung bildete sich eine „sensorielle", unter der zweiten eine „musculäre Reaktion" aus. Ludwig Lange konnte mit der geschilderten Versuchsanordnung zeigen, dass die Ausführung der „musculären Reaktion" weniger Zeit in Anspruch nimmt als die der „sensoriellen Reaction". Die Differenz betrug in etwa eine Zehntelsekunde. (Lange, 1888)

Die Unterscheidung zwischen sensorieller und musculärer Reaktionsform lieferte auch einen Ansatzpunkt, um die *Entwicklung* der Willensvorgänge im Experiment darzustellen. Und zwar „Entwicklung" in die beiden von Wundt postulierten Richtungen: „progressiv", d. h. auf die Ausdifferenzierung von Willkürhandlungen aus einfachen Willenshandlungen, und „regressiv", d. h. auf die Rückbildung der Willenshandlungen zu automatisierten Bewegungen. Aus der sensoriellen Reaktion entstand im Experiment eine Willkürhandlung, wenn in den Ablauf ein Erkennungs- oder Unterscheidungsakt eingefügt wurde. Es konnten z. B. mehrere Sinnesreize dargeboten werden, wobei die Ausführung der Reaktion nur auf einen bestimmten Reiz hin erfolgen sollte. Ein Wahlhandlung im eigentlichen Sinn war zu erzeugen, indem verschiedene Stimuli mit verschiedenen Reaktionen verbunden wurden: Z. B. sollte der Eindruck Blau zum Motiv für eine Bewegung der rechten, der Eindruck Rot zum Motiv für eine Bewegung mit der linken Hand werden. Mit dieser Versuchsanordnung war es auch möglich, die zeitliche Dauer der Unterscheidungs- und Wahlakte zu bestimmen: Dazu musste nur die Reaktionszeit der einfachen Reaktion – das ist die Reaktion auf einen bestimmten Stimulus – von den Reaktionszeiten der „zusammengesetzten Reaktionen" subtrahiert werden. Es zeigte sich, dass Wahlakte erwartungsgemäß mehr Zeit in Anspruch nehmen als Unterscheidungsakte. Die experimentelle Nachbildung der Entwicklung automatisierter Bewegungen aus Willenshandlungen nahm von der aus der Richtung der Aufmerksamkeit auf die Handlung entstehenden muskulären Reaktionsform ihren Ausgang. Dabei wurde der ursprünglich als Motiv wirksame Sinnesreiz fortgesetzt in einem konstanten Zeitintervall zum Ankündigungssignal dargeboten. Durch Übung konnte die Latenzzeit der Reaktion gegen Null reduziert werden.

Das Gesagte mag genügen, um eine Vorstellung davon zu geben, wie Theorie und Empirie im Leipziger Laboratorium in einen Zusammenhang gebracht wurden. Zum Schluss bleibt zu fragen, was der von Wundt entwickelte Forschungsstil mit der in der heutigen Psychologie gepflogenen Art des Experimentierens zu tun hat. Man kann sich dieser Frage am besten unter einer forschungssoziologischen Perspektive nähern.[31] Insofern Experimente in der Psychologie auf der Interaktion von Menschen beruhen, sind sie als eine „soziale Inszenierung" zu betrachten; als eine Inszenierung, die bestimmte soziale Regeln impliziert, denen die Teilnehmer unterworfen sind. Heutzutage werden bei der Durchführung eines Experimentes zwei verschiedene soziale Rollen vergeben: die Rolle des „Versuchsleiters" und die der „Versuchsperson". Die Rolle des „Versuchsleiters" nimmt jene Person ein, die die „logische Struktur" der sozialen Situation vorgibt: der Wissenschafter, der sich die experimentelle Inszenierung „ausgedacht" hat. Als „Versuchspersonen" firmieren Menschen, die über die theoretischen Prämissen, unter denen die Inszenierung abläuft, nicht oder nur sehr ungefähr Bescheid wissen. Soll ihr Verhalten in der Situation für den Versuchsleiter relevant sein, müssen sie sich den vom ihm vorgegebenen Instruktionen gemäß verhalten.

Diese für das Experiment in der heutigen Psychologie bezeichnende Rollenteilung ist – historisch betrachtet – erst relativ spät entstanden. Die Anfänge der experimentellen Forschung in der Psychologie dagegen standen noch ganz im Zeichen des Selbstversuchs: Fechner z. B. experimentierte mit sich selbst, war sich selbst also Versuchsleiter und Versuchsperson in einem. Gleiches gilt später dann z. B. für Ebbinghaus. Fechner und Ebbinghaus gemeinsam ist, dass sie kein Laboratorium zur Verfügung hatten. Das psychologische Labor aber bildete die strukturelle Voraussetzung dafür, dass sich ein Experimentieren mit anderen überhaupt erst entwickeln konnte. Genauer: nicht irgendein Labor – ein privates etwa –, sondern ein Labor, das in den *Lehrbetrieb* einer Universität integriert war.

Wundt war bei der Errichtung seines Instituts einem mittlerweile bewährten Modell gefolgt. Die Verwirklichung des Humboldt'schen Ideals der Einheit von

31 Vgl. dazu ausführlich Danziger (1980c, 1985 u. vor allem 1990).

Forschung und Lehre hatte an den deutschen Universitäten und dort zunächst im Bereich der „Geisteswissenschaften" eine neue Organisationsform hervorgebracht, die nach 1830 auf die Naturwissenschaften übertragen wurde:[32] Seminare und Institute stellten jene sozialen Orte dar, an denen Studierende sich Forschungstechniken aneignen und schließlich in selbständigen Forschungsarbeiten anwenden konnten. Die Produktion von Wissen war in diesem Kontext stets ein Gemeinschaftsunternehmen: Was immer der einzelne Student tat, worüber immer er auch forschte, er tat es nicht für sich allein, sondern innerhalb einer fest gefügten Ausbildungsstruktur in und für die Gemeinschaft mit anderen. Was das Wundt'sche Labor vor allen anderen derartigen Forschungseinrichtungen auszeichnete, war nicht die soziale Organisation der Forschung, sondern dass diese Forschung sich auf Menschen als Datenquellen bezog, also selbst eine soziale Inszenierung war.

Aus dieser Besonderheit folgte eine besondere Form wissenschaftlicher Arbeitsteilung. Im Leipziger Labor experimentierte niemand mehr für sich bzw. mit sich allein. Studierende, denen die Ehre zuteil wurde, in das Institut aufgenommen zu werden, halfen sich wechselseitig bei der Durchführung ihrer Experimente. Man war das eine Mal „Versuchsperson", das andere Mal „Versuchsleiter" – ganz gleich ob in eigenen oder in Versuchsanordnungen von Kollegen. „Versuchsleiter" und „Versuchsperson" waren also nicht fixierte, sondern austauschbare Rollen.

Das bedeutet aber, dass – wie im Selbstversuch – die „Versuchsperson" zugleich „Datenquelle" und „Theoriebildner" sein konnte. Wundt war sich der Gefahr von Beobachtungsverzerrungen aufgrund von theoretischen Vorannahmen wohl bewusst. Er reagierte darauf, indem er z. B. die Rolle der Introspektion in den Versuchsanordnungen auf ein Minimum zu reduzieren trachtete. Die Lösung, die die heutige Psychologie anbietet – das Experimentieren mit „naiven" Versuchspersonen – kam für ihn aber aus sozialen und aus theoretischen Gründen nicht in Frage. Aus sozialen Gründen deshalb, weil das Labor, das Institut, das Seminar *universitäre* Einrichtungen darstellten – Einrichtungen, die nicht einmal allen, sondern nur ausgewählten höhersemestrigen Studenten zugänglich waren. Die Forschung, die dort stattfand, war Anliegen und Aufgabe einer Elite – was sollte ein Anfänger oder gar der „einfache Mann", die „einfache Frau von der Straße" dabei verloren haben?

32 Die seminaristische Arbeitsweise wurde zunächst in der Philologie der klassischen Sprachen ausgebildet. Zur Geschichte dieser Organisationsform wissenschaftlicher Forschung vgl. z. B. vom Brocke (1999).

Das Experimentieren mit Versuchspersonen, die über Absicht und Zweck des Experimentierens gut Bescheid wussten, ergab sich aber auch aus der Wundt'schen Konzeption der Psychologie. Wollte man – wie am Beispiel des Reaktionszeitversuchs dargestellt – Willenshandlungen im Experiment demonstrieren, so war man auf die aktive Mitarbeit, d. h. auf das Verstehen und auf die Akzeptanz der Intentionen des Experiments seitens der „Versuchsperson" angewiesen. Eine „sensorielle" oder eine „musculäre" Reaktion wurde experimentell erzeugt, indem die Versuchsperson im Reaktionszeitversuch ihre Aufmerksamkeit entweder auf den Reiz, oder auf die Reaktion richtete. Die Versuchsperson sollte also nicht passiv reagieren, sondern sich aktiv zu den Versuchsbedingungen in Beziehung setzen. Die „richtige" Einstellung auf die experimentellen Bedingungen erforderte nicht nur Übung, sondern eben auch ein theoretisches Vorwissen. Ob die Versuchsperson die geforderte Haltung auch tatsächlich eingenommen hatte, sollte dann über die Streuung der von ihr in oftmaligen Versuchswiederholungen erzielten Reaktionszeiten kontrollierbar sein.

An den Forschungsberichten aus dem Leipziger Institut fällt auf, dass die Versuchspersonen zumeist namentlich genannt wurden. Die Nennung der Namen bürgte für die Qualität der Untersuchung. Das, was wir heute als „Zuverlässigkeit der Beobachtungen" bezeichnen würden, sah man dadurch garantiert, dass ein gut geschulter, d. h. mit der den Experimenten zugrunde liegenden psychologischen Theorie wie mit der Laborpraxis im Allgemeinen vertrauter Forscher als „Datenquelle", als – wie es damals hieß – „Beobachter" fungierte.

Der Status eines „Beobachters" war also im Wundt'schen Labor offensichtlich ein anderer als der der anonymen Versuchsperson in der Psychologie heutzutage: Er war Experte, kein „naiver" Laie. Es braucht daher nicht zu verwundern, dass auch die Rollen der am Experiment Mitwirkenden anders als heute gewichtet waren. Der „Versuchsleiter" – die Person, die die Apparate kontrollierte, Messdaten ablas etc. – spielte eine nur untergeordnete Rolle. Die Hauptrolle aber kam der Versuchsperson zu. Wie unterschiedlich das Prestige dieser beiden Rollen aufgefasst wurde, bezeugt einfach der Umstand, dass Wundt selbst zwar gelegentlich als Versuchsperson, nie aber als Versuchsleiter in Erscheinung trat. Als Wundt sich um 1912 in den Räumen seines Instituts im Kreise seiner Mitarbeiter einem Fotographen stellte, war allen Beteiligten wohl von Anfang an klar, welche Pose er auf dem Bild einnehmen würde: Die Herren Assistenten gaben die Zuseher, der Herr Professor aber, mitten unter ihnen, mimte die Versuchsperson.

Völkerpsychologie

Ganz zu Beginn der Erörterung von Wundts noch in seinen Heidelberger Jahren entworfenen Programms einer „neuen Psychologie" ist darauf hingewiesen worden, dass schon in dieser frühen Konzeption eine Zweiteilung in einen individualpsychologischen und einen völkerpsychologischen Teil gegeben war. In seiner Autobiographie schrieb Wundt dazu: „Als ich ebenfalls um das Jahr 1860 den Gedanken faßte, der experimentellen Psychologie, die sich ihrer ursprünglichen Absicht wie den ihr zur Verfügung stehenden Hilfsmitteln gemäß auf die Tatsachen des individuellen Seelenlebens zu beschränken hatte, eine Art von Oberbau beizufügen, der sich, von diesen Tatsachen als unentbehrlichen Grundlagen ausgehend, die Erscheinungen des menschlichen Zusammenlebens, namentlich in ihren Anfängen, zur Aufgabe setzen müsse, da erschien mir nun bald diese Aufgabe als die eigentlich abschließende der Psychologie." (Wundt, 1920, S. 201).

Psychische Vorgänge oder Zustände wissenschaftlich zu verstehen, hieß für Wundt, die Gesetzmäßigkeiten ihrer Entwicklung aufzuklären. Das war der Leitgedanke, den er in seinen *Vorlesungen über die Menschen und Thierseele* von 1863 nacheinander auf drei Ebenen verfolgen wollte: erstens auf der Ebene der dem individuellen Bewusstsein in der unmittelbaren Erfahrung gegebenen psychischen Erscheinungen, zweitens auf der Ebene der psychischen Erscheinungen im Tierreich, drittens auf der Ebene der psychischen Erscheinungen, die an das Zusammenleben der Menschen gebunden sind. Individualpsychologie, Tierpsychologie und Völkerpsychologie bildeten mithin die drei Bestandteile des Buches.

Die Individualpsychologie ist in den vorangegangenen Abschnitten ausführlich besprochen worden. Den zweiten, tierpsychologischen Teil – der immerhin die Wahl des Titels für das zweibändige Werk rechtfertigen sollte – sah Wundt selbst in der Rückschau „so nebensächlich behandelt, daß das Ganze auf den Wert einer vergleichenden Psychologie keinen Anspruch erheben konnte". Anders als auf dem Gebiet der Psychologie der Tiere, auf dem der „Zustand der psychologischen Forschung" damals „noch viel zu sehr vernachlässigt" war, hatte er sich bei der Ausarbeitung des völkerpsychologischen Abschnitts auf eine Fülle von Befunden aus Ethnologie und Geschichte stützen können. Und je mehr er sich „in diesen Gegenstand vertiefte", umso mehr „bemächtigte sich" seiner „die Überzeugung, daß er eigentlich der Hauptzweck des Werkes sein müßte." Als Wundt die Arbeit zum zweiten Band seiner *Vorlesungen* abschloss, glaubte er die darin dargelegten „völkerpsychologischen Erörterungen für das Beste […] halten" zu dürfen, das er bislang geleistet hatte. Eine Selbsteinschätzung, die sich ihm im Laufe der Jahre allerdings als ein „großer Irrtum" herausstellte: „Ich begann gerade diesen Teil des Werkes schwer zu bereuen." (Wundt, 1920, S. 204–205) Als zu Beginn der neunziger Jahre eine Neuauflage der *Vorlesungen* anstand, wollte Wundt sämtliche Spuren dieser seiner „völkerpsychologischen ‚Jugendsünde'" getilgt sehen (ebd., S. 206).

Merkwürdig ist, dass Wundt trotz aller starken Worte der Ablehnung an keiner Stelle seines umfangreichen Lebenswerkes kundtat, was er an seiner frühen Völkerpsychologie eigentlich auszusetzen hatte. Die nachmals von ihm heftig kritisierte Auffassung, dass das psychische Geschehen primär als logischer Prozess zu betrachten sei, war dem *gesamten* Buche zugrunde gelegen, dem – für die Neuauflage umgearbeiteten – individualpsychologischen ebenso, wie dem schließlich „unterdrückten" völkerpsychologischen Band. Aus der Kenntnis des Spätwerks lässt sich am frühen Entwurf allerdings einiges einwenden (vgl. dazu Oelze, 1991, S. 45–46): Es fehlen eine stringente Begründung des Übergangs von der Individual- zur Völkerpsychologie, eine Abgrenzung des ganzen Gebiets gegenüber Nachbardisziplinen wie Geschichte und Ethnologie, eine klar argumentierte Distanzierung von Vorbildern und Wegbereitern etc. Nimmt man die – für Wundt'sche Schriften ansonsten völlig untypische – Ungeordnetheit der Darstellung hinzu, so ist zu erahnen, was Wundt an seiner alten Heidelberger Konzeption vor allem gestört haben mag: die mangelnde Systematik.

Es dauerte mehr als dreieinhalb Jahrzehnte, bis Wundt sich in der Lage fühlte, die systematische Ausarbeitung der Grundlagen der Völkerpsychologie in Angriff zu nehmen. Dass er in der Zwischenzeit dieses Anliegen niemals aus den Augen verloren hat, beweist seine akademische Lehrtätigkeit: Sowohl in Zürich als auch in Leipzig las er regelmäßig über Völkerpsychologie.[33] Aber auch publizistisch hatte er das Gebiet aufzubereiten begonnen: Im zweiten Band seiner Logik (Wundt, 1883) firmierte die Völkerpsycholo-

33 „Doch die Völkerpsychologie selbst hatte ich trotz der Unterdrückung dieses ersten Versuchs nicht aus dem Auge verloren. Ich griff zu einem Mittel, das ich auch bei anderen Arbeiten als ein nützliches erkannt hatte, um eine in Vorbereitung befindliche Arbeit allmählich auszureifen. Dieses Mittel war die Wahl zum Thema akademischer Vorlesungen. […] Ich habe von dieser Feuerprobe des mündlichen Vortrags bei fast allen meinen späteren philosophischen Schriften, am ausgiebigsten aber bei der Völkerpsychologie, Gebrauch gemacht. Zum ersten Mal las ich über sie im Sommer 1875 in Zürich. Dann folgten in einer Reihe von Jahren im Wechsel mit anderen Themen in Leipzig kürzere Vorlesungen über einzelne Teile des Gebiets." (Wundt, 1920, S. 206–207)

gie – die Bezeichnung selbst wurde dort durchgängig vermieden – als „historische Psychologie" und erhielt einen zentralen Platz in einem wissenschaftstheoretisch begründeten Modell der allgemeinen Psychologie zugewiesen.[34] 1886 veröffentlichte Wundt seine *Ethik* (Wundt, 1886a), mit der er eines der zentralen völkerpsychologischen Gebiete offenbar derart hinreichend behandelt zu haben glaubte, dass er in seinem dann ab 1900 nach und nach erscheinenden Hauptwerk dem Problem des Sittlichen keinen gesonderten Band mehr zu widmen sich veranlasst sah. Im Erscheinungsjahr der *Ethik* ließ er in den *Philosophischen Studien* einen Aufsatz mit dem Titel „Wege und Ziele der Völkerpsychologie" (Wundt, 1886b) abdrucken, in dem er sich eingehend mit der von Moritz Lazarus und Hajim Steinthal vorgelegten Programmatik auseinandersetzte. Vierzehn Jahre später – 1900 – kam endlich der erste Band der ursprünglich nur auf drei Bände angelegten, schlussendlich aber 10 Bände umfassenden *Völkerpsychologie* heraus (Wundt, 1900).

Die Idee einer Völkerpsychologie ist – wie bereits mehrfach angedeutet – keine Wundt'sche Erfindung. Es gab Vorbilder, aus deren Kritik Wundt sein eigenes Konzept erarbeiten konnte. Die begrifflichen Grundlagen lassen sich auf das späte 18. Jahrhundert zurückführen, als sich in dem politisch zersplitterten „Deutschland" eine einheitliche deutsche Kultur und in enger Verbindung damit ein deutsches Nationalbewusstsein herauszubilden begannen. „Wir sind" – schrieb Kant und mit „wir" hatte er „wir Deutschen" gemeint – „in hohem Grade durch Kunst und Wissenschaft *kultiviert*, wir sind *zivilisiert* bis zum Überlästigen zu allerlei gesellschaftlicher Artigkeit und Anständigkeit".[35] Die Gegenüberstellung des positiv konnotierten Begriffs der „Kultur" mit dem negativ konnotierten der „Zivilisation" spiegelte im Eigentlichen einen sozialen Gegensatz wider, der allerdings den Keim des Nationalen „in merkwürdiger Weise" schon in sich trug: den Gegensatz „zwischen dem vorwiegend französisch sprechenden, nach französischen Mustern ‚zivilisierten', höfischen Adel", der das in eine Vielzahl von unabhängigen Staaten und Kleinststaaten zerfallende „Deutschland" absolut regierte, und einer „deutsch sprechenden, mittelständischen Intelligenzschicht", die – „von jeder politischen Betätigung abgedrängt" – in ihrer geistigen, d. h. wissenschaftlichen und künstlerischen Produktion eine nationale Kultur zu schaffen begann (Elias, 1936, Bd. II, S. 8–9). Der Unterscheidung von „Kultur" und „Zivilisation" ging eine zweite Differenzierung parallel: die Unterscheidung von natürlichen und künstlichen Gemein-

34 Vgl. dazu weiter unten.

35 Das Zitat stammt aus den 1784 erschienenen „Ideen zu einer allgemeinen Geschichte in weltbürgerlicher Absicht" und ist Elias (1936, I, S. 8) entnommen.

schaften, von sozialen Beziehungen, die auf einer gemeinsamen Kultur, und solchen, die bloß auf einem sozialen Vertrag oder der Macht eines Souveräns beruhen. Für Ersteres stand der Begriff des „Volkes", für Letzteres jener der „Gesellschaft", des „Staates" etc. (vgl. Danziger, 1983, S. 303–304).

Unter dem Einfluss der Romantik wurde diese Gegenüberstellung von kultureller Gemeinschaft und sozialen (Zwangs-)Institutionen mehr und mehr verwischt. Schließlich fand sich Hegels Weltgeist ausgerechnet im preußischen Staat zum Bewusstsein seiner selbst gekommen. Mit der rasch anschwellenden Flut des deutschen Nationalismus nach den Befreiungskriegen 1813/14 hatte der Rekurs auf Konzepte wie „Volk", „Volksgeist" etc. im öffentlichen Denken vor allem eine politische Bedeutung erhalten. Ein „einig Volk" bedurfte auch einer politischen Einheit; aus dem Volk sollte eine „Nation" werden.

Das ist der Hintergrund, vor dem zwei im deutschen akademischen Leben marginalisierte Gelehrte jüdischer Herkunft den Begriff der „Völkerpsychologie" in den Diskurs der Wissenschaften einführten. 1859 ließen Moritz Lazarus und Hajim Steinthal „Einleitende Gedanken über Völkerpsychologie" erscheinen, die sie als eine „Einladung" zur Mitarbeit an der von ihnen mit eben diesem programmatischen Aufsatz begründeten *Zeitschrift für Völkerpsychologie und Sprachwissenschaft* verstanden wissen wollten. Der erste Band war mit 1860 datiert. Neunzehn weitere sollten bis zum Jahr 1890 folgen.

Der Mensch, so heißt es bei Lazarus und Steinthal (1860, S. 129), ist „seinem Wesen nach gesellschaftlich"; d. h., „daß er zum gesellschaftlichen Leben bestimmt ist, weil er nur im Zusammenhange mit seines Gleichen das werden kann und das leisten kann, wie er zu sein und zu wirken durch sein eigenstes Wesen bestimmt ist. [... Es] ist tatsächlich kein Mensch das, was er ist, rein aus sich selbst geworden, sondern nur unter dem bestimmenden Einflusse der Gesellschaft, in der er lebt." Wie aber wird dieser „bestimmende Einfluss der Gesellschaft" auf den Einzelnen vermittelt? Für Lazarus und Steinthal ist das – und das ist für den hier zur Diskussion stehenden Zusammenhang von entscheidender Bedeutung – eine genuin psychologische Frage.

Von den ideengeschichtlichen Wurzeln ihres Programms – denn über die Formulierung einer völkerpsychologischen Programmatik sind Lazarus und Steinthal letztlich nicht hinausgelangt – sind vor allem die Verbindungen zur Psychologie Herbarts von Belang. Herbart selbst hatte sein Modell der „Vorstellungsmechanik" auf soziale Prozesse übertragen: Die sozialen Beziehungen zwischen Individuen bzw. zwischen Gruppen von Individuen sollten in derselben Art und Weise mathematisch abzubilden sein, wie die Bewegungen von miteinander um eine Darstellung im Bewusstsein ringenden Vorstellungen und Vorstellungskomplexe. Inter- und intraindividuelle Vorgänge wurden somit als strukturgleich aufgefasst. Die Anwendung der Psychologie auf soziales Geschehen blieb bei Herbart dann aber auf die Anwendung der in und mit ihr entwickelten Methode beschränkt. Sie zielte auf die Erklärung des Zusammenwirkens und des Widerstreits gesellschaftlicher Kräfte, also auf Politik ab. Lazarus und Steinthal hingegen fassten das Soziale selbst als „geistiges Zusammenleben" und mithin als psychisches Geschehen auf. „Gesellschaftlichkeit des Menschen" bedeutet nichts anderes, als dass das individuelle geistige Leben durch das je bestehende geistige Leben der Sozietät, der der Einzelne angehört, determiniert ist. Um das geistige Leben der Gesamtheit begrifflich zu fassen, wurde – in Anlehnung an die Philosophie Hegels – der Terminus „Volksgeist" gesetzt. Der Herbart'sche Gedanke einer Isomorphie von intra- und interindividuellen Prozessen erhielt damit eine neue Bedeutung: „Da der Volksgeist doch nur in den Einzelnen lebt und kein vom Einzelgeist abgesondertes Dasein hat: so kommen auch in ihm natürlich nur dieselben Grundprocesse vor, wie in diesem, welche die individuelle Psychologie näher erörtert. Es handelt sich auch in der Völkerpsychologie um Hemmungen und Verschmelzungen, Apperception und Verdichtung." (Lazarus u. Steinthal, 1860, S. 137)

Der „Volksgeist" stellte also jenen „Gegenstand", jenes „Subject" vor, von dem die Völkerpsychologie etwas aussagen sollte. Es war die ursprüngliche, die vor-romantische Bedeutung des „Volkes" als „Kulturgemeinschaft", die in Lazarus' und Steinthals Begriffsbestimmung wieder auflebte: Ein „Volk" ist mehr, etwas anderes als bloß ein Aggregat von Individuen. Dieses „mehr", dieses „etwas anderes" eben repräsentiert der „Volksgeist": Er ist das, „was die bloße Vielheit der Individuen erst zu einem Volke macht, er ist das Band, das Princip, die Idee des Volkes"[36]; er ist das, „was an dem verschiedenen geistigen Thun der Einzelnen mit dem aller Anderen übereinstimmt", mithin das, „was an innerer Thätigkeit […] allen Einzelnen des Volkes gemeinsam ist; oder: das allen Einzelnen Gemeinsame der inneren Thätigkeit." (Ebd., S. 156–157)

Zusammenleben und Zusammenwirken der Menschen sind in dieser Begriffsbildung auf eine „geistige Wechselwirkung" reduziert. Der „Volksgeist" ist Voraussetzung, Vermittlungsinstanz und Resultat dieser geistigen Wechsel-

36 Es sei an dieser Stelle ausdrücklich darauf hingewiesen, dass „Volk" bei Lazarus und Steinthal ein rein ideeller Begriff ist: „Ein Volk ist eine Menge von Menschen, welche sich für ein Volk ansehen, zu einem Volke rechnen." Und weiters: „Das Volk ist ein geistiges Erzeugnis der Einzelnen, welche zu ihm gehören; sie sind nicht ein Volk, sie schaffen es nur unaufhörlich. Genauer ausgedrückt ist das Volk das erste Erzeugnis des Volksgeistes." (Lazarus u. Steinthal, 1860, S. 162 u. 164).

wirkung in einem. Die Frage, wie sich das Interagieren der Individuen vollzieht, ist damit schon beantwortet, noch ehe sie gestellt wird. In methodischer Hinsicht folgt daraus, dass die dem Zusammenwirken der Menschen zugrunde liegenden psychischen Prozesse nicht aus den konkreten Interaktionsprozessen der Individuen, sondern nur über den Umweg der Resultate dieser Interaktionsprozesse – in der Sprache der frühen Völkerpsychologie: über die Objektivationen der interindividuellen Wechselwirkungen – zu erschließen sind. Wie aber aus den Produkten des Wirkens des Volksgeistes – aus Sprache, Mythus, Religion, Volksdichtung etc. – Gesetzesaussagen über dieses Wirken abzuleiten sein sollten, darüber konnten Lazarus und Steinthal letztlich nichts aussagen.

Die fehlende Aussicht auf empirische Umsetzbarkeit wurde dann auch von Wundt angemerkt und kritisiert. Für Wundt war dafür vor allem die Bindung an die Herbart'sche Psychologie – die Bindung also an eine auf rein spekulative Konstruktionen aufgebaute Psychologie – verantwortlich. Die ständige Beschwörung der erfahrungswissenschaftlichen Grundlagen der eigenen Konzeption konnte allerdings nicht verhindern, dass auch sein Entwurf einer Völkerpsychologie praktisch nichts zur Überwindung der von der älteren Programmatik übernommenen methodischen Problematik beitragen konnte: Auskünfte darüber, was man sich unter einer empirischen Forschung vorzustellen hat, die von den Eigenschaften der kulturellen Produktionen Rückschlüsse auf die irgendwie „zugrunde liegenden" allgemeinen psychischen Bedingungen ihrer Hervorbringung erlauben soll, sucht man auch bei Wundt vergebens.

Wundts Haupteinwand gegen Lazarus und Steinthal richtete sich gegen die ihrem Entwurf zugrunde liegende Auffassung des Verhältnisses von Individualpsychologie und Völkerpsychologie. Beide haben sich – so lautete der Vorwurf – von den Herbart'schen Analogien zwischen individuellem Seelen- und kollektivem Zusammenleben nicht frei machen können. Wenn das Wirken des „Volksgeistes" von denselben Grundprinzipen bestimmt ist, die auch das individuelle Seelenleben bestimmen, dann muss aus diesem Ansatz gerade der – in Hinblick auf die Phänomene der Individualpsychologie – „eigenartige Charakter" der an das Zusammenleben der Menschen gebundenen psychischen Erscheinungen verschwinden. Ist daraus überhaupt ein gegenüber den bestehenden historischen Wissenschaften neues und eigenständiges Forschungsgebiet zu gewinnen? Die Anwendung von aus der Individualpsychologie abstrahierten allgemeinen Gesetzen einer „psychischen Mechanik" auf die geschichtlichen Erscheinungen muss zwangsläufig zu einer Reduktion von Geschichte auf Psychologie führen. Tatsächlich hatten Lazarus und Steinthal für die Völkerpsychologie beansprucht, dass sie eine rationale Begründung des Geschichtsprozesses liefern soll. Das hieß aber, dass die historischen Wissenschaften selbst sich bloß einer beschreibenden Bearbeitung des historischen Prozesses zu widmen hätten, während die Kausalerklärung des geschichtlichen Geschehens als Aufgabe der Völkerpsychologie zufallen würde. Eben das war für Wundt (1886b, S. 4–5) nicht vorstellbar: dass sich die Historiker das Recht nehmen lassen, aus ihrer umfassenden Kenntnis der historischen Tatsachen heraus auch eine Erklärung des Zusammenhangs dieser Tatsachen zu entwickeln. Und was an allgemeiner Betrachtung von Geschichte über die konkrete historische Forschung hinausgeht, bewegt sich wiederum „ganz in den Bahnen der alten Geschichtsphilosophie" (Wundt, 1900, S. 19). Was bleibt da noch für die Völkerpsychologie – und nur für sie – zu tun übrig?

In Wundts eigenem Ansatz zu einer theoretischen Grundlegung ging es – zumindest dem Anspruch nach – nun nicht mehr um die Anwendung psychologischer Gesetze auf Geschichte, Sprachwissenschaften oder Ethnologie, sondern um die Heranziehung von historischem, linguistischem und ethnologischem Material zum Verständnis psychologischer Prozesse. Die Umschreibung der Aufgaben der Völkerpsychologie musste daher aus der allgemeinen Bestimmung des Gegenstands der Psychologie hergeleitet werden. Die Psychologie hat es mit den „Thatsachen der unmittelbaren Erfahrung, wie sie das *subjective* Bewusstsein uns darbietet", zu tun. Diese „Thatsachen" gilt es in ihrer Entwicklung und in ihrem Zusammenhang zu erforschen. In diesem Sinne ist die Psychologie Individualpsychologie: „Sie verzichtet durchgängig auf eine Analyse jener Erscheinungen, die aus der geistigen Wechselwirkung einer Vielheit von Einzelnen hervorgeht. Eben deshalb bedarf sie aber einer ergänzenden Untersuchung der an das Zusammenleben der Menschen gebundenen psychischen Vorgänge. Diese Untersuchung ist es, die wir der Völkerpsychologie als ihre Aufgabe zuweisen." (Wundt, 1900, S. 1)

Psychisches zu verstehen, hieß für Wundt, es in seiner Gewordenheit, d. h. in seiner Entwicklung aus einfachen Anfängen heraus zu begreifen. Anders als für die Herbart'sche Psychologie, die sich ihre psychologischen Gesetze nach dem Vorbild der Gesetze der Mechanik oder der Physik konstruierte, trugen die von Wundt intendierten Gesetzmäßigkeiten einer auf Erfahrung gegründeten Psychologie samt und sonders den Charakter von „Entwicklungsgesetzen". Die Völkerpsychologie hatte von eben diesen Entwicklungsgesetzen ihren Ausgang zu nehmen. Das bedeutete, dass sie die bei der Analyse der einfacheren Bewusstseinsvorgänge gewonnenen Gesichtspunkte nun auf die Betrachtung von Material, das von den Geisteswissenschaften zu Tage gefördert wurde, „ausdehnen" sollte. Die auf diesem Weg erhaltenen „völkerpsychologischen" Einsichten galt es dann wiederum für die individualpsychologische Untersuchung fruchtbar zu machen: und zwar „für die Untersuchung jener Gebilde des Einzelbewusstseins, die aus diesem nicht allein begriffen werden können; sei es weil sie in zureichend vollständigen Entwicklungsformen überhaupt nur als Producte völkerpsychologischer Entstehung vorkommen, wie die Gebilde der so genannten Phantasiethätigkeit, oder weil das Einzelbewusstsein nur mit fertig überlieferten, aus der geistigen Wechselwirkung hervorgegangenen Formen arbeitet, wie bei den in ihrer spezifischen Gestaltung an die Sprache gebundenen Bildungen des logischen Denkens" (Wundt, 1900, S. 16–17).

Eine Konkretisierung der Aufgaben der Völkerpsychologie ergab sich für Wundt dann über die Abgrenzung des neuen Gebiets von den übrigen historischen Wissenschaften. Die Völkerpsychologie kann nur dann ihren Anspruch, eine „Erweiterung und Fortsetzung" der Individualpsychologie zu sein, aufrechterhalten, wenn sie sich wie diese auf das „Allgemeingültige" beschränkt (ebd., S. 5). Wie die experimentelle Psychologie von interindividuellen Differenzen absieht, so muss die Völkerpsychologie von all dem abstrahieren, was innerhalb der Gemeinschaft unmittelbar auf individuelle Einflüsse zurückgeht. Unter völkerpsychologischer Perspektive interessiert mithin das „Typische", d. h. jene an die geistige Wechselwirkung der Einzelnen gebundenen psychischen Entwicklungen, die „bei allen Völkern vermöge der allgemeinen Anlagen der menschlichen Natur wesentlich übereinstimmende Züge bieten" (Wundt, 1886b, S. 22). Die Völkerpsychologie zielt mithin auf die Anfänge des gemeinsamen psychischen Lebens ab, auf jene Anfänge, die noch nicht durch das direkte Eingreifen Einzelner geformt sind, auf Erscheinungen also, die nichts anderes als Produkte der allgemeinen geistigen Entwicklungen darstellen.

Drei Bereiche sind es, deren Erforschung unter allgemein-psychologischem Gesichtspunkt die Hauptgebiete der Völkerpsychologie bilden: die Sprache, der Mythus und die Sitte. Alle drei Gebiete sind psychische Erzeugungen, die von einer Gemeinschaft von Individuen, einem „kollektiven Subjekt", und nicht durch das bewusste Handeln einzelner Individuen hervorgebracht werden. Sie gehen jeder „geschichtlichen Überlieferung" voraus, sind somit die Grundlage jeder geschichtlichen Entwicklung, die dort einsetzt, „wo der übermächtige Einfluss Einzelner die allgemeinen geistigen Entwicklungen zwar nicht aufhebt, aber doch zurückdrängt" (Wundt, 1900, S. 25). An eben diesem Punkte, wo die rein völkerpsychologische Betrachtung endet, nehmen die historischen Wissenschaften ihre Arbeit auf. Auf der Psychologie der Sprache ruht demnach die Geschichte der Literatur, auf der Psychologie des

Mythus die Geschichte der Kulturreligionen, der Wissenschaft und der Kunst, auf der Psychologie der Sitte schließlich die Geschichte der Rechtsordnungen und der Systeme der philosophischen Ethik.

Sprache, Mythus und Sitte sind unter völkerpsychologischer Betrachtung psychische Erscheinungen – psychische Erscheinungen eben, die im und durch das Zusammenleben der Menschen hervorgebracht werden. Wie aber soll man sich die Existenz von solchen kollektiven psychischen Vorgängen vorstellen? Wundt entwickelte seine Antwort auf diese Frage über den Rückgriff auf jene Prinzipien, die er in seiner Individualpsychologie für die Auffassung der psychischen Aktivität im Allgemeinen bestimmend festgelegt hatte: über den Rückgriff auf das „Aktualitätsprinzip" und das „Prinzip der schöpferischen Synthese". Das Hilfskonstrukt, das Wundt in diesem Zusammenhang einführte, war der Begriff der „Volksseele".

Weiter oben ist bereits erörtert worden, dass Wundt die Vorstellung von Substantialität als Resultat einer Abstraktion verstanden hat, die der naturwissenschaftlichen Betrachtungsweise der in der unmittelbaren Erfahrung gegebenen Tatbestände inhärent ist. Anders als die Naturwissenschaften untersucht die Psychologie das in der Erfahrung Gegebene nicht losgelöst, sondern in seinem ursprünglichem Zusammenhang mit dem erfahrenden Subjekt, d. h. den „das Subject selbst einschließenden Inhalt der Erfahrung dieses Subjectes". Die unmittelbare Erfahrung erscheint uns dann eben nicht „als eine Mannigfaltigkeit in Wechselwirkung stehender *Substanzen*", sondern als eine „Mannigfaltigkeit unter sich verbundener *Ereignisse*" (Wundt, 1896a, S. 368–369). Das die Betrachtungsweise der Psychologie bestimmende Moment ist also nicht die Substantialität, sondern die Aktualität. Wenn in der Wundt'schen Psychologie von „Seele" die Rede ist, so ist dieser Begriff eben auf die Unmittelbarkeit, Aktualität der subjektiven Erfahrung bezogen. Er „kann keine andere empirische Bedeutung haben, als die, den Zusammenhang der unmittelbaren Thatsachen unseres Bewusstseins oder, wie wir diese der Kürze wegen nennen wollen, der ‚psychischen Vorgänge' selbst zu bezeichnen" (Wundt, 1900, S. 9). Was für den individualpsychologischen Seelenbegriff gilt, muss natürlich auch für den völkerpsychologischen gelten. Er bezeichnet keine hypothetische Substantialität, sondern Vorgänge, die ebenso ursprünglich und daher real sind wie die Inhalte unserer individuellen Seele (Wundt, 1886b, S. 12–13).

Das „Prinzip der schöpferischen Synthese" besagt, dass alle komplexen psychischen Bildungen „mehr", etwas „anderes" sind als bloß eine Summe von Eigenschaften der Teile, aus denen sie bestehen. Die „Volksseele" war für Wundt nun als das Produkt einer solchen schöpferische Synthese aufzufassen:

Wie in der Einzelseele komplexe psychische Gebilde sich als etwas anderes, Neues aus einfachen Anfängen entwickeln, so geht eben auch die Volksseele aus Einzelseelen hervor. Sie setzt sich „im empirischen Sinne nicht aus einer bloßen Summe individueller Bewusstseinseinheiten [zusammen], deren Kreise sich mit einem Teil ihres Umfangs decken; sondern auch bei ihr resultieren aus dieser Verbindung eigenthümliche psychische und psychophysische Vorgänge, die in dem Einzelbewusstsein allein entweder gar nicht oder mindestens nicht in der Ausbildung entstehen könnten, in der sie sich in Folge der Wechselwirkung der Einzelnen entwickeln" (ebd., S. 13).

Jetzt wird erkennbar, wo der Wundt'sche Ansatz eigentlich hinführen soll: auf die Formulierung einer allgemeinen Theorie des sozialen Handelns,[37] die letztendlich von der Unterscheidung zweier verschiedener Formen von sozialen Tätigkeiten ihren Ausgang nimmt: von der Unterscheidung zwischen, erstens, sozialen Interaktionsprozessen, die nicht durch intentionales Handeln der Individuen, also nicht durch die bewusste psychische Aktivität der Einzelseelen, sondern durch deren Zusammenwirken – durch die „Volksseele" – bestimmt sind; und zweitens, bewussten sozialen Handlungen, durch die die Individuen als Individuen mit bewussten Absichten und Zielen miteinander interagieren. Diese Differenzierung zwischen kollektiv und individuell bestimmtem sozialen Handeln geht der für die Individualpsychologie zentralen Unterscheidung zwischen Trieb- und Willkürhandlungen parallel. Wie die willkürlichen in den triebartigen Handlungen, so wurzeln auch die individuell determinierten Interaktionsprozesse in den kollektiv bestimmten. Nach dem Übergang von der vorgeschichtlichen zur geschichtlichen Existenz werden die Letzteren von den Ersteren mehr und mehr überlagert, nicht aber in ihrer Wirksamkeit aufgehoben. Der erwachsene Kulturmensch ist und bleibt also Teil eines kollektiven Entwicklungsprozesses, der sich unabhängig von seinem intentionalen Handeln vollzieht: Allmähliche Wandlungen im Gebrauch der Sprache z. B. sind zumeist nicht das Resultat individueller Neuschöpfungen, sondern das Produkt dieser sich unaufhörlich und unabhängig von der willentlichen Aktivität der Einzelnen vollziehenden Entwicklung kollektiver Interaktionsprozesse.

Die Betonung liegt auf dem Wort Produkt. Bei den Hervorbringungen der „Volksseele", bei Sprache, Mythus und Sitte handelt es sich – wie Wundt es formulierte – „um Geisteserzeugnisse von allgemeingültigem Charakter", um

37 Vgl. dazu Danziger (1983, insbes. S. 309).

„psychische Objecte", denen nun eben „jene Merkmale der relativen beharrenden Beschaffenheit und der Unabhängigkeit von dem Beobachter zukommen", wie sie für die „Naturobjekte", die substantiellen „Gegenstände" der Naturwissenschaften, typisch sind (Wundt, 1896a, S. 27). Daraus folgt, dass zu ihrer Untersuchung das nämliche methodische „Hülfsmittel" heranzuziehen ist, wie in den übrigen Naturwissenschaften auch: die reine Beobachtung.

Erinnert sei daran, was bislang über die Unterscheidung von naturwissenschaftlicher und psychologischer Betrachtung der in der unmittelbaren Erfahrung gegebenen Tatsachen gesagt wurde: Die Inhalte der psychischen Erfahrung sind keine „Objekte", sondern „Ereignisse", also „Vorgänge", die in ihrem unmittelbaren Zusammenhang mit dem Subjekt nur unter Heranziehung eines „objectiven Hülfsmittels", des Experiments, untersucht werden können. Zwar geht es auch beim Experiment um Beobachtung, jedoch um eine, „die sich mit der willkürlichen Einwirkung des Beobachters auf die Entstehung und den Verlauf der zu beobachtenden Erscheinungen verbindet" (Wundt, 1898, S. 23; zit. n. Pongratz, 1967, S. 102). Anders ausgedrückt: Psychische Vorgänge lassen sich nur beobachten, wenn der Beobachter den Eintritt des Vorgangs bestimmen und dessen Verlauf kontrollieren kann. Die „reine" Beobachtung hingegen, die auf relativ konstante, vom Beobachter unabhängige, d. h. durch den Akt der Beobachtung selbst nicht veränderbare Objekte bezogen ist, ist in der individuellen Psychologie nicht anwendbar. Sie ist das methodische „Hülfsmittel" der Völkerpsychologie, mit dessen Hilfe aus den Objektivationen kollektiver psychischer Prozesse Einsichten über eben diese Vorgänge abgeleitet werden sollen. Ursprung und Entwicklung der Sprache, der mythologischen Vorstellungen und der Sitten beruhen – schrieb Wundt in seinem *Grundriss der Psychologie* – „überall auf allgemeinen psychischen Bedingungen, auf die sich aus ihren objectiven Eigenschaften zurückschließen lässt" (Wundt, 1896a, S. 27).[38]

Die Psychologie verfügt, so konnte Wundt schließlich festhalten, „über zwei exacte Methoden" (ebd., S. 28): über Experiment und Beobachtung. Den zwei Grundmethoden entsprechen die zwei „einander ergänzenden" und – wie er ausdrücklich hinzufügt – „einzigen Theile" (Wundt, 1900, S. 23) der allgemeinen Psychologie: die individuelle oder experimentelle Psychologie und die Völkerpsychologie. Die individuelle Psychologie dient der Analyse der „einfacheren", die Völkerpsychologie der Untersuchung der

38 Womit Wundt – wie weiter oben schon angekündigt – wieder bei dem methodischen Kernproblem des Ansatzes von Lazarus und Steinthal angelangt ist: Was dieses Rückschließen in methodischer Hinsicht bedeuten soll, darüber schwieg Wundt sich ebenso aus, wie das vor ihm auch schon Lazarus und Steinthal getan hatten.

„höheren psychischen Vorgänge". Diese Dichotomisierung der Zuständigkeit wird wieder durch eine Analogie zwischen individueller und Völkerpsychologie begründet. Für Wundt „wiederholen" sich in den drei Hauptgebieten der Völkerpsychologie „gleichsam auf einer höheren Stufe die Elemente, aus denen sich der Tatbestand des individuellen Bewusstseins zusammensetzt" (Wundt, 1886b, S. 30): Die Sprache entspricht der Sphäre des Vorstellens, der Mythus der des Gefühls, die Sitte der des Wollens im individuellen Seelenleben. Auf experimentellem Wege sind nur die einfacheren psychischen Vorgänge zu behandeln, weil nur diese „zureichend schon innerhalb der Grenzen des ausgebildeten Einzelbewusstseins" analysiert werden können. Die „verwickelteren Functionen" hingegen sind nur „auf Grundlage des Zusammenlebens möglich" vorstellbar und darum auch „in ihren in das Einzelbewusstsein fallenden Formen nur mittels der Erkenntniss ihrer allgemeinen Entwicklung zureichend zu verstehen" (Wundt, 1900, S. 23). Kurzum: Aus der Sprache sollten die höheren Denkformen, aus dem Mythus die höheren Gefühlsregungen, aus der Sitte die höheren Willensprozesse zu erschließen sein.

Aus der dualen gegenstandstheoretischen und methodischen Begründung der Psychologie folgt eine merkwürdige Zwischenstellung des Faches im System der Wissenschaften: Die Psychologie – so steht es etwa in Wundts *Logik* (1883, S. 481) – „bildet den Uebergang von den Natur- zu den Geisteswissenschaften". „Uebergang" kann nur bedeuten, dass sie beiden „Welten" zugleich angehört – wenn auch mit unterschiedlicher Bedeutung: Die „individuelle Psychologie" tritt den Naturwissenschaften als eine sie „ergänzende empirische Wissenschaft" zur Seite (Wundt, 1896a, S. 3); die Völkerpsychologie aber ist – weil sie sich eben der wissenschaftlichen Untersuchung der höheren geistigen Vorgänge annimmt, „welche in der Geschichte und Gesellschaft die herrschenden Kräfte" vorstellen – die Grundlagendisziplin aller übrigen Geisteswissenschaften.

Der radikalen Dichotomisierung des Faches ist – darauf sei abschließend noch kurz hingewiesen – der entscheidende Schwachpunkt der Wundt'schen Völkerpsychologie geschuldet: Seine „historische Psychologie" ist eine im Grund völlig ahistorische Konstruktion. Für Wundt haben zwar die Objektivationen der „Volksseele" eine Geschichte, nicht aber die intrapsychischen Prozesse, die diese hervorbringen. Die grundlegenden psychischen Tatbestände sind „naturbestimmt", ihre Aufklärung ist daher Aufgabe der experimentellen Laborforschung. Die daraus gewonnenen Prinzipien sind als allgemein gültige – d. h. ahistorische – Gesetzmäßigkeiten der historischen Betrachtung der Völkerpsychologie vorausgesetzt.

Abkehr von Wundt

Es ist wohl kein Zufall, dass Freud seine großartige Spekulation über den Vatermord in der Urhorde zu einer Zeit anstellte, als die von ihm begründete wissenschaftliche Bewegung in einer tiefen Krise steckte. Nach Adler und Stekel war jetzt – 1913 – auch der Kronprinz abgefallen. Im Vorfeld der Auseinandersetzungen mit Jung hatten loyale Schüler eine Art Leibgarde gebildet, die den Vater und seine Lehre vor künftigen Rebellionen schützen sollte.[39] Die Schlacht war geschlagen; die (unbewusste?) Angst des Patriarchen vor dem Aufstand des Gefolges – war sie es, die Freud beim Abfassen des Schlussessays von *Totem und Tabu* (Freud, 1912/1913) die Feder führte?

Wir wissen heute, wie sich die „Sache" – so pflegte Freud seine Schöpfung gelegentlich zu nennen – entwickelt hat. Und wenn auch diese Entwicklung eine Richtung nahm, vor der Freud die Psychoanalyse gerne bewahrt gesehen hätte – eine Entwicklung hin zur selbstgewählten Beschränkung des psychoanalytischen Denkens auf Psychotherapie und Neurosenlehre – so ist dem Meister, wenn schon nicht mancher Aufruhr, doch die Ermordung durch das Kollektiv der Söhne letztlich erspart geblieben.

Freuds Mythos vom Mord am Urvater traf auf ihn selbst also nicht zu. Auf Wilhelm Wundt hingegen scheint die Geschichte gut zu passen. Dass auch er ein Gründungsvater war, steht außer Zweifel: Wundt schrieb das erste Lehrbuch der „neuen" Psychologie, er gründete das erste psychologische Laboratorium und gab die erste Fachzeitschrift heraus. Doch was da als einzelwissenschaftliche Psychologie im Ausgang des 19. und zu Anfang des 20. Jahrhunderts allmählich Konturen anzunehmen begann, hatte mit dem, was Wundt selbst für die Psychologie gewollt hatte, kaum mehr etwas zu tun. Im Gegenteil: Alles, was in der modernen Psychologie passierte, passierte – explizit oder implizit – in Abgrenzung zur, genauer noch: gegen die Psychologie Wilhelm Wundts (Danziger, 1990, S. 34).

Erinnert sei an den Kern der Freud'schen Erzählung aus *Totem und Tabu*: Die Tat einte die Brüder; sie stellte eine Einheit her, die die Grundlage bildete für fast alle späteren kulturellen wie sozialen Leistungen und Institutionen.

---

39 Gemeint ist das auf Vorschlag von Ernest Jones 1912 gebildete „Geheime Komitee". Vgl. Wittenberger (1988).

Auch im Fall der Psychologie schuf die Zurückweisung Wundts unter den „Söhnen" eine Form von Gemeinsamkeit, die das Werden einer selbständigen Disziplin zur Voraussetzung hat. Ein schlechtes Gewissen oder gar Reue empfand unter den „Brüdern" der Experimentalpsychologie allerdings niemand. Die Aggression der Söhne gegenüber dem Vater blieb ungehemmt. Selbst in der freundlich gemeinten Geste schimmerte – völlig unmaskiert – noch Abwertung durch. Als sich im April 1904 in Gießen die *Gesellschaft für experimentelle Psychologie* – die Vorläuferorganisation der heutigen *Deutschen Gesellschaft für Psychologie* – zu ihrem Gründungskongress zusammenfand, beschloss die Mitgliederversammlung auf Anregung des ehemaligen Wundt-Assistenten Oswald Külpe, ein „Begrüßungstelegramm" an den nicht anwesenden „Herrn Geheimrat Wundt", den – wie es darin wörtlich hieß – „Nestor der experimentellen Psychologie" zu senden (Schumann, 1904, S. XIII). In Homers *Ilias* tritt Nestor als verdienter Staatsmann auf, den anderen Führern der Griechen im Trojanischen Krieg an Jahren weit überlegen. Geduldig hört man ihn an, obwohl er gern und ausführlich über die alten Zeiten spricht und Ratschläge erteilt, die niemanden interessieren (Grant u. Hazel, 1980, S. 293).[40]

Deutlicher kann man es kaum sagen: Wundt galt als jemand, der in ferner Vergangenheit seine Verdienste gehabt haben mag, dessen große Zeit nun aber ein für alle Mal vorbei war. Eine Figur aus dem 19. Jahrhundert, eine historische Figur also, die eine wissenschaftliche Konzeption vertreten hatte, der von den Neuerern niemand mehr zu folgen vermochte. Was aber war es eigentlich, das man der Wundt'schen Psychologie vorwarf? Und was hatte man ihr entgegenzusetzen?

Geschichte ist, so ist bereits in der Einleitung zur Darstellung der Wundt'schen Psychologie gesagt worden, immer eine Geschichte aus der Sicht der Sieger. Denktraditionen, die das Fach heute dominieren, haben sich in der Vergangenheit gegenüber konkurrierenden Konzeptionen behaupten und schließlich durchsetzen müssen. In der Rückschau erscheint dann das, was sich nicht durchgesetzt hat, als etwas Überwundenes, bisweilen einfach auch als Irrtum. Die Sichtweise der *heutigen* Psychologie ist z. B. bei Ludwig Pongratz in seiner *Problemgeschichte der Psychologie* nachzulesen. Im Anschluss an die Ableitung von Wundts Argumenten für eine Zweiteilung der Psychologie in Individual- und Völkerpsychologie wird dort festgestellt: „Gegen diese Verteilung der Zuständigkeitsbereiche haben wir vom Standpunkt der Ge-

40 Auf diese Episode hat zuerst Ash (1980a) aufmerksam gemacht.

genwartspsychologie aus manches einzuwenden." Der erste und wichtigste Einwand lautet dann: „Auch höhere seelische Vorgänge sind auf experimentellem Wege zugänglich. Die weitere Entwicklung der Psychologie hat es gezeigt." Es folgt der Verweis auf die von Ebbinghaus begründete und von Georg Elias Müller fortgeführte Tradition der experimentellen Gedächtnisforschung und auf die experimentelle Denkpsychologie der sogenannten Würzburger Schule um Oswald Külpe (Pongratz, 1967, S. 102–103).

In Bezug auf die frühe Gedächtnispsychologie ist das Argument nicht ganz richtig: Gedächtnisfunktionen wurden auch im Wundt'schen Labor in Leipzig experimentell untersucht (z. B. Wolfe, 1886), wenn auch unter anderen begrifflichen Voraussetzungen und daher mit einer anderen Versuchsanordnung als bei Ebbinghaus. Es ging dabei um Fragestellungen, die schon in den dreißiger Jahren in den frühen Versuchen Ernst Heinrich Webers formuliert worden waren: Weber hatte zeigen können, dass es beim Vergleich zweier Reize nicht egal war, ob diese gleichzeitig oder sukzessiv dargeboten wurden. Bei der sukzessiven Darbietung – die, wenn nur der zeitliche Abstand zwischen den beiden Reizen nicht allzu groß wird, zu feineren Unterscheidungen führt – spielt, worauf Weber selbst hingewiesen hatte, offenbar „das" Gedächtnis eine entscheidende Rolle (vgl. dazu Gundlach, 1986a, S. 25–26). Die Reproduktion einer einfachen Sinnesempfindung, die mit einem aktuellen Sinneseindruck verglichen werden musste, war für Wundt allerdings ein relativ einfacher psychischer Vorgang (Wundt, 1873/74, S. 457–461). Ebbinghaus dagegen hatte in seinem Gedächtnisbuch von 1885 beansprucht, höhere psychische Funktionen untersucht zu haben – ein Anspruch, den Wundt durchaus anzuerkennen schien, indem er die Ebbinghaus'schen „Lernversuche" in den späteren Auflagen seiner *Grundzüge* unter der Kapitelüberschrift „Komplexe intellektuelle Funktionen" darstellte (ebd., S. 556–563). Der kühle Ton aber, mit dem Wundt – sich gleichsam einer Berichtspflicht entledigend – Ebbinghaus' Untersuchungen referierte, lässt sein Misstrauen erahnen. Er selbst verwendete den Begriff „Gedächtnis" selten und wenn, dann mit großer Vorsicht. Unter dem „Gedächtnis" versteht – so Wundt – „die Sprache die Fähigkeit, irgendwelche Eindrücke, die auf das Bewusstsein eingewirkt haben, für späteren Gebrauch zu bewahren" (ebd., S. 556). Nur allzu deutlich trug für ihn – der Psychisches grundsätzlich als Prozessgeschehen aufgefasst sehen wollte – eine solche Bestimmung die völlig irreführende Implikation in sich, dass Eindrücke oder Vorstellungen substanzähnliche Entitäten sind, die einer Wiedererweckung oder Erneuerung harren würden (vgl. dazu Scheerer, 1980). Das war im Kern nichts anderes als Herbart'sche Psychologie – eine Psychologie, zu deren Überwindung Wundt angetreten war.[41]

Für Wundt waren Gedächtnisfunktionen durchaus also auch auf experimentellem Wege zu erforschen. Gegen die Ebbinghaus'sche Praxis des Experimentierens hatte er – anders als dann im Fall der Würzburger Schule – nicht öffentlich Stellung genommen. Und dennoch werden im Nachhinein die Gedächtnisuntersuchungen von Ebbinghaus dem in Leipzig entwickelten Forschungsstil als etwas anderes, Neues gegenübergestellt. Bei Pongratz (1967, S. 103) liest man schließlich, dass Wundt „noch eine enge physiologische Auffassung des Experiments" vertreten hat. Damit wird suggeriert, dass sich – mit Ebbinghaus beginnend – nach und gegen Wundt eine „weitere", weil von der Physiologie emanzipierte und daher den Bedürfnissen *psychologischer* Forschung angemessenere Konzeption der experimentellen Methode durchgesetzt hat. Wer aber entschied bzw. entscheidet, was „angemessen" ist und was nicht? Für die traditionelle Wissenschaftsgeschichtsschreibung stellt sich diese Frage erst gar nicht: Das Neue, das sich gegen das Alte behauptet, ist deshalb besser als das Alte, weil es sich eben gegen das Alte behauptet hat. Wer so argumentiert, für den ergibt sich in der Betrachtung von Geschichte fürwahr nur wenig Erklärungsbedarf.

Der Sachverhalt, auf den es ankommt, lässt sich einfach wie folgt formulieren: Ebbinghaus ging in seinen Experimenten von anderen wissenschaftstheoretischen Voraussetzungen aus als Wundt. Von *anderen*, nicht irgendwie angemesseneren, besseren, richtigeren. Unter dieser Betrachtung ist es nun möglich zu fragen, erstens, was denn eigentlich an dem von Ebbinghaus eingeschlagenen Forschungsstil im Vergleich mit der Wundt'schen Tradition der experimentellen Psychologie – wenn schon nicht von Wundt selbst, so doch von der Nachwelt – als neu bzw. anders wahrgenommen werden konnte. Und zweitens, warum dieser als neu wahrgenommene Forschungsstil von der

41 Abgesehen davon bleibt aber noch zu fragen, warum von Ebbinghaus ausgerechnet das sture Vorsagen und Repetieren sinnloser Silbenreihen als Musterbeispiel für höhere psychische Vorgänge ausgegeben und von den Zeitgenossen anstandslos als solches akzeptiert werden konnte. Eckart Scheerer (1987) hat in diesem Zusammenhang darauf hingewiesen, dass in der Psychologie Hegels gerade das mechanische Gedächtnis, d. i. das Behalten und Wiedergeben feststehender Reihen von vorstellungsfreien und – im Sinne Hegels – mithin bedeutungslosen Wörtern, als die höchste Form des Gedächtnisses und die unmittelbare Voraussetzung allen Denkens bestimmt wird. Mehr noch als durch den Bezug auf Hegel dürfte aber bei den Zeitgenossen, die Ebbinghaus Gedächtnisforschung unisono als Durchbruch in der experimentellen Psychologie gefeiert hatten, die Akzeptanz der behaupteten Komplexität des Forschungsgegenstands durch die Komplexität der Forschungsmethode begründet gewesen sein.

sich allmählich konstituierenden Fachwelt – um mit Kuhn zu sprechen – als „Paradigma“ akzeptiert wurde. Und zwar nicht nur in der engen Bedeutung des Wortes, dass mit Ebbinghaus’ Arbeit der Psychologie ein neues Forschungsfeld samt den für seine Bearbeitung maßgeblichen Methoden exemplarisch erschlossen wurde; sondern „paradigmatisch“ auch in der Hinsicht, dass durch die experimentelle Gedächtnisforschung die von Wundt behauptete Beschränkung der experimentellen Forschung auf einfachste psychische Erscheinungen und damit der von ihm propagierte Methodendualismus als prinzipiell widerlegt angesehen werden konnte.

Denn das ist ja der eigentliche Sinn der Rede von der „engen“ Auffassung der experimentellen Methode: Sie trifft nicht bloß Details der psychologischen Experimentierkunst, sondern das Wundt’sche System als Ganzes. Wer die relativ untergeordnete Rolle, die Wundt dem Experiment als methodischem Hilfsmittel zugeschrieben hat, in Frage stellt, stellt damit eigentlich die Notwendigkeit der Zweiteilung der Psychologie in Individualpsychologie und Völkerpsychologie zur Diskussion.

Der Wundt’sche Standpunkt wurde im 2. Abschnitt dieses Buches, S. 61–100, ausführlich dargestellt: Aufgabe der Psychologie ist es, das in der inneren Wahrnehmung, d. h. das in der unmittelbaren Erfahrung in seinem Zusammenhang mit dem Subjekt selbst gegebene Geschehen zu erforschen. Wie aber soll das möglich sein, wenn die Beobachtung von psychischen Vorgängen nicht durchführbar ist, weil die Richtung der Aufmerksamkeit auf eine psychische Erscheinung diese selbst verändert? Zur Lösung dieses Dilemmas hat Wundt Folgendes vorgeschlagen: Wenn die innere Wahrnehmung selbst nicht direkt kontrollierbar ist, so können doch die äußeren Umstände, unter denen sie erfolgt, einer experimentellen Kontrolle unterworfen werden. Das gelingt aber nur dann, wenn gewährleistet ist, dass ein unter bestimmten äußeren Bedingungen erzeugter innerer Zustand bei Wiederherstellung derselben Bedingungen in gleicher Weise wieder auftritt. Wundt musste schließlich einsehen, dass das nur für eine sehr begrenzte Anzahl von psychischen Erscheinungen anzunehmen ist: für einfache Sinneswahrnehmungen, für einfache Gefühle, für einfache Willensvorgänge – und für einfache Gedächtnisprozesse. Alle höheren psychischen Vorgänge, insbesondere aber das Denken, sind von einer experimentellen Behandlung ausgeschlossen.

Je älter Wundt wurde, desto kritischer beurteilte er die Möglichkeiten der experimentellen Forschung in der Psychologie. Natürlich spielte dabei die Ausarbeitung seiner Völkerpsychologie eine wichtige Rolle. In dem Maße, in dem sie sein wissenschaftliches Interesse zu absorbieren begann, verlor für ihn die Individualpsychologie und damit die ihr zugrunde liegende experimentelle Methode an Bedeutung.

Das methodische Kernstück der Völkerpsychologie bildete die Überlegung, dass die Objektivationen kollektiver psychischer Aktivität wie Sprache, Mythus und Sitte als relativ stabile Gegenstände aufzufassen sind, und dass diese in derselben Art, wie für die Naturwissenschaften die Objekte der „äußeren Welt", für eine „reine" Beobachtung zur Verfügung stehen. Aus der psychologischen Untersuchung dieser im geistigen Zusammenleben und Zusammenwirken einer Sozietät hervorgebrachten psychischen Gebilde sollte sich die gesetzmäßige Entwicklung aller höheren psychischen Vorgänge aufklären lassen. Das bedeutet, dass komplexe kognitive Prozesse ebenso wie komplexe Gefühls- und Willensprozesse nur auf völkerpsychologischem Wege wissenschaftlich erforscht werden können. Die Methode der „reinen Beobachtung" war für Wundt nämlich im Bereich der Individualpsychologie nicht anzuwenden, weil die geistigen Hervorbringungen einzelner Subjekte den Charakter jener von individuellen Zufälligkeiten freien, d. h. allgemeinen Form entbehren, auf deren Erfassung eben seine wissenschaftliche Psychologie in allen ihren Teilen abgestellt war.

Der von Ebbinghaus in seinem Text von 1885 dezidiert erhobene Anspruch, dass er mit seinen Untersuchungen die Anwendung der naturwissenschaftlichen, d. h. experimentellen Methode auf „komplicierte Vorgänge des *höheren* psychischen Lebens" (Ebbinghaus, 1885, S. 15) demonstriert hat, klingt wie ein offener Angriff auf den Wundt'schen Methodendualismus. Doch hat Ebbinghaus seine Abhandlung nicht als Gegenentwurf zu einer bestehenden psychologischen Tradition geschrieben. Kritische Anmerkungen zu Wundt sucht man in der kleinen Schrift vergebens. Und doch ist bei auch nur flüchtiger Durchsicht des Buches die Differenz zu Wundts Denk- und Forschungsstil nicht zu übersehen: Es sind nicht so sehr die Unterschiede in der Auffassung der experimentellen Methode – Unterschiede, die im nachstehenden Abschnitt im Detail erörtert werden – die dem Leser dabei auffallen. Es handelt sich um etwas Grundsätzlicheres: Ebbinghaus' Monographie ist eine betont a-theoretische und a-philosophische Schrift, ein nüchterner Forschungsbericht nach Art der Naturwissenschaften, in dem der Reihe nach die Ergebnisse verschiedener Experimente präzise beschrieben und in Hinblick auf ihre Zuverlässigkeit diskutiert werden. Was also an *Über das Gedächtnis* sofort ins Auge sticht, ist die Zurückhaltung seines Autors gegenüber theoretischen Verallgemeinerungen und der Verzicht auf philosophische Spekulation – Tugenden, die ganz dem Ideal des zeitgenössischen Positivismus entsprachen.

Im 2. Abschnitt dieses Buches, S. 79–88, wurde gezeigt, dass und mit welchen Argumenten sich Wundt gegen die positivistische Wissenschaftsauffassung gewandt hatte. Mit Ebbinghaus' Schrift deutete sich eine Alternative an: eine positivistische Psychologie, das hieß eine Psychologie als Naturwissenschaft, losgelöst und verselbständigt von der Philosophie. Ebbinghaus selbst hat diese Option – wie vor ihm schon Oswald Külpe (1893) – schließlich auch systematisch in Form eines Lehrbuchs einzulösen versucht (Ebbinghaus, 1897/1902). Eine philosophische Orientierung fand diese mehr oder weniger deutlich im Gegensatz zu Wundt entwickelte Psychologie in den Schriften von Ernst Mach und Richard Avenarius. Aus der Perspektive einer Wissenschaftstheorie, die in der angemessenen Beschreibung des Gegebenen die eigentliche Aufgabe des menschlichen und damit auch des wissenschaftlichen Denkens sah und die alle über das unmittelbar Beobachtbare hinausgehenden Begründungen als metaphysische Spekulation verwarf, gerieten nicht bloß einzelne Konzepte – so die Theorie der Apperzeption –, sondern auch die das ganze System der Wundt'schen Psychologie tragenden Prinzipien – etwa das Prinzip der psychischen Kausalität – unter Metaphysik-Verdacht.

Insbesondere aber musste nach einer am Empiriokritizismus ausgerichteten Wissenschaftsauffassung Wundts Bestimmung des Verhältnisses von Philosophie und Einzelwissenschaften als obsolet erscheinen. Für Wundt hatte die Philosophie die ihr im Deutschen Idealismus – vor allem bei Fichte – zugeschriebene Rolle einer den Einzelwissenschaften übergeordneten allgemeinen Wissenschaftslehre nicht eingebüßt. Als ihre Aufgabe bestimmte er, eine allgemeine Synthese des von den Einzelwissenschaften erarbeiteten positiven Wissens zu leisten. Dazu sollte sich die Philosophie zwar sowohl der Resultate als auch der Methoden der Erfahrungswissenschaften bedienen. Um aber die von Wundt angestrebte „Gewinnung einer Weltanschauung, welche dem Bedürfnis des menschlichen Geistes nach der Unterordnung des Einzelnen unter umfassende theoretische und ethische Gesichtspunkte" realisieren zu können, hatte sie über das in den Einzelwissenschaften zu Tage geförderte Tatsachenwissen hinauszugehen: „Denn die Gesichtspunkte, zu denen die Einzelforschung gelangt, sind nothwendig einseitig und beschränkt. In nichts zeigt sich dies augenfälliger als in den Widersprüchen, die sich sogar zwischen einander nahe stehenden Wissenschaften in Bezug auf die ihnen gemeinsamen Begriffe herausstellen." Die philosophische Arbeit an der Vereinheitlichung der Begriffe und Konzepte der Einzelwissenschaften war also alles andere als Selbstzweck: Sie sollte „klärend und fördernd" auf die konkrete Forschung zurückwirken (Wundt, 1883, S. 619).[42]

Die Psychologie betrachtete Wundt als die „Grundlage", also als die Grundwissenschaft der Geisteswissenschaften und damit auch der Philosophie (z. B. Wundt 1883, S. 478). Man spricht in diesem Zusammenhang von einem „führungswissenschaftlichen Psychologismus", der von einem „reduktionistischen Psychologismus" – also dem Versuch, Logik in Psychologie aufzulösen – unterschieden wird.[43] Im ersten Teil dieses Buches wurde bereits darauf hingewiesen, dass nicht zuletzt aus der Kritik beider Varianten des Psychologismus die „reine" Philosophie zu neuem Selbstbewusstsein fand. Das Aufblühen der verschiedenen Schulen des Neukantianismus und dann die Entwicklung der Husserl'schen Phänomenologie markierten eine Absetzbewegung der Philosophie von der forschungswissenschaftlichen Psychologie, wodurch deren Positionierung innerhalb der philosophischen Fakultäten problematisch werden musste. Lehrstühle für Philosophie, die die institutionelle Basis für die Verankerung der neuen Psychologie an den Universitäten bildeten, wurden von den „reinen" Philosophen im Bewusstsein der wiedergewonnen eigenen Stärke exklusiv für sich beansprucht. Aus dem Ruf: „Hinaus mit der Psychologie aus der Philosophie!" wurde fast zwangsläufig: „Weg mit den Psychologen von den Philosophie-Ordinariaten!"[44]

Wichtig für den hier zur Diskussion stehenden Zusammenhang ist, dass Wundt sein System der Psychologie zu einer Zeit entwickelt hatte, als die Rede von einer Erneuerung der Philosophie auf der Grundlage der Psychologie in der deutschen Hochschulphilosophie noch allgegenwärtig und auch weithin akzeptiert war. Im Zuge der siebziger und achtziger Jahre des 19. Jahrhunderts hat der philosophische Diskurs an den Universitäten jedoch einschneidende Veränderungen erfahren. Die Wundt'sche Konzeption der Psychologie war nun nicht mehr zeitgemäß. Die auf den folgenden Seiten skizzierte positivistische Abkehr von der Psychologie Wilhelm Wundts, die sich zu Anfang der neunziger Jahre abzuzeichnen begann, muss vor diesem Hintergrund verstanden werden: Das Projekt einer dem Vorbild der Naturwissenschaften folgenden, von der Philosophie verselbständigten Psychologie

42 Vgl. dazu auch Leary (1979, insbes. S. 236) und Arnold (1980, S. 69–72).

43 „Der reduktionistische Psychologismus löst alle mentalen Zustände und Vorkommnisse so in Psychisches auf, dass zum Beispiel die Verbindung von ‚Vorstellungen' in logischen Schlüssen durch ihre Untersuchung als psychologische Vorgänge geltungslogische Erklärungen gestatten sollen." (Schmidt, 1995, S. 89)

44 Vgl. dazu ausführlich den Abschnitt „Der Institutionalisierungsprozess".

war nicht bloß eine selbstgewählte, sondern auch eine den Psychologen durch die Macht der äußeren Umstände aufgezwungene Option.

Jenen, die die Realisierung dieses neuen Programms in Angriff nahmen, musste die Wundt'sche Psychologie wie aus einer anderen Zeit, einer untergegangenen Epoche angehörend erscheinen. Wundt selbst hat die dann kommende Entwicklung nicht kommentarlos zur Kenntnis genommen. Sie war für ihn zu einem großen Teil eine Fehlentwicklung. Zeit seines Lebens schrieb er dagegen an. Der „Nestor der experimentellen Psychologie" – ein alter, vielleicht von einigen immer noch hoch geachteter Mann, ein unermüdlicher Mahner, dessen Warnungen niemand wirklich mehr ernst nahm. Doch erinnern wir uns, wie die Geschichte mit Nestor bei Homer ausgeht: „Zur Zeit der Abreise der Griechen, nach dem Untergang Trojas, war Nestor von tiefem Misstrauen gegen die Führer und ihre Art, die Dinge zu handhaben, erfüllt; deshalb segelte er allein davon und entging [...] dem großen Sturm, durch den Athene viele seiner Gefährten umkommen ließ." (Grant u. Hazel, 1980, S. 293)

Die folgende Darstellung ist in drei Abschnitte gegliedert. Im ersten Teil wird der Kontext der Entstehung, im zweiten Teil die Rezeption der Ebbinghaus'schen Experimente zur Gedächtnisforschung erörtert; im dritten Teil geht es um die wissenschaftstheoretischen Grundlagen der Abkehr von Wundts Psychologie. Im Anschluss daran wird die mit diesem Wandel in der theoretischen Ausrichtung eng verbundene Herausbildung der Scientific Community der Experimentalpsychologen rekonstruiert.

Hermann Ebbinghaus: „Über das Gedächtnis"

„Sein Verhältnis zu seinen Apparaten war ein fast zärtliches", schrieb Erich Rudolf Jaensch (1909, S. V), einer der wenigen Schüler, in seinem Nachruf auf Hermann Ebbinghaus. Das braucht nicht weiter zu verwundern: Der unermüdliche Vorkämpfer einer nach dem Vorbild der Naturwissenschaften von jedweder philosophischen Spekulation frei gehaltenen, allein auf das Sammeln von neuen Tatsachen abgestellten Psychologie – so jemand muss ja fast zwangsläufig eine Art von libidinöser Bindung an jene Gerätschaften entwickeln, von deren breitem Einsatz die Erfüllung seines Traums von einer neuen, von der Mutterdisziplin Philosophie emanzipierten und endlich allein auf experimenteller Forschung gegründeten Wissenschaft abhängig zu sein schien. Überblickt man aber das gesamt Œuvre, das Ebbinghaus der Nachwelt hinterlassen hat, so fällt auf, dass der Pionier der modernen Experimentalpsychologie selbst nur eine sehr geringe Anzahl von experimentellen Arbeiten publiziert hat. Wie immer, so findet man auch dieses Mal bei Boring (1950, S. 390–391) eine (vor-)schnelle Antwort: Ab Mitte der neunziger Jahre sei Ebbinghaus vorwiegend mit dem Abfassen und dann dem ständigen Umarbeiten seines Lehrbuchs (Ebbinghaus, 1897/1902) befasst gewesen. Tatsächlich war es aber nicht ein Mangel an Zeit oder gar an Interesse, sondern das Fehlen von finanziellen Mitteln, das für den geringen Output an selbständiger Forschung verantwortlich war: Die räumliche und apparative Ausstattung der Laboratorien, die Ebbinghaus in Berlin, Breslau und dann Halle zur Verfügung gestanden hatten, war – wie Horst Gundlach (1986b) recherchiert hat – schlichtweg erbärmlich: „So ergibt sich die paradoxe Lage, dass einer, der als […] unermüdlicher Verfechter der modernen, experimentellen Psychologie gilt, mit den meisten Experimentalapparaturen seiner Zeit nicht, und mit den fortgeschritteneren schon gar nicht vertraut sein konnte." (Ebd., S. 158) Schon bei jenen Forschungen, die den Anfang seiner akademischen Laufbahn markieren und ihm schließlich einen Ehrenplatz in den Annalen der Psychologie sichern sollten – seine experimentellen Arbeiten über das Gedächtnis – hatte Ebbinghaus mit liebenswert bescheidenen apparativen Hilfsmitteln auskommen müssen: In seiner Habilitationsschrift von 1880 (Ebbinghaus, 1983) erwähnte er ein Metronom und eine Taschenuhr – Dinge, die sich damals in jedem bürgerlichen Haushalt fanden. Welch ein Unterschied in den Voraussetzungen zu Leipzig, wo Wundt im selben Jahr, 1879, mit einigen Studenten die experimentalpsychologische Forschung im Laboratorium aufnahm! Ebbinghaus betrat die Welt der Wissenschaft als ein Autodiktat und Außenseiter, ohne jemals einem der großen Wegbereiter der neuen Psychologie persönlich begegnet zu sein (Traxel, 1986, S. 13).

Hermann Ebbinghaus war am 24. Jänner 1850 in Barmen[45] – heute ein Stadtteil Wuppertals – als Sohn einer Papierhändlerfamilie geboren worden. Nach seinem Abitur begann er 1867 an der Universität im nahen Bonn Geschichte und Philologie zu studieren und setzte dann seine – jetzt immer mehr auch die Philosophie einschließenden – Studien zunächst in Halle und schließlich in Berlin fort. Nachdem er 1870/71 als Freiwilliger im Preußisch-

45 In der standesamtlichen Urkunde ist als Geburtsdatum der 23. Jänner 1850 vermerkt. Ebbinghaus selbst gab stets den 24. Jänner als seinen Geburtstag an (vgl. Abresch, 1987, S. 75).

Französischen-Krieg gedient hatte, kehrte er an die Universität Bonn zurück, wo er 1873 aufgrund seiner Dissertation *Über die Hartmann'sche Philosophie des Unbewussten* zum Dr. phil. promovierte. Im Anschluss daran war er an der Berliner Universität inskribiert, wo er drei Semester lang vor allem Vorlesungen aus Mathematik hörte. Ende April 1875 reiste Hermann Ebbinghaus mit seinem jüngeren Bruder Carl nach England. Dort gelang es ihm – mehr schlecht als recht – als Lehrer an Landschulen Fuß zu fassen. In den Weihnachtsferien 1876/77 übersiedelte er nach Frankreich, wo er sich – er lebte damals vermutlich noch von regelmäßigen Zuwendungen seiner Mutter – mit Privatstunden als Deutschlehrer ein Zubrot verdiente. Über Vermittlung seines nachmals als Militärhistoriker zu Rang und Ansehen gelangenden Studienfreundes Hans Delbrück war Ebbinghaus nach seiner Rückkehr aus Frankreich 1878 für einige Monate als Französischlehrer des kaiserlichen Prinzen Waldemar am Preußischen Hof in Potsdam tätig.[46] Nach dem frühen Tod des Prinzen widmete er sich privaten Studien. Im September 1879 begann er seine Gedächtnis-Experimente. Nur wenige Monate später, im April des folgenden Jahres, reichte er ein 83–seitiges handschriftliches Manuskript mit dem Titel *Ueber das Gedächtniß* (Ebbinghaus, 1983) im Dekanat der Philosophischen Fakultät der Universität Berlin als Habilitationsschrift ein. Als Gutachter fungierten zwei der angesehensten Berliner Professoren: der Philosoph Eduard Zeller und der Physiologe und Physiker Hermann Helmholtz. Beide Gutachten waren positiv. Nach dem zur Zufriedenheit der Fakultät verlaufenen Habilitationsvortrag erhielt Ebbinghaus im Oktober die Lehrbefugnis für Philosophie. Noch für das Wintersemester 1880/81 kündigte er seine ersten Vorlesungen an.[47]

1883/84 führte er die zweite Serie von Versuchen mit sinnlosen Silbenreihen durch, deren Ergebnisse zusammen mit den bereits in der Habilitationsschrift dargestellten Resultaten das empirische Material für das 1885 erschienene Buch *Über das Gedächtnis* (Ebbinghaus, 1885) abgab. 1886 erhielt Ebbinghaus ein von Eduard Zeller und seinem späteren Kontrahenten Wilhelm Dilthey für ihn ad personam beantragtes Extraordinariat, das mit der Verpflichtung verbunden war, „Vorlesungen über Psychologie und Ästhetik sowie Uebungen auf dem Gebiete der experimentellen Psychologie“ zu halten (zit. n. Sprung u. Sprung, 1987, S. 96). Schließlich wurden ihm auch zwei

46 Zur Biographie Ebbinghaus' in den Jahren 1875–1879 vgl. Bringmann u. Bringmann (1986a).

47 Über „Geschichte der Psychologie“ und „Psychologie der Sinnesempfindungen (Psychophysik) und Sinnesvorstellungen“. Vgl. Sprung u. Sprung (1987, S. 93).

Zimmer im Gebäude Dorotheerstraße 5 zur Verfügung gestellt, in denen er mit den wenigen Apparaten, die er hatte, auch Demonstrationsübungen abhalten konnte.[48]

Im Herbst 1890 kam aus den USA das Angebot, eine Professur an der Cornell University anzunehmen und dort ein Institut für experimentelle Psychologie einzurichten. Ebbinghaus lehnte die ehrenvolle Einladung ab.[49] Er dürfte seine Entscheidung schon bald bitter bereut haben. Denn an der Philosophischen Fakultät der Berliner Universität musste er von Beginn der neunziger Jahre an ohne die wohlwollende Förderung von einflussreichen Professoren auskommen. Als 1893 das nach Eduard Zeller erledigte dritte Ordinariat für Philosophie mit einem Philosophen besetzt werden sollte, der nach dem ausdrücklichen Willen der Fakultät vor allem auch die experimentelle Psychologie vertreten konnte, wurde eine Ernennung Ebbinghaus' nicht in Erwägung gezogen. Den Ruf erhielt der Brentano-Schüler Carl Stumpf, dem in den Berufungsverhandlungen vom Preußischen Unterrichtsministerium zudem auch die offizielle Einrichtung eines Psychologischen Seminars zugesagt worden war. Den Grundstock für das dann erstmals im Studienjahr 1894/95 in der Jahreschronik der Berliner Universität angeführte Seminar bildete das von Ebbinghaus errichtete Laboratorium, das in den Folgejahren von Stumpf sukzessive zu einem großen Institut – dem neben Leipzig größten im deutschen Sprachraum – erweitert wurde. Für Ebbinghaus war offenbar an der Berliner Universität kein Platz mehr.[50] Im April 1894 wurde er als Nachfolger von Theodor Lipps auf eine ordentliche Professur für Philosophie nach Breslau berufen.[51] Von dort wechselte er im Herbst 1905 an die Universität Halle, wo er dann bis zu seinem Lebensende blieb. Ebbinghaus starb am 26. Februar 1909 an einer Lungenentzündung.

Ebbinghaus ist gerade 59 Jahre alt geworden. Und obwohl er wenig publiziert hat, ist er – sein Werk – für eine Darstellung der Geschichte der Psycho-

48 Gundlach (1986b, S. 130–132) konnte zeigen, dass das von Ebbinghaus eingerichtete Laboratorium von Studenten – z. B. von William Stern – auch für Forschungszwecke benutzt wurde.

49 Die von Ebbinghaus abgelehnte Professur bekleidete dann im Studienjahr 1891/92 Frank Angell. Angell ging 1892 an die neu gegründete Stanford University nach Californien. Zu seinem Nachfolger an der Cornell University wurde schließlich der oft schon im Text erwähnte Engländer Edward Bradford Titchener ernannt. Vgl. dazu Bringmann u. Bringmann (1986b).

50 Vgl. dazu ausführlich Sprung u. Sprung (1987); zu den Anfängen des Berliner Psychologischen Instituts vgl. Ash (1995).

51 Theodor Lipps trat seinerseits die Nachfolge des eben nach Berlin übersiedelten Carl Stumpf in München an.

logie gleich unter mehreren Gesichtspunkten von Bedeutung: Er interessiert als jemand, der erstens als Experimentator zur Weiterentwicklung der Methodik der psychologischen Forschung, zweitens als Lehrbuchautor zur Durchsetzung einer positivistischen Orientierung in der Psychologie, drittens als Begründer der *Zeitschrift für Psychologie und Physiologie der Sinnesorgane* zur sozialen Institutionalisierung des neuen Wissenschaftszweiges und viertens durch seine berühmte Kontroverse mit Wilhelm Dilthey auch zur Abwehr einer geisteswissenschaftlichen Psychologie und damit zur Festigung der Identität des Faches als Naturwissenschaft beigetragen hat. Die Punkte zwei und drei werden in den nachstehenden Abschnitten zu diesem Kapitel, Punkt vier wird erst im übernächsten Kapitel zur „geisteswissenschaftlichen Psychologie" erörtert. Die folgenden Ausführungen sind ausschließlich der Schrift *Über das Gedächtnis* gewidmet.

In der Auseinandersetzung mit Ebbinghaus' experimenteller Gedächtnisforschung geht es vor allem um zweierlei: Erstens um die Frage, *was* Ebbinghaus eigentlich untersucht hat; und zweitens darum, *wie* er es untersucht hat.

Die Frage nach dem „Was" ist keineswegs anachronistisch. Sie zielt letztlich auf die Klärung der philosophischen Voraussetzungen der Ebbinghaus'schen Gedächtnisforschung ab. Eine Klärung ist deshalb notwendig, weil Ebbinghaus selbst sich in seiner Gedächtnis-Schrift über seine philosophischen Bindungen ausschwieg. Zum Einstieg in die Erörterung des Themas sei einmal mehr zitiert, wie Boring sich die Sache vorgestellt hat. „The problem of memory" – so heißt es bei ihm – „he [Ebbinghaus] got from the British associationists, a very natural acquisition for a young philosopher spending time in study in England." (Boring, 1950, S. 387) Das ist gut gedacht, aber sachlich unrichtig. Nach allem, was man heute über Ebbinghaus' Aufenthalt in England und dann in Frankreich weiß, war er primär daran interessiert gewesen, Fremdsprachen und nicht britische oder französische Philosophie zu lernen (Bringmann u. Bringmann, 1986a). Boring begeht in seiner Behandlung von Ebbinghaus denselben Fehler, der im auch schon in seiner Diskussion der Wundt'schen Psychologie unterlaufen ist: Er liest das Wort „Association" und denkt sofort an den Britischen Assoziationismus, nicht aber an Herbart und die ganze letztlich auf die Philosophie Leibniz' zurückgehende deutsche Tradition. Das, was Ebbinghaus 1885 schließlich als eine Psychologie des Gedächtnisses der Öffentlichkeit vorlegte, behandelte in neuer und origineller Weise sehr alte Fragen – und zwar Fragen, die tief in der deutschen Philosophie verwurzelt waren. Die nachmals so oft zitierte Formel, dass die Verbindung der experimentellen Forschungsmethode mit der Britischen Assoziationspsychologie das Besondere an Ebbinghaus' berühmtem Buch ausgemacht hätte, ist eine Erfindung der – wie Kuhn sagen würde – Lehrbuchgeschichte.

Wie hat nun Ebbinghaus selbst den Gegenstand seiner Untersuchung eingeführt? Unter der Überschrift: „Das Gedächtnis in seinen Wirkungen" steht Folgendes zu lesen: „Psychische Zustände jeder Art, Empfindungen, Gefühle, Vorstellungen, die irgendwann einmal vorhanden waren und dann dem Bewußtsein entschwanden, haben damit nicht absolut aufgehört zu existieren. Obschon der nach innen gewandte Blick sie auf keine Weise mehr finden mag, sind sie doch nicht schlechterdings vernichtet und annulliert worden, sondern leben in gewisser Weise weiter, aufbewahrt, wie man sagt, im Gedächtnis." (Ebbinghaus, 1885, S. 1) Das erinnert vielleicht entfernt an Freuds Bestimmung des Begriffs des Unbewussten; mit dem, was die heutige Psychologie unter „Gedächtnis" versteht, mit „Erinnern" und „Wiedererkennen", oder mit „Speichern" und „Abrufen" des Gespeicherten und Ähnlichem hat diese Umschreibung jedenfalls wenig zu tun. Ebbinghaus' berühmte experimentelle Studie *Über das Gedächtnis* – könnte es sich dabei tatsächlich um nichts anderes handeln als um eine experimentelle Untersuchung der Wirkungen des Unbewussten? So merkwürdig, wie es beim ersten Hören klingen mag, ist dies gar nicht. Hat nicht Ebbinghaus seine Dissertation *Ueber die Hartmann'sche Philosophie des Unbewussten* (Ebbinghaus, 1873) geschrieben?

Aber hatte, so wird der kundige Leser sofort einwenden, Ebbinghaus in seiner Dissertationsschrift Eduard von Hartmanns romantischen Bestseller *Philosophie des Unbewussten* (Hartmann, 1869) nicht einer fundamentalen Kritik unterzogen? Das ist zweifellos richtig, nur muss man in Rechnung stellen, *was* Ebbinghaus an Hartmann eigentlich kritisiert hatte. Zentral in Hartmanns Philosophie war die begriffliche Unterscheidung zwischen einem psychischen oder „relativ Unbewussten" und dem „absolut Unbewussten", in dem er – in Anlehnung an Schopenhauers Begriff des „Willens" – so etwas wie den Urgrund allen Seins verstand. Es braucht hier nicht zu interessieren, wie Hartmann sich das Zusammenspiel dieser beiden Sphären vorstellte. Wichtig ist der Umstand, dass er das Unbewusste als ein dem Bewusstsein entgegengesetztes Gebiet bestimmte. Eben daran setzte die Ebbinghaus'sche Kritik an. Der zentrale Gedanke, den er gegen Hartmanns Philosophie ins Felde führte, ist im Laufe der bisherigen Darstellung schon bei Kant, Herbart und dann auch Wundt erwähnt worden: Die „lex continua", das „Gesetz der Stetigkeit", das Leibniz zur Begründung seiner Differentialrechnung und der Rechtfertigung ihrer Anwendung auf die „innere" wie „äußere" Welt eingebracht hat (vgl. Gundlach, 1986a, S. 29): Die Natur macht keine Sprünge – auf das Psychische angewandt bedeutet dies, dass zwischen den hellsten Apperzeptionen und den dunkelsten Perzeptionen – den „petites perceptions", wie Leibniz sie nannte –, also zwischen klarbewussten und unbewussten Vorstellungen kein qualitativer, sondern bloß ein gradueller Unterschied besteht. Ebbinghaus warf Hartmann also vor, dass er dieses Prinzip der stetigen Übergänge zwischen dem Unbewussten und dem Bewusstsein negierte. Seine Habilitationsschrift von 1880 liest sich in diesem Kontext dann wie der Versuch, von der apriorischen Setzung eines Prinzips zu einer experimentellen Demonstration der Angemessenheit dieser Auffassung zu gelangen (ebd., S. 31). Vorstellungen, die dem Bewusstsein nicht mehr zugänglich sind, „haben damit nicht absolut aufgehört zu existieren". Freilich kann – wie Ebbinghaus sagt – „dieses ihr gegenwärtiges Dasein" nicht direkt beobachtet werden. Ihre „Fortexistenz" lässt sich aber erschließen „aus den Wirkungen, die davon zu unserer Kenntnis kommen" (Ebbinghaus, 1885, S. 1). Es ging Ebbinghaus mit seiner experimentellen „Gedächtnis"-Forschung erstens um den Nachweis der Wirksamkeit unbewusster Vorstellungen und zweitens um den Nachweis, dass diese Wirkungen in der Zeit einer stetigen Veränderung unterliegen.

Natürlich bezog dieses Unternehmen seinen entscheidenden Anstoß aus der Psychologie Herbarts. Im Anschluss an Leibniz hatte Herbart neben dem zeitlichen Verlauf die „Intensität", „Kraft" oder „Stärke" von Vorstellungen als zweite Dimension, in der die psychischen Erscheinungen existieren, bestimmt. Im 2. Abschnitt, S. 36–40, ist bereits ausführlich gezeigt worden, wie er die relative Stärke verschiedener Vorstellungen in seiner Mechanik des Geistes mathematisch darzustellen versuchte. Zentral ist der Begriff der „Verdrängung": Eine unter die Bewusstseinsschwelle abgesunkene Vorstellung ist nicht vernichtet und annulliert worden; sie existiert fort, ist weiter „wirksam" als Disposition, und zwar in Form eines Strebens, wieder ins Bewusstsein zu gelangen.

In seiner Habilitationsschrift hatte Ebbinghaus – wenn auch durchgehend um die Wahrung von Distanz bemüht – noch explizit auf Herbarts Begriffsbildung Bezug genommen. Statt von der „relativen Stärke" sprach Ebbinghaus eben von der sich stetig ändernden „Lebhaftigkeit" der Vorstellungen. Wenn damit zwar annähernd dasselbe gemeint war, so ersparte sich Ebbinghaus durch die sprachliche Neuschöpfung, die theoretischen Herleitungen Herbarts zu übernehmen bzw. sich überhaupt mit ihnen auseinander zu setzen. Der Preis dafür war ein theoretisches „Fundierungsdefizit" (Gundlach, 1986a), das für die Ebbinghaus'schen Gedächtnisuntersuchungen bezeichnend blieb.

An der Publikation von 1885 fällt auch auf, dass Ebbinghaus sich kaum darum bemühte, den Gegenstand seiner Untersuchung zu klären. Eine theoretische Auseinandersetzung mit in der philosophischen Tradition überlieferten Theorien des Gedächtnisses fehlt ebenso wie eine eingehende Besprechung bereits vorliegender experimenteller „Gedächtnis"-Untersuchungen. Als stilles Wissen gleichsam wirkte im Hintergrund aber nach wie vor die Psychologie der Herbart-Schule. „Gedächtnis" war für die Herbartianer keine gesonderte Funktion des Geistes. Der Begriff stand bloß für die Verbindung von Vorstellungen zu Vorstellungsmassen und Vorstellungsreihen. Die Bildung einer Vorstellungsreihe erfolgt aus der Sicht Herbarts durch die sukzessive Verknüpfung von nacheinander im Bewusstsein auftretenden und langsam absinkenden Vorstellungen. Nicht für das Entschwinden der Reihe aus dem Bewusstsein, sondern für die Auflösung der Verbindung zwischen den Vorstellungen und deren Einbau in neue Reihen stand der Begriff des „Vergessens". All das findet sich auch bei Ebbinghaus wieder – wenn auch völlig losgelöst vom systematischen Kontext der Herbart'schen Psychologie: Gedächtnisinhalte wurden von ihm als Vorstellungsreihen gefasst, die durch einen unterschiedlichen Grad von Bewusstheit gekennzeichnet sind. Dieser „Arbeitsdefinition" war dann auch die Festlegung des Untersuchungsmaterials geschuldet: Nicht sinnlose Silben, sondern sinnlose *Reihen* von Silben mussten von ihm in mühsamen Selbstversuchen erlernt werden.

Über die Konstruktion des Versuchsmaterials steht im Gedächtnisbuch zu lesen: „Aus den einfachen Konsonanten des Alphabets und unseren elf Vokalen und Diphthongen wurden alle überhaupt möglichen Silben einer bestimmten Art gebildet, und zwar alle in der Weise, daß ein Vokallaut in der Mitte steht und zwei Konsonanten ihn umgeben." In einer Anmerkung wird dann präzisiert: „Die benutzten Vokallaute waren a, e, i, o, u, ä, ö, ü, au, ei, eu. Am Anfang der Silben wurden verwandt die Konsonanten b, d, f, g, h, j, k, l, m, n, p, r, s (= sz), t, w, außerdem ch, sch, weiches s und das französische j (zusammen 19); am Ende f, k, l, m, n, p, r, s (= sz), t, ch, sch (zusammen 11). Für den Auslaut wurden weniger Konsonanten benutzt als für den Anlaut, weil eine deutsche Zunge, selbst nach mehrjähriger Übung in fremden Sprachen, sich mit der korrekten Aussprache der mediae[52] am Ende nicht befreundet." (Ebbinghaus, 1885, S. 31) Aus dem Gesagten ergibt sich, dass Eb-

52 Unter „Mediä" versteht man in der Sprachwissenschaft stimmhafte Explosivlaute, also Laute, die durch die plötzliche Öffnung eines Verschlusses entstehen.

binghaus bei der Konstruktion der Silben nach dem Prinzip Konsonant-Vokal-Konsonant nicht von Buchstaben, sondern von Lauten ausging. Nach dem geschilderten Verfahren lassen sich insgesamt 2299 Silben herstellen. Viele davon sind bedeutungstragend: z. B. einsilbige Wörter wie „raum", „teich", „wein" etc. Ebbinghaus hat alle die nach dem von ihm vorgeschlagenen Bildungsverfahren hergestellten Silben verwendet. Ausgenommen blieben gerade acht Lautkombinationen – Wörter, die der sogenannten „Gossensprache" angehören („fik", „kak", „pis" etc.) (Schuster-Tyroller, 1986). Er konnte dies tun, weil er „Sinnlosigkeit" eben nicht auf die einzelnen Silben, sondern auf die Silbenreihen bezog.

Ebbinghaus hatte auch mit sinnvollem Material – Strophen aus Lord Byrons „Don Juan" – experimentiert. Das von ihm eigens hergestellte sinnlose Versuchsmaterial erwies sich aber für seine Zwecke als vorteilhafter: Es war einfach, halbwegs assoziationsfrei und erlaubte „eine unerschöpfliche Fülle neuer Kombinationen" wie „eine sichere und bequeme quantitative Variierung" (Ebbinghaus, 1885, S. 33).

Es ist bekannt, dass Ebbinghaus alle Experimente im Selbstversuch[53] durchführte. Er las die von ihm in einem Heft zusammengestellten Silbenreihen jeweils vollständig von Anfang bis zum Ende mit halblauter Stimme durch. Das wiederholte Durchlesen wurde nur von den ab und zu notwendigen Versuchen des Auswendighersagens unterbrochen. Geriet er dabei ins Stocken, so las er den Rest der Reihe fertig, bevor er mit dem Durchlesen wieder am Anfang der Reihe ansetzte. Diese Prozedur wurde solange fortgesetzt, bis er eine Silbenreihe – in den Versuchen aus den Jahren 1879/80 zweimal, in den Experimenten aus den Jahren 1883/84 einmal – fehlerfrei reproduzieren konnte. Nach dem Erlernen jeder Einzelreihe machte er eine Pause von 15 Sekunden, in der er das Ergebnis notierte. Zur Bestimmung der Anzahl der jeweils bis zum fehlerfreien Vorsagen einer Reihe benötigten Wiederholungen bediente er sich einer Schnur, auf der mehrere „Knopfformen" aufgefädelt waren. Nach jeder Wiederholung schob er eines der Holzstückchen von links nach rechts weiter. Zur Zeitmessung verwendete er eine Ta-

53 Offenbar hat Ebbinghaus sich auch darum bemüht, seine Versuche mit anderen „Versuchspersonen" als sich selbst durchzuführen. Im Urmanuskript von 1880 heißt es dazu: „Meine Bemühungen in dieser Hinsicht sind gescheitert. Aus verschiedenen Gründen, die ich hinterher sehr wohl einsehe. Es ist schwierig, bei einem anderen den Moment des erstmaligen Ablaufens der Reihen mit genügender Präcision zu treffen. Es ist ebenso schwierig, sich vergewissert zu halten, daß die Aufmerksamkeit nicht allzu weit abschweift. Am schwierigsten aber ist es, die Geduld der Versuchsperson nicht so zu belasten, daß sie vor der Zeit reißt." (Ebbinghaus, 1983, S. 68–69; zit. nach Traxel, 1986, S. 16)

schenuhr, zur Kontrolle der Sprechgeschwindigkeit beim Durchlesen und Vorsagen in den frühen Versuchen ein Metronom, in den späteren Versuchen das Ticken der Taschenuhr. Der Sprechrhythmus wurde gleichgehalten, indem er jede dritte bzw. jede vierte Silbe betonte.

Die Ergebnisse der Ebbinghaus'schen Untersuchungen gehören zum allgemeinen Bildungsgut der heutigen Psychologie.[54] Das, was man später das „Gesetz von Ebbinghaus" nannte: der Umstand nämlich, dass eine Zunahme in der Länge der Silbenreihen eine überproportionale Steigerung des Lernauf-

Tabelle 1: Gesetz von Ebbinghaus[55]

Anzahl der Silben einer Reihe	Anzahl der bis zum ersten fehlerfreien Hersagen (exkl.) erforderlichen Wiederholungen
7	1
12	16,6
16	30
24	44
36	55

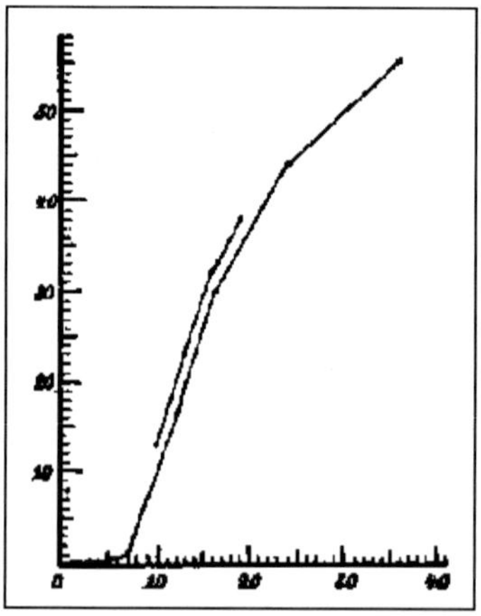

Graphik 1: Gesetz von Ebbinghaus[56]: Die äußere Kurve stellt die Resultate aus der ersten Versuchsreihe von 1879/80, die innere die Ergebnisse der Versuche von 1883/84 dar.

54 Wenig bekannt sind bloß die Resultate jener Versuchsreihen, die Ebbinghaus am Ende seines Buches in dem Kapitel „Das Behalten als Funktion der Aufeinanderfolge der Reihenglieder" darstellte. Vgl. dazu die Ausführungen im nachstehenden Abschnitt.

55 Vgl. Ebbinghaus (1885, S. 64).

56 Die Grafik ist Ebbinghaus (1885, S. 65) entnommen.

wands erforderlich macht. Gleichsam im Vorbeigehen hatte Ebbinghaus in seinen Versuchsreihen die Zahl derjenigen Silben, die er unmittelbar nach einmaligen Durchlesen behalten konnte, bestimmt: sieben an der Zahl – die „Gedächtnisspanne" war erfunden.

Und dann ist da noch die berühmte „Vergessenskurve", die Ebbinghaus zunächst mittels seiner Ersparnismethode empirisch bestimmte und danach mathematisch darzustellen versuchte. Das Prinzip der Ersparnismethode ist denkbar einfach: Ebbinghaus ermittelte den Zeitaufwand, der notwendig war, acht 13-silbige Reihen zu erlernen und setzte dazu den Zeitaufwand in Relation, mit dem dieselben Silbenreihen 19 Minuten, 63 Minuten, 525 Minuten, einen Tag, zwei Tage, sechs Tage und 31 Tage nach dem erstmaligen Lernen wiedererlernt wurden. Seine Ergebnisse sind in Tabelle 2 dargestellt.

Tabelle 2: Das „Behalten und Vergessen als Funktion der Zeit" – Ergebnisse[57]

Nach Ablauf von x Stunden x =	war von den gelernten Reihen noch so viel *behalten*, dass bei ihrem Wiedererlernen eine Ersparnis von Q Prozent der ursprünglichen Lernzeit erzielt wurde Q =
0, 33	58,2
1	44,2
8,8	35,8
24	33,7
48	27,8
6 x 24	25,4
31 x 24	21,1

Das „Vergessen" verläuft anfänglich sehr rasch und weiterhin immer langsamer, schließlich derart langsam, „daß sich unschwer voraussagen läßt, eine völlige Verflüchtigung der Effekte des ersten Auswendiglernens würde bei *diesen* Reihen, falls sie sich selbst überlassen geblieben wären, erst nach sozusagen unendlich langer Zeit zu konstatieren gewesen sein" (ebd., S. 104). Dieser Satz ist nur dann sinnvoll, wenn stillschweigend die Gültigkeit des Leibniz'schen Gesetzes der Stetigkeit vorausgesetzt wird. Und nur unter dieser Voraussetzung ist es sinnvoll, zu probieren, die Werte, die Ebbinghaus an sich selbst gefunden hat, in eine mathematische Formel einzufügen. Ebbinghaus zeigte sich schließlich überrascht darüber, wie leicht ihm das möglich war.

57 Nach Ebbinghaus (1885, S. 103).

Die Formel lautete:

$$b = \frac{100\,k}{(\log t)^c + k}$$

b steht für die Arbeitsersparnis, ausgedrückt in Prozenten, t für die zwischen dem ersten Lernen und der beim Wiederlernen vergangenen Zeit in Minuten („gerechnet von 1 Minute vor Beendigung des Lernens"), c und k für zwei Konstanten, für die Ebbinghaus folgende Werte schätzte: k = 1,84 und c = 1,25.

Die Formel ist sichtbar nach dem Vorbild der Fechner'schen Maßformel gebildet. Bei Ebbinghaus wurde sie – anders als bei Fechner – nun aber tatsächlich auf induktivem Wege gewonnen. Die von Ebbinghaus entwickelte Methode selbst hatte aber mit den überkommenen Verfahren der Fechner'schen Psychophysik nichts zu tun: Die quantitative Bestimmung der „Intensität" von „Empfindungen" war etwas gänzlich anderes als die Quantifizierung der „Lebhaftigkeit" von „Vorstellungsreihen", um die es Ebbinghaus ging. Kurz und gut: Ebbinghaus hatte – weil er in der Verfolgung seines ursprünglichen Interesses an einer empirischen Demonstration des Leibniz'schen Gesetzes der Stetigkeit an bislang erprobte Methoden der experimentalpsychologischen Forschung nicht unmittelbar anschließen konnte – ein völlig neuartiges Verfahren erfinden und schließlich auch theoretisch begründen müssen.

Um die methodische Neuerung, die Ebbinghaus in die Psychologie eingebracht hat, zu verstehen, ist es notwendig, noch einen kurzen Blick in das Wundt'sche Labor nach Leipzig zu werfen. Dort hatte der Wundt-Schüler Harry Kirke Wolfe (1886) etwa zu jener Zeit, als Ebbinghaus sein Gedächtnisbuch zur Publikation vorbereitete, die folgende Versuchsanordnung aufgestellt: Es wurde ein Ton vorgegeben und nach einem vorher festgelegten Zeitintervall entweder derselbe Ton wiederholt oder ein anderer, etwas tieferer oder höherer erzeugt. Die „Versuchsperson" musste angeben, ob der Vergleichston gleich oder verschieden ist. Variiert wurde das Zeitintervall zwischen der Darbietung des Grund- und Vergleichstons. Die – in der Wundt'schen Terminologie: – „Reproduktionsschärfe" nahm mit der Zeit ab. Der Zusammenhang ließ sich als logarithmische Funktion darstellen; die Formel war der von Ebbinghaus in seinen Experimenten angegebenen sehr ähnlich.

Diese Übereinstimmung der Ergebnisse darf nicht über die inhaltlichen Unterschiede hinwegtäuschen. Im Wolfe'schen Experiment ging es um die subjektive Reproduktion eines vorangegangenen Sinneseindrucks. Ein neuer Sinneseindruck sollte mit einer subjektiv reproduzierten Erfahrung verglichen werden. Der subjektive psychische Prozess, die psychische Aktivität des Individuums stand im Zentrum des Interesses. Ganz anders bei Ebbinghaus: Bei seiner Ersparnismethode wird streng genommen nichts „erinnert". Es geht vielmehr um den Nachweis, dass „Gedächtnisinhalte", die dem Bewusstsein *nicht* mehr zugänglich sind, dennoch eine Wirkung auf zukünftige Erfahrung ausüben. Die Gedächtnisinhalte entwickeln diese Wirkung gleichsam von sich aus – eine Wirkung, die nicht direkt, also nicht als psychischer Vorgang, sondern nur in ihren Resultaten zu beobachten ist. Das bedeutete aber einen entscheidenden Wechsel der Perspektive: weg vom Interesse an der inneren psychischen Aktivität hin zum Interesse an den Wirkungen psychischer Inhalte. Ebbinghaus erreichte eine Quantifizierung dieser psychischen Wirkungen, indem er die Anzahl der Wiederholungen bzw. die Zeit bestimmte, die notwendig ist, um ein vorher feststehendes „objektives" Kriterium – die fehlerfreie Reproduktion der ursprünglichen Silbenreihe – zu erreichen. Kurt Danziger (1987) hat in diesem Zusammenhang darauf aufmerksam gemacht, dass mit der „Messung" der Produkte psychischer Aktivität über den Vergleich mit einem Außenkriterium ein neues Organisationsprinzip experimentalpsychologischer Forschung erschlossen war: das Prinzip der Leistung und damit das Prinzip der Leistungsmessung.

Der Kern des Ebbinghaus'schen Modells ist nun leicht zu rekonstruieren: Eine bis zum fehlerfreien Auswendighersagen gelernte Silbenreihe sinkt nach Abschluss des Lernprozesses im Bewusstsein ab, verliert an „Klarheit", an „Lebhaftigkeit", bis sie dem „inneren Blick" völlig entschwunden ist. Durch Wiederlernen derselben Reihe wird schließlich ein Punkt erreicht, an dem das Hersagen der ersten Silbe die ganze Reihe in ihrer ursprünglichen Anordnung wieder ins Bewusstsein holt. Gedächtnisleistungen erfordern – das ist die zentrale Hilfsannahme, auf der das ganze Modell gegründet ist – einen Aufwand an Arbeit. Die Lebhaftigkeit einer „Vorstellungsreihe" im Gedächtnis hängt also ab vom Arbeitsaufwand, den ein Individuum zuvor in den Lernprozess investiert hat. Der Arbeitsaufwand selbst ist einfach über die Zeit, die in die Arbeit investiert wurde, quantitativ zu bestimmen. Man sieht, wie eine der Ökonomie der modernen Fabriksarbeit entlehnte Metapher über die experimentelle Untersuchung des Gedächtnisses Eingang findet in die psychologische Grundlagenforschung.

All das ist für die nachfolgende Entwicklung der Psychologie von größter Wichtigkeit. Der Übergang von der Messung der „inneren" psychischen Aktivität hin zur Messung der „äußeren“ Wirkungen psychischer Inhalte bildete die Voraussetzung dafür, dass auch Nicht-Experten – „Laien“ – zur Durchführung psychologischer Laborexperimente herangezogen werden konnten. Und die dem ganzen Ansatz zugrunde liegende Metapher von der Verausgabung „psychischer Arbeit“ verwies – allein schon ihrer Herkunft wegen – auf praktische Anwendungsmöglichkeiten. Es war schließlich das Sozialgebilde Schule, in dem das der Ebbinghaus'schen Konzeption inhärente innovative Potential dann auch tatsächlich zu realisieren versucht wurde. Im deutschen Sprachraum ist diese Entwicklung untrennbar mit dem Werk Ernst Meumanns verbunden.

Methodenentwicklung in der Gedächtnisforschung

Mit Ebbinghaus' Buch *Über das Gedächtnis* beginnt sich ein Stil der Präsentation psychologischer Forschung abzuzeichnen, der dadurch charakterisiert ist, dass die theoretische Durchdringung der zur Diskussion stehenden Begriffe hinter die Erörterung der Technik der Versuchsdurchführung und der mathematischen Behandlung der Versuchsergebnisse zurücktritt. Wer seine Betrachtung der Geschichte auf die großen Entwicklungslinien abstellen will, mag darin auch ein Fortwirken des Kantischen Erbes erblicken. Seine Zweifel an der Möglichkeit einer wissenschaftlichen Psychologie hatte Kant ja mit – im weitesten Sinn – methodologischen Einwänden argumentiert. Fasst man jedoch den engeren ideengeschichtlichen Kontext ins Auge, so erscheint einem Ebbinghaus mehr als eine Übergangsfigur – jemand, der auf die Abstoßung der Psychologie aus der Philosophie, wie sie im letzten Jahrzehnt des 19. Jahrhunderts im Kleid der Psychologismus-Kritik betrieben wurde, mit einem entsprechenden Verzicht auf philosophische Auseinandersetzung reagierte. Der Anspruch auf Wissenschaftlichkeit ist in Ebbinghaus' Gedächtnis-Buch jedenfalls nicht mehr durch die Einordnung der Problemstellung in überlieferte philosophische Diskurse, sondern durch die fehlertheoretische Diskussion der experimentell erzeugten Daten gerechtfertigt.

Ebbinghaus gilt als der Begründer der modernen Gedächtnisforschung. Das Verdienst, die für dieses Gebiet letztlich bis heute gültigen wissenschaftlichen Standards festgeschrieben zu haben, kommt allerdings einem andern zu: und zwar Georg Elias Müller, von dem Boring (1950, S. 379) sagte, er sei unter all den Wegbereitern, Gründern und Mitbegründern der experimentellen

Psychologie der Erste gewesen, der wenig anderes war und sein wollte als ein experimenteller Psychologe.

Der am 20. Juli 1850 in Grimma in der Nähe von Leipzig als Sohn eines protestantischen Theologen geborene Georg Elias Müller[58] studierte von 1868 an in Leipzig und dann in Berlin Philosophie und Geschichte, ehe er sich – wie Ebbinghaus – 1870 als Kriegsfreiwilliger meldete. Nach dem Kriegsende setzte Müller seine Studien zunächst in Leipzig fort. 1872 ging er nach Göttingen zu Rudolph Hermann Lotze, der sein Lehrer und Förderer wurde. Schon ein Jahr später promovierte er dort aufgrund seiner Dissertation *Zur Theorie der sinnlichen Aufmerksamkeit* zum Dr. phil. (Müller, 1873). Neben seiner Tätigkeit als Privatlehrer bereitete er seine Habilitation vor: Er arbeitete eine präzise methodenkritische Analyse der Fechner'schen Psychophysik aus, die er 1876 unter dem Titel *Grundlegung der Psychophysik* als Habilitationsschrift in Göttingen einreichte (Müller, 1878).[59] Im Studienjahr 1880/81 supplierte er ein Ordinariat für Philosophie an der Universität Czernowitz[60], um dann als Nachfolger Lotzes, der einen Ruf nach Berlin erhalten hatte, in Göttingen berufen zu werden. Gemeinsam mit dem promovierten Physiker Friedrich Schumann nahm Müller in seinem als psychologisches Labor neu eingerichteten Philosophischen Seminar 1887 seine eigenen, in Fragestellung und Art des Experimentierens unmittelbar an Ebbinghaus anschließenden Gedächtnisforschungen auf. Die mit Schumann bis 1892 durchgeführten Versuchsreihen (Müller u. Schumann, 1894) wurden von ihm in den folgenden acht Jahren – Schumann[61] war nach seiner Habilitation in Göttingen inzwischen als Assistent zu Carl Stumpf nach Berlin gegangen – mit seinem Schüler Alphons Pilzecker (Müller u. Pilzecker, 1900) fortgesetzt. Neben den Gedächtnisuntersuchungen fand Müller in der Psychologie der Ge-

58 Zur Biographie vgl. Kroh (1935).

59 Zu diesem Buch und seinem Einfluss vor allem auf die amerikanische Psychologie vgl. Haupt (1998).

60 Czernowitz war neben Prag, Wien, Graz und Innsbruck die fünfte deutschsprachige Universität im Habsburgerreich.

61 Der am 16. Juni 1863 in Hildesheim geborene Friedrich Schumann studierte nach seiner Promotion in Physik (1885) in Göttingen Psychologie bei Georg Elias Müller. 1892 habilitierte er sich in Göttingen für Philosophie; 1894 ging er als Assistent an das neu gegründete Psychologische Institut an der Universität Berlin. 1905 wurde Schumann als Ordinarius nach Zürich, 1910 dann als „etatmäßiger Dozent für Philosophie, insbes. Logik und Erkenntnistheorie, Psychologie und allgemeine Pädagogik" an die Akademie für Sozial- und Handelswissenschaften nach Frankfurt berufen und wurde dort im Sommer 1914 schließlich zum Professor für Philosophie ernannt. Schumann emeritierte 1928. Er starb am 10. März 1940 in Frankfurt. Vgl. dazu Geuter (1986, S. 228).

sichtsempfindungen (Müller 1896), später dann – nach seiner 1921 erfolgten Emeritierung – insbesondere in der Psychologie der Farbempfindungen sein zweites großes experimentalpsychologisches Arbeitsgebiet. Müller starb am 23. Dezember 1934 in Göttingen.

Unter gleich gesinnten Kollegen wurde Georg Elias Müller bald schon für die seine eigenen und letztlich auch alle aus seinem Göttinger Institut hervorgegangenen Arbeiten bezeichnende methodische Strenge „im naturwissenschaftlichen Angehen psychologischer Probleme" gerühmt (Kroh, 1935, S. 177). Aufgrund seines hohen Anspruchs an methodische Exaktheit war er, wie es sein Schüler Oswald Kroh in seinem Nachruf formulierte, – kaum dass er selbst experimentell zu forschen begonnen hatte – „sofort zum Gewissen der Psychologie seiner Zeit" geworden (ebd., S. 171). Tatsächlich fand sich jene Entwicklung hin zur Methodisierung der Psychologie, wie sie sich bei Ebbinghaus zuerst angedeutet hatte, bei Müller gleichsam auf den Begriff gebracht. Sich jedweder philosophischen Spekulation enthaltend, produzierte er minutiöse Berichte über eine Vielzahl von mit großer Akribie variierten Versuchsanordnungen samt präzisen Beschreibungen und nur mit äußerster Vorsicht vorgetragenen Interpretationen der dabei erzeugten Versuchsdaten. Dies gilt im Besonderen gerade auch schon für seine ersten eigenen experimentalpsychologischen Forschungen, für die mit Schumann und Pilzecker inszenierten Gedächtnisexperimente.

Mit Recht nannte der US-amerikanische Müller-Spezialist Edward J. Haupt Georg Elias Müller „virtually the last Herbartian". Müllers eigene und die Arbeiten seiner Mitarbeiter auf dem Gebiet der Gedächtnisforschung lesen sich in weiten Teilen wie der Versuch, Herbart'sche Ideen in experimentellen Versuchsanordnungen einer auf Quantifizierung gegründeten Prüfung zu unterziehen (Haupt, 1998, S. 50). Auf die Explikation des Bezugs zu Herbart wurde in diesen Arbeiten aber völlig verzichtet. Nicht einmal sein Name findet sich erwähnt. Und während Ebbinghaus zur Einleitung seines Buches von 1885 wenigstens noch in ein paar Zeilen den Begriff „Gedächtnis" zu umschreiben sich bemühte, sucht der Leser der Müller'schen Publikationen aus den neunziger Jahren vergeblich auch nur den Ansatz zu einer Arbeitsdefinition dessen, was da in den vielen Versuchsreihen eigentlich untersucht werden sollte.

Auf ein ausführliches Referat der Müller'schen Untersuchungen zur Gedächtnispsychologie (Müller u. Schumann, 1894; Müller u. Pilzecker, 1900) wird im Folgenden verzichtet. Es geht allein darum, die Anknüpfung der ursprünglichen Fragestellung an Ebbinghaus und damit die Verbindung zur Psychologie Herbarts kurz zu skizzieren sowie die Innovationen in der Technik der Versuchsdurchführung zu besprechen. Das von Müller und Schumann entwickelte Verfahren blieb über Jahrzehnte hinweg für das Gebiet des verbalen Lernens beispielhaft, d. h. maßgebend, im Kuhn'schen Sinne „paradigmatisch".

Den Ansatzpunkt für Müller und Schumann bildeten jene Versuchsreihen von Ebbinghaus, die dieser gegen Ende seines Buches unter dem Kapitel „Das Behalten als Funktion der Aufeinanderfolge der Reihenglieder" beschrieben hatte. Es handelt sich dabei um eine Fragestellung, die explizit aus der Psychologie Herbarts hergeleitet wurde. Herbart war davon ausgegangen, dass bei der Verknüpfung der Elemente einer Vorstellungsreihe, die – wie Ebbinghaus es dann ausdrückte – „assoziativen Fäden", die die einzelnen Glieder zusammenhalten, nicht bloß von einem Glied zum Folgeglied, „sondern […] zwischen jedem einzelnen Glied und allen zeitlich benachbarten, über die Zwischenglieder hinweg" gesponnen sind. Die „Stärke der Fäden" muss dabei mit der Distanz der Glieder abnehmen (Ebbinghaus, 1885, S. 128– 129).[62]

Müller und Schumann gelangten zu dieser Problemstellung über den Umweg der Untersuchung des Einflusses des Sprachrhythmus' auf die Stärke der zwischen den Silben gestifteten Assoziationen. Dabei geriet zunächst die Art und die Wirkungsweise der „unmittelbaren Assoziationen", also jener Assoziationen, die zwei benachbarte Glieder miteinander verbinden, in den Blick: Wird eine Reihe sinnloser Silben in einem trochäischen Takt, also mit der Betonung auf die ungeraden Elemente erlernt, so „zieht" im Akte des Auswendighersagens das Aussprechen der betonten Silbe jeweils die Reproduktion der zugehörigen, d. h. in der ursprünglichen Reihe nachfolgenden, unbetonten Silbe nach sich. Müller und Schumann arbeiteten nun mit verschiedenen Vorreihen, die zu einem bestimmten Zeitpunkt – z. B. Versuchstag 1 – gelernt werden mussten, und mit Umstellungsreihen, die aus den Silben der ur-

62 Zur experimentellen Prüfung dieser Hypothese über die Wirkung „mittelbarer Assoziationen" schlug Ebbinghaus folgendes Vorgehen vor: Beim 24 Stunden nach dem ersten Lernen erfolgten Wiedererlernen von sechs Silbenreihen zu je 16 Silben wurde die ursprüngliche Reihenfolge der einzelnen Silben in jeder Reihe aufgebrochen und systematisch variiert. Die ursprüngliche Anordnung I1 I2 I3 … I15 I16 wurde zunächst in I1 I3 I5 … I15 I2 I4 I6 … I16 („Überspringen von 1 Silbe"), dann in I1 I4 I7 I10 I13 I16 I2 I5 I8 I11 I14 I3 I6 I9 I12 („Überspringen von 2 Silben") und nach demselben Bildungsprinzip in weitere Abwandlungen („Überspringen von 3 Silben" und „Überspringen von 7 Silben") transformiert. I1 steht für 1. Silbe in der 1. Reihe, I2 für 2. Silbe in der ersten Reihe etc. Je ähnlicher die Silbenabfolge in den Reihen beim Wiedererlernen der ursprünglichen Abfolge war, desto größer war die Arbeitsersparnis. Exakt ausgedrückt: Die Größe der Arbeitsersparnis ist eine abnehmende Funktion der Anzahl der Zwischenglieder, welche die betreffenden Silben in der ursprünglichen Reihe von einander trennten.

sprünglichen Vorreihen neu zusammengestellt wurden und dann zu einem anderen Zeitpunkt – z. B. Versuchstag 2 – zu lernen waren. Wurden in einer Umstellungsreihe einige Silbenpaare, die zwar aus verschiedenen Vorreihen stammten, aber wieder im selben Takt vorgesagt werden konnten, aufgenommen, so ergab sich eine deutlich höhere Lernersparnis, als wenn die aus den verschiedenen Vorreihen bekannten Silben vom Vortag in einer Reihe ohne Rücksicht auf solche beim ursprünglichen Lernen gestiftete Assoziationen aneinander gefügt waren. In diesem Zusammenhang wurde der – sinngemäß wieder auf Herbart verweisende – Begriff der „associativen Hemmung" eingeführt. Die beim Lernen einer Vorreihe zwischen einer betonten Silbe a und der nachfolgenden unbetonten Silbe b hergestellte Assoziation erschwert zum Zeitpunkt 2 das Neulernen der Verbindung zwischen a und einer anderen Silbe c, wobei c irgendeine aus den Vorreihen von Zeitpunkt 1 bekannte, aber nicht derselben Vorreihe wie a angehörende Silbe ist.

Mit dieser Versuchstechnik wandten sich Müller und Schumann schließlich der Prüfung der von Ebbinghaus aufgeworfenen Frage nach der Wirksamkeit der „mittelbaren Assoziationen" zu.[63] Die Details brauchen hier nicht weiter zu interessieren. Wichtig sind vor allem jene Versuchsreihen, bei denen Müller und Schumann sich über die bloß kritische Revision der von Ebbinghaus vorgelegten Befunde hinauszugehen wagten. Sie markierten den Beginn der Erforschung der verschiedenen Formen von Gedächtnishemmungen. Bei Müller und Schumann (1894, S. 173–190) findet sich – zwar noch nicht unter dieser Bezeichnung, aber der Sache nach – neben der retroaktiven auch schon die proaktive Hemmung erwähnt.[64]

Was sind nun die versuchstechnischen Neuerungen, mit denen Müller und seine Mitarbeiter die Methodik der künftigen experimentellen Gedächtnisforschung geformt haben? Es handelt sich dabei um

1. die Trennung der Rollen von Versuchsleiter und Versuchsperson;
2. die Standardisierung des Verfahrens zur Herstellung der Silbenreihen;

63 Nur am Rande sei bemerkt, dass Müller und Schumann in den entsprechenden Versuchsreihen auch die nachhaltige Wirksamkeit der „Verknüpfung zwischen Silbe und ihrer Position" beim Lernen der Vorreihen demonstrieren konnten (Müller u. Schumann, 1894, S. 148–154).

64 In Bezug auf die rückwirkende Hemmung lautete die Fragestellung: „Wenn eine Silbenreihe bis zur erstmöglichen fehlerfreien Reproduktion erlernt worden ist und nach Verlauf einer konstanten Zwischenzeit wiederum bis zur erstmöglichen freien Reproduktion erlernt werden soll, wird sie alsdann zu dieser Wiedererlernung eine größere Anzahl von Wiederholungen erfordern, wenn ihre Silben in jener Zwischenzeit mit noch anderen Silben associiert worden sind, als dann, wenn letzteres nicht geschehen ist?" (Müller u. Schumann, 1894, S. 173–174)

3. die apparative Darbietung der Silbenreihen;
4. die Einführung der sogenannten Treffermethode.

Den unter den Punkten 1 bis 3 genannten Innovationen gemeinsam ist, dass sie an das Vorhandensein eines bestimmten sozialen Zusammenhangs gebunden sind, den Ebbinghaus bei der Durchführung seiner Untersuchungen eben nicht zur Verfügung hatte: an die Kooperartion mehrerer Forscher im Rahmen eines Forschungslabors. Durch die Trennung der Rolle der Versuchsperson von jener des Versuchsleiters konnte zunächst das von Ebbinghaus eingeführte Prinzip der Messung der Produkte psychischer Aktivität über den Vergleich mit einem Außenkriterium „objektiviert" werden: Für den allein mit sich selbst experimentierenden Ebbinghaus galt eine Silbenreihe dann als fehlerfrei reproduziert, wenn sie von ihm mit dem Bewusstsein der Fehlerlosigkeit reproduziert worden war. In dem von Müller und Schumann praktizierten Verfahren hingegen wurde die Reproduktionsleistung der Versuchsperson vom Versuchsleiter objektiv kontrolliert. Dabei war es dem Versuchsleiter auch möglich, an der Versuchsperson sowohl in der Lern- als auch in der Reproduktionsphase gewisse Besonderheiten – z. B. Fälle charakteristischen Versprechens, eigentümliche Betonungsweisen etc. – zu beobachten, die der Selbstbeobachtung nur unzureichend oder überhaupt nicht zugänglich sind. Über die Rollenteilung ließ sich dann auch das Problem beseitigen, dass im Selbstversuch das Lernmaterial vom Lernenden selbst zusammengestellt werden muss und daher für ihn nicht wirklich neu ist. Überhaupt konnte von nun an in Erwägung gezogen werden, die Versuchsperson über den Zweck einzelner Versuchsreihen im Unklaren zu lassen. Gerade dieser Punkt ist für die weitere Entwicklung der Psychologie von nicht zu unterschätzender Bedeutung: Die „naive" Versuchsperson geriet ins Visier der experimentalpsychologischen Forschung. Während Müller und Schumann außer mit sich selbst noch mit einigen wenigen Studenten und Kollegen aus anderen Disziplinen experimentiert hatten, setzten Müller und Pilzecker (1900) in ihren Nachfolgeuntersuchungen auch schon ihre Ehefrauen als Versuchspersonen ein.

In ihren Vorversuchen waren Müller und Schumann auf die „große Ungleichförmigkeit" ihrer zusammengestellten Silbenreihen, die sie nach den bei Ebbinghaus angegebenen Regeln bildeten, gestoßen. Manche waren leichter zu erlernen als andere – und zwar, wie Müller und Schumann (1894, S. 98–99) glaubten, solche, in denen zwei oder mehr benachbarte Silben denselben Anfangskonsonanten besitzen, zwei Silben sich reimen, zwei unmittelbar aufeinander folgende Silben denselben Vokal oder Diphthong besitzen, der Endkonsonant einer Silbe und Anfangskonsonant der folgenden Silbe identisch sind bzw. zwei oder mehr Silben ein Wort oder eine Phrase bilden.

Diese möglichen Quellen einer Lernerleichterung sollten durch ein standardisiertes Verfahren zur Erzeugung von zwölfsilbigen Reihen ausgeschaltet werden: 17 Anfangskonsonanten (b, d, f, g, h, j, k, l, m, n, p, r, s, t, w, z, sch) wurden auf Zettel geschrieben, die Zettel gemischt und aufeinander gestapelt in einem Kasten abgelegt. Das Gleiche geschah mit den 12 Vokalen bzw. Diphthongen (a, e, i, o, u; ä, ö, ü, au, ei, au; dazu langes a) und den 12 Endkonsonanten (f, k, l, m, n, p, r, s, t, z, ch, sch). Dann wurde aus den drei Kästen je ein Zettel genommen und die darauf stehenden Buchstaben zu einer Silbe kombiniert. Kam es dazu, dass für die nachfolgende Silbe ausgerechnet derselbe Anfangskonsonant gezogen wurde, auf den die vorangegangene Silbe geendet hatte, so wurde diese Silbe auf eine andere Position gegen Ende der Reihe verschoben. Auf dieselbe Weise sollte auch die Bildung von Wörtern bzw. Phrasen verhindert werden. Durch ein ausgeklügeltes Kontrollverfahren wurde im Übrigen auch sichergestellt, dass eine Silbe, die einmal zum Aufbau einer Silbenreihe benutzt worden war, frühestens erst vierzehn Tage später wieder bei der Erzeugung einer neuen Reihe Verwendung finden konnte.

Die dritte Neuerung gegenüber den Ebbinghausschen Versuchen betraf die Präsentation des Lernmaterials. Ebbinghaus hatte die aufgeschriebenen Silbenreihen „ohne Umstände" abgelesen, so dass – wie Müller und Schumann einwandten – „mehrere oder alle Silben gleichzeitig im Gesichtsfelde des Ablesenden waren" (ebd., S. 89). Um dagegen eine sukzessive Darbietung der einzelnen Silben zu ermöglichen, schrieben Müller und Schumann die Silben einer Reihe untereinander in gleichem Abstand auf einen Papierbogen, den sie dann auf ein sich um eine horizontale Achse bewegendes Kymographion[65] befestigten. Vor den Zylinder wurde ein Schirm mit einem kleinen Ausschnitt gestellt, durch den hindurch die Versuchsperson die einzelnen Silben von dem sich von unten nach oben vorbeibewegenden Papierstreifen ablesen konnte. Die „Lerngeschwindigkeit" wurde über die variable Rotationsgeschwindigkeit des Zylinders kontrolliert; das Metronom bzw. die mit ihrem lauten Ticken den Takt angebende Taschenuhr – die „Apparate", die von Ebbinghaus zu diesem Zwecke verwendet worden waren – hatten ausgedient. Die „Gedächtnistrommel" war erfunden.

65 Der Kymograph ist eine durch ein Uhrwerk angetriebene Trommel, die sich mit konstanter Umlaufgeschwindigkeit um ihre Achse dreht. Er zählte zur Standardausstattung von physiologischen Laboratorien, wo er – mit einem mit Kohle beschichteten Papier bezogen – zur Aufzeichnung rhythmischer Bewegungen, z. B. der Pulsfrequenz, diente.

Abbildung 1: Gedächtnistrommel

Im Katalog von 1903 präsentierte die Leipziger Mechanikwerkstatt E. Zimmermann eine nach dem bei Müller und Schumann (1894) angegebenen Entwurf gefertigte Gedächtnistrommel. Ein Uhrwerk, dessen Lauf von Windflügeln geregelt werden kann, lässt einen Zylinder rotieren, auf dem der Papierbogen mit dem Lernmaterial befestigt ist. Ein Zähler notiert die Anzahl der Rotationen. Müller und Schumann (ebd., S. 259) haben selbst auch auf den Nachteil dieses Apparates hingewiesen: auf den Umstand, dass „das Ablesen der hinter dem Ausschnitte des Schirmes sich successiv vorbeibewegenden Silben manchen Personen durch bald eintretenden ‚Schwindel' oder ‚Augenflimmern' gestört oder gar unmöglich gemacht wird". Dem hätte man durch die Konstruktion eines Apparates mit ruckweiser Bewegung der Trommel, wodurch jede Silbe für eine kurzen Augenblick in dem Ausschnitt des Schirmes verweilen würde, Abhilfe schaffen können. Aus Geldmangel war in Göttingen der Anschaffung eines solchen Apparates „nicht näher getreten worden".

Die vierte methodische Innovation auf dem Gebiete der Gedächtnisforschung war erstmals von dem Müller-Schüler Adolf Jost (1897) der Fachöffentlichkeit vorgestellt und dann in ihrer heute noch gebräuchlichen Form durch die Publikation von Müller und Pilzecker (1900) bekannt gemacht worden. Der Einfluss z. B. der zeitlichen Verteilung von Wiederholungen auf die Reproduktionsleistung konnte nicht nur über die Zahl der jeweils beim

Wiedererlernen desselben Lernmaterials ersparten Wiederholungen bestimmt werden, sondern auch über ein Verfahren, in dem der Versuchsperson einfach die betonten Silben der in der Lernphase im trochäischen Takt gelesenen Silbenreihe mit der Aufforderung vorgegeben werden, zu jeder vorgezeigten Silbe die ihr in der ursprünglichen Reihe unmittelbar folgende unbetonte zu nennen.[66] Der Prozentwert der richtigen Antworten – der „Treffer" – war dann als Maß für die Stärke der durch das Lernen gestifteten Silbenassoziationen aufzufassen. Müller und seine Mitarbeiter bezeichneten dieses Vorgehen daher kurz als „Treffermethode". Das Verfahren ließ noch eine wichtige Erweiterung zu: Es konnte auch die „Reproduktionszeit" – d. i. jene Zeit, die vom Erkennen einer dargebotenen Silbe bis zum Aussprechen der dazugehörigen Silbe vergeht – ermittelt und danach untersucht werden, wie sich diese unter den verschiedenen Versuchsbedingungen zur Anzahl der Treffer bzw. Fehler verhält.

Zur praktischen Relevanz des neuen Forschungsstils

Mit Ebbinghaus' Untersuchung des Gedächtnisses war eine neue Art des Experimentierens in die Psychologie gekommen. Neu insofern, als die Verwendung der experimentellen Methode nicht mehr – wie etwa noch bei Wundt – streng an deren Einsatz in der Physiologie orientiert war. Nur in dieser Hinsicht macht es Sinn, von den ersten rein psychologischen Experimenten zu sprechen. Wie alle wissenschaftlichen Innovationen, so bedurfte auch diese einer theoretischen Rechtfertigung. Im Falle der Gedächtnisforschung ist diese Legitimierung weder über eine begriffliche Analyse des Forschungsgegenstandes, noch über den Nachweis der Gleichwertigkeit des neuen Vorgehens mit der Art von experimentellen Inszenierungen in anderen Disziplinen, sondern ausschließlich über die Anhebung der methodischen Standards zu erreichen versucht worden. Das ist die Bedeutung, die den Ar-

66 Eben diese Fragestellung ist von Jost (1897) untersucht worden. Die beiden Sätze, die Jost als Hauptergebnis seiner Studie festgehalten hatte, sind in die psychologische Fachliteratur als „Jost'sche Sätze" eingegangen. Sie lauten:

1. Wenn zwei Assoziationen von gleicher Stärke, aber verschiedenem Alter sind, besitzt eine Neuwiederholung für die ältere Assoziation einen höheren Verstärkungswert als für die jüngere.
2. Wenn zwei Assoziationen von gleicher Stärke, aber verschiedenem Alter sind, fällt die ältere Assoziation auch langsamer in der Zeit ab als die jüngere.

Vgl. dazu auch Müller u. Pilzecker (1900, S. 235–236).

beiten von Müller und seinem Göttinger Kreis aus psychologiehistorischer Sicht zukommt. Sie verliehen der von Ebbinghaus begründeten Tradition des Experimentierens wissenschaftliche Seriosität – eine nicht unwesentliche Leistung, wenn man bedenkt, dass Wundt seine Skepsis gegenüber den Möglichkeiten einer breiten Anwendung des Experiments in der Psychologie mit hohen methodologischen Ansprüchen an dieses Verfahren begründet hatte.

Das allein reicht jedoch nicht aus, um zu erklären, warum Zeitgenossen den in der Gedächtnisforschung etablierten Forschungsstil zunehmend als Alternative zur Wundt'schen Konzeption zu verstehen und zu akzeptieren begannen. Auf den philosophiegeschichtlichen Kontext dieser Bewegung ist weiter oben Bezug genommen worden. Er wird im folgenden Kapitel, wenn die wissenschaftstheoretischen Grundlagen der „positivistischen Wende" der Psychologie näher bestimmen werden, noch eingehender zu erörtern sein. An dieser Stelle sei aber noch einem Gedanken nachgegangen, der in der Auseinandersetzung mit Ebbinghaus schon kurz angesprochen wurde. Die hohe Attraktivität des neuen Forschungsstils hatte nämlich auch darin sein Grund, dass sich mit ihm – wieder ganz entgegen der Wundt'schen Intention – ein konkreter Anwendungsbezug herstellen ließ.

Zwei Momente waren dafür ausschlaggebend: zum einen die dem Ebbinghaus'schen Ansatz zugrunde liegende Annahme, dass psychische Aktivität als Arbeit aufzufassen ist; zum anderen aber die durch die Fortentwicklung der experimentellen Gedächtnisforschung in Göttingen wissenschaftlich legitimierte Möglichkeit des Experimentierens mit „naiven" Versuchspersonen. Die Realisierung des dadurch prinzipiell möglich gewordenen Transfers eines im Labor entwickelten experimentalpsychologischen Forschungsstils auf praktische Problemstellungen erfolgte dann im gesellschaftlichen Kontext der sich im ausgehenden 19. Jahrhundert auf breiter sozialer Basis formierenden Schulreformbewegung, und zwar in Form der „Pädagogischen Psychologie" bzw. der „Experimentellen Pädagogik". Der frühere Wundt-Assistent Ernst Meumann – ein unermüdlicher Vorkämpfer einer auf Psychologie gegründeten wissenschaftlichen Pädagogik – hatte das Objekt, auf das die Anwendung der von Ebbinghaus und Müller ausgehenden Tradition der experimentalpsychologischer Forschung bezogen sein sollte, in aller Deutlichkeit benannt und damit vorgegeben: das Schulkind bei der Arbeit.

Um Missverständnissen vorzubeugen, gilt es das Gesagte noch etwas näher zu präzisieren. Der angesprochene „Transfer" auf pädagogische Fragestellungen kann nicht einfach als praktische Nutzbarmachung einer an sich „reinen", d. h. von gesellschaftlichen Bezügen losgelösten Grundlagenforschung verstanden werden. Den Kern des Ebbinghaus'schen Modells bildet ja selbst schon eine der sozialen Realität – letztlich der Realität der modernen Fabriksarbeit – entlehnte Metapher. Und wie bei Ebbinghaus, so blieb auch in der Laborforschung Georg Elias Müllers der Begriff der „Gedächtnisleistung" jenem Repetieren und Wiedergeben von Lernmaterial verhaftet, wie es im schulischen Zusammenhang für das Auswendiglernen von Vokabeln oder schier endlosen Balladen typisch war. Allgemein formuliert: Die sogenannte Grundlagenforschung setzt stets am Alltagswissen an, d. h. an vorwissenschaftlichen Wissensbeständen, die in einer bestimmten historischen Situation in einer bestimmten Gesellschaftsformation allgemein verfügbar sind.

Die Aussicht auf Anwendung der experimentellen Psychologie auf Probleme des Schulunterrichts war für die Generation von Psychologen nach Wundt deshalb so attraktiv, weil sie sich davon eine Verbreiterung der institutionellen Basis ihres Forschungshandelns erhoffen konnten. Und tatsächlich ist diese Rechnung auch aufgegangen. Die soziale Seite dieses Prozesses, der durch eine bemerkenswerte Interessenskoalition zwischen Psychologen auf der einen und um die Hebung ihres Sozialprestiges kämpfenden Grundschullehrern auf der anderen Seite charakterisiert war, ist in einigen psychologiehistorischen Untersuchungen (z. B. Schubeius, 1990; Benetka, 1995) ausführlich dargestellt worden. Im Folgenden soll es bloß darum gehen, den Grundgedanken der Meumann'schen „Pädagogischen Psychologie" kurz zu skizzieren.

Mit Ebbinghaus hat ein grundlegender Wechsel der Perspektive psychologischer Forschung eingesetzt: weg von der Analyse psychischen Geschehens hin zur Analyse der Wirkungen dieses Geschehens. Bei Meumann erhält dieser Gegenstandsdrift eine neue Akzentuierung:[67] Psychische Prozesse wurden von ihm nun dezidiert als Mittel zur Erreichung vorgegebener Zwecke aufgefasst und damit einer Bewertung nach „Erfolg" bzw. „Misserfolg" unterworfen. Die Definition von „Erfolg" war letztlich eine Frage der Ökonomie: Maximierung der angestrebten Resultate bei einer Minimierung des dazu nötigen Aufwands. In einer solchen Art der Betrachtung des Psychischen schienen sich die Alltagsprobleme des Schullehrers nur allzu leicht abbilden zu lassen. Schließlich ging es in der Schule auch um nichts anderes als um eine Ökonomie der psychischen Arbeit: um die Frage, wie ein vorgegebener Lernstoff von den Schülern auf möglichst effiziente Weise erlernt und eingeprägt werden kann. Ein großer Teil der rasch wachsenden Zahl von „experimentell-pädagogi-

67 Vgl. zum Folgenden Danziger (1990, S. 145–146).

schen" Untersuchungen an Schülern war dann auch der Frage gewidmet, ob sich die im Labor in Experimenten mit sinnlosem Lernmaterial gewonnenen Einsichten auf das Lernen sinnvoller Inhalte übertragen lassen[68] – eine Frage, die Meumann (1908) selbst unter dem bezeichnenden Titel *Ökonomie und Technik des Gedächtnisses* in einer Monographie abgehandelt hatte.

Der Einfluss Ernst Machs

Am Ende des ersten Kapitels seines breit angelegten Lehrbuchs fand Hermann Ebbinghaus (1897/1902, S. 9) zu bemerkenswert deutlichen Worten über den Zustand der Psychologie an der Wende zum 20. Jahrhundert: „Die [...] relative Unfertigkeit unserer Disciplin dokumentiert sich unter anderem darin, dass über fast alle ihre allgemeinsten Fragen andauernd gestritten wird. Während anderswo über die der Betrachtung zu Grunde zu legenden letzten Prinzipien, über die Fundamentalanschauungen, in der Regel Einhelligkeit besteht – unbeschadet einer gelegentlichen und dann auch wieder sehr bald einhelligen Wandlung der Ansichten – werden sie in der Psychologie fortwährend und lebhaft in Frage gestellt." Kurz und gut: Der damaligen Psychologie mangelte es an verbindlicher theoretischer Orientierung. Wundts Ansatz einer systematischen Grundlegung der neuen Wissenschaft war offenbar weit davon entfernt, die vermisste „Einhelligkeit" in den Grundfragen herstellen zu können. Man suchte also nach Alternativen, nach Alternativen zur Wundt'schen Konzeption. In diesem Kontext tauchte schließlich zum ersten Mal das nachmals so häufig zitierte Wort von der „Krise der Psychologie" auf (Willy, 1897). Ebbinghaus' Lehrbuch ist als Reaktion auf diese Situation entstanden: als ein Versuch, zur Überwindung der von ihm und auch von anderen Zeitgenossen diagnostizierten krisenhaften Lage des jungen Faches beizutragen. Es zielte daher auch auf mehr ab als auf eine bloße Zusammenfassung des bislang gesammelten Wissens: auf die Rechtfertigung des Anspruchs nämlich, dass die Psychologie eine *eigenständige* Disziplin mit einem eng umschriebenen Gegenstand und diesem angemessenen Methoden ist – eine Einzelwissenschaft gleich anderen *naturwissenschaftlichen* Disziplinen, wenn auch noch weniger weit entwickelt als diese.

68 Vgl. dazu ausführlich Sporer (1987).

Ebbinghaus war weder der Erste, noch war er der Einzige, der einen solchen Anspruch erhoben hatte. Er war einer der Wortführer einer ganzen Gruppe von Psychologen, die die durch den Antipsychologismus der neueren Philosophie angebahnte Loslösung der Psychologie von der Philosophie nun von sich aus in Angriff nehmen wollten. So ist diese in den letzten eineinhalb Jahrzehnten des 19. Jahrhunderts beginnende und ganz im Zeichen des Positivismus stehende Absetzbewegung einer neuen Generation von Psychologen von der Psychologie Wilhelm Wundts zu interpretieren. Die „neue" Auffassung von der Psychologie als Naturwissenschaft hat sich schließlich durchgesetzt. In der Rückschau erscheinen die Kontroversen, die die Neuerer mit ihrem Ahnherrn auszufechten hatten, bloß wie Diskussionen innerfachlicher Streitfragen, z. B. über die Möglichkeiten und Grenzen der experimentellen Methode in der Psychologie. Tatsächlich ging es dabei aber um grundlegende philosophische Probleme – um „Fundamentalanschauungen" eben, über die die Gruppe um Oswald Külpe, Hermann Ebbinghaus und Georg Elias Müller – gegen die Positionen, die Wundt bezogen hatte – immerhin ein Stück weit „Einhelligkeit" herzustellen vermochte.

Die Differenz zu Wundt ist auf den ersten Blick ersichtlich: Für Wundt setzte sich die Psychologie aus zwei gleichberechtigten und einander ergänzenden Teilen zusammen: aus der experimentell arbeitenden Individualpsychologie und der sich geisteswissenschaftlicher Methoden bedienenden Völkerpsychologie. Als experimentelle Psychologie gehört sie zu den Naturwissenschaften, als Völkerpsychologie zu den Geisteswissenschaften. Gegenüber den Naturwissenschaften ist sie eine *ergänzende*, gegenüber den Geisteswissenschaften die *grundlegende*, gegenüber der die Erkenntnisse aller Einzelwissenschaften zu einer einheitlichen Weltanschauung synthetisierenden Philosophie die *vorbereitende* Wissenschaft (vgl. Wundt, 1896a, S. 19–20). Die Generation nach Wundt hingegen wollte die Psychologie – wie es eben auch Ebbinghaus als einer ihrer führenden Protagonisten getan hat – als nichts anderes mehr als eine „reine" Naturwissenschaft betrachten, und zwar als eine selbständige, d. h. nicht nur von der Philosophie, sondern auch von anderen naturwissenschaftlichen Disziplinen – z. B. der Biologie – unabhängige Einzelwissenschaft.

Eine Antwort auf die Frage, ob die Psychologie nur zu einem Teil oder zur Gänze zu den Naturwissenschaften zu zählen ist, ist natürlich davon bestimmt, was unter „Psychologie" und was unter „Naturwissenschaft" verstanden wird. Bezeichnet man die Psychologie allgemein als Lehre vom Psychischen, so ist – weil Psychisches nur in Gegenüberstellung zu Physischem zu definieren ist – die Klärung ihres Verhältnisses zur Naturwissenschaft überhaupt die Voraussetzung ihrer Begründung als Wissenschaft. Von der „eigenthümlichen Ansicht über das Wesen des Psychischen" – kann man etwa bei Külpe (1895, S. 58) nachlesen – „hängt damit auch regelmässig die Darstellung der Wissenschaft ab, die sich mit ihm beschäftigen soll". Unterschiedliche Auffassungen der Psychologie sind also durch unterschiedliche Vorannahmen über das Wesen des Psychischen bedingt. Die Vorannahmen selbst sind nicht aus der Luft gegriffen. Sie sind Teil eines Diskurses, der seit Descartes die Philosophie befasst hat: Teil der philosophischen Auseinandersetzungen um eine Lösung des Leib-Seele-Problems. Für die Entstehung der einzelwissenschaftlichen Psychologie kam dem sogenannten psychophysischen Parallelismus eine entscheidende Bedeutung zu. Fechners philosophische Begründung der Psychophysik bildete den Bezugspunkt. Ernst Mach hat die Fechner'sche Ansicht modifiziert. Seine Version machte sich schließlich die Generation nach Wundt zu eigen. Wundt vertrat eine eigenständige, d. h. in einigen Aspekten von Fechner und dann vor allem von Mach wesentlich abweichende Auffassung.

Um die philosophischen Wurzeln der Differenzen zwischen Wundt und seinen Nachfolgern freilegen zu können, ist es zunächst notwendig, sich eine möglichst allgemein gehaltene Orientierung über den Begriff des „psychophysischen Parallelismus" zu verschaffen.[69] Man versteht darunter eine Position, die im Gegensatz zu Descartes' „Zwei-Substanzenlehre" einen Substanzmonismus vertritt. Nur das Physische existiert substantiell, nicht aber das Psychische. Vom Materialismus grenzt sich diese Auffassung durch die Anerkennung der Eigenständigkeit des Psychischen ab: Das Psychische hat zwar keine substantielle Existenz; es ist aber durch Eigenschaften charakterisiert, die dem Physischen nicht zukommen. Das Cartesianische Postulat einer kausalen Interaktion wird zurückgewiesen: Psychische Vorgänge sind zwar stets an physische Vorgänge gebunden, es besteht aber keine kausale Beziehung zwischen ihnen. Sie verlaufen „parallel" zueinander. Wie aber soll diese Parallelität vorgestellt werden? Eine mögliche Erklärung ist in der Darstellung der Fechner'schen Psychophysik erörtert worden: Psychisches und Physisches sind bloß zwei Weisen, in denen ein und dasselbe Grundwesen erscheinen kann. Allgemein formuliert: Der psychophysische Parallelismus postuliert eine Identität des Trägers von leiblichen und psychischen Eigenschaften. Fechner kommt das Verdienst zu, dass er in der Ausgestaltung dieser These auch

69 Vgl. im Folgenden Heidelberger (2000).

eine nähere Bestimmung des Psychischen und seiner Differenz zum Leiblichen entwickelt hat: Ein und dasselbe Wesen erscheint sich selbst als „Geist" und „Anderem" als „Leib". Das, was sich selbst – und nur sich selbst erscheint – ist das Psychische; das, was für andere erscheint, das Leibliche. Daraus folgt, dass eine psychische Eigenschaft dann vorliegt, wenn sie nur dem Wesen, das sie hat, zugänglich ist. Eine physische Eigenschaft hingegen ist „öffentlich", d. h. anderen erfahrbar. Das Kriterium der Unterscheidung von Psychischem und Physischem ist mithin nichts anderes als die Perspektive, unter der eine Eigenschaft dem sie auffassenden Subjekt gegeben ist.

Dieser Gedanke wurde sowohl von Wundt als auch von Mach aufgenommen und weiterentwickelt. Beiden gemeinsam ist die Ablehnung der Annahme einer substantiellen Existenz des Physischen. Für Wundt ist der Begriff der Substanz eine der naturwissenschaftlichen Betrachtungsweise inhärente Abstraktion; für Mach ist jede Form der Substantialisierung ein „metaphysisches", d. h. aus der Wissenschaft zu eliminierendes Konstrukt. Aus der Mach'schen Fassung des Leib-Seele-Problems ergab sich schließlich, dass zwischen der wissenschaftlichen Untersuchung von psychischen und physischen Eigenschaften keine grundsätzliche Differenz besteht – eine Position, die der Wundt'schen Konzeption diametral entgegenlief. Weil die Parallelitäts-Feststellung für Wundt weder für die Betrachtung des Psychischen noch für die Betrachtung des Physischen einen Erklärungswert besaß, kam ihr in seiner Konzeption eine nur untergeordnete Rolle zu. Bei Mach hingegen stellte sie die Grundlage dar, auf der eine wirklich wissenschaftliche Psychologie erst errichtet werden konnte.

Der Wundt'sche Standpunkt

Für Wundt war der psychophysische Parallelismus kein allgemein gültiges Grundprinzip, sondern bloß ein heuristisches Hilfsmittel, um physiologische Erkenntnisse der Psychologie und umgekehrt psychologische Erkenntnisse der Physiologie nutzbar zu machen (Wundt, 1896b, S. 34). Die Parallelitäts-Annahme konnte folglich der Gegenüberstellung von Psychologie und Naturwissenschaft nicht als Ausgangspunkt dienen; sie musste vielmehr aus dieser Konfrontation, d. h. letztlich aus der Definition der Psychologie abgeleitet werden.

Die die ältere philosophische Psychologie bestimmende Differenzierung, nach der jene Inhalte, die uns durch die „innere Wahrnehmung" gegeben sind, das Psychische, die Objekte der „äußeren Wahrnehmung" das Physische ausmachen, hat Wundt entschieden zurückgewiesen. Es gibt keine „innere" und „äußere Erfahrung" als zwei gesonderte Erfahrungsbereiche, sondern nur die eine ungeteilte Erfahrung. Es existieren zwar Erfahrungsinhalte, die der psychologischen Untersuchung zufallen, während sie in den Erfahrungsinhalten, mit denen sich die Naturforschung beschäftigt, nicht vorkommen: z. B. Gefühle, Affekte, Willensvorgänge. Dagegen gibt es „keine einzige Naturerscheinung, die nicht auch unter einem veränderten Gesichtspunkt Gegenstand psychologischer Untersuchung sein könnte. Ein Stein, eine Pflanze, ein Ton, ein Lichtstrahl sind als Naturerscheinungen Objecte der Mineralogie, Botanik, Physik u. s. w. Aber insofern diese Naturerscheinungen Vorstellungen in uns erwecken, sind sie zugleich Objecte der Psychologie, die über die Entstehungsweise dieser Vorstellungen und über ihr Verhältniss zu anderen Vorstellungen sowie zu den nicht auf äußere Gegenstände bezogenen Vorgängen, den Gefühlen, Willensregungen u. s. w., Rechenschaft zu geben versucht." (Wundt, 1896a, S. 2)

Die Unterscheidung zwischen „innerer" und „äußerer" Erfahrung bezeichnet aus dieser Sicht also bloß zwei verschiedene Perspektiven, unter denen wir bei einer wissenschaftlichen Bearbeitung die an sich einheitliche Erfahrung auffassen. Eine Differenzierung, die durch den Umstand nahe gelegt wird, dass jede Erfahrung sich unmittelbar in zwei Faktoren sondert: in einen Inhalt und in die Auffassung dieses Inhalts. Ersteres bezeichnete Wundt als das „Object der Erfahrung", Letzteres als das „erfahrende Subject". Auf der Grundlage dieser begrifflichen Unterscheidung konnte nun das Verhältnis von Naturwissenschaft und Psychologie bestimmt werden: „Die Naturwissenschaft sucht die Eigenschaften und wechselseitigen Beziehungen der Objecte zu bestimmen. Sie abstrahirt daher durchgängig, so weit dies vermöge der allgemeinen Erkenntnisbedingungen möglich ist, von dem Subject." Die Psychologie hingegen „hebt diese von der Naturwissenschaft ausgeführte Abstraction wieder auf, um die Erfahrung in ihrer unmittelbaren Wirklichkeit zu untersuchen. Sie gibt daher über die Wechselbeziehungen der subjectiven und objectiven Faktoren der unmittelbaren Erfahrung und über die Entstehung der einzelnen Inhalte der letzteren und ihres Zusammenhangs Rechenschaft" (Wundt, 1896b, S. 11–12). Die Erfahrungsweise der Naturwissenschaften ist mithin – weil durch Abstraktion von der unmittelbaren Erfahrung bestimmt – eine „mittelbare" und – weil die Abstraktion vom Subjekt die Einführung hypothetischer Hilfsbegriffe notwendig macht – eine „abstract begriffliche". Die Erkenntnisform der Psychologie dagegen ist „unmittelbar" und „anschaulich" (ebd., S. 12).

Für das Verständnis der Wundt'schen Auffassung des psychophysischen Parallelismus bedeutsam ist, dass er „Substantialität" eben als hypothetisches Konstrukt auffasste, das der naturwissenschaftlichen Betrachtungsweise inhärent ist. Die Inhalte der unmittelbaren Erfahrung sind keine Substanzen, sondern Ereignisse. Erst in der Abstraktion vom Subjekt erscheint uns die Erfahrungswelt als eine „Mannigfaltigkeit in Wechselwirkung stehender Substanzen" (Wundt, 1896a, S. 368–369). Mithin ist auch der physiologische Begriff des körperlichen Organismus ein solches Konstrukt, das aus der unmittelbaren Erfahrung durch Abstraktion gewonnen ist. Reden wir über körperliche Vorgänge, so reden wir über Objekte der mittelbaren Erfahrung; reden wir über Psychisches, dann reden wir über „Inhalte" der unmittelbaren Erfahrung. Beide Erfahrungsweisen sind – da es sich um miteinander nicht vereinbare Standpunkte der Auffassung handelt – nicht aufeinander reduzierbar. „Hat die Psychologie die unmittelbare Erfahrung zu ihrem Gegenstande, so kann sie ihre eigentlichen Erklärungsprinzipien nur in dieser Erfahrung selbst finden. Sie hat daher zunächst und vor allen Dingen Psychisches aus Psychischem, nicht Psychisches aus Physischem zu interpretiren." (Wundt, 1896b, S. 24) Die der psychologischen Betrachtung eigentümlichen Erklärungsprinzipien hat Wundt in seinem Konzept der „psychischen Kausalität" zusammengefasst. Weil Affekte und darin wurzelnde Willensvorgänge eine Art „Kraft" vorstellen, für die es in der naturwissenschaftlichen Betrachtung kein Pendant gibt, erfordert die Erklärung psychischer Vorgänge eine grundsätzlich andere als die in der Naturwissenschaft notwendige Kausalbetrachtung (vgl. dazu S. 79–88).

Aus dem Gesagten ergibt sich Folgendes: Eine Parallelitätsfeststellung zwischen in naturwissenschaftlicher und in psychologischer Betrachtung gegebenen Vorgängen und Inhalten ist im Eigentlichen nur dann sinnvoll, wenn sie sich auf ein und dieselbe Erfahrung bezieht, wenn also ein und dieselbe Erfahrung einmal unter naturwissenschaftlicher und dann unter psychologischer Perspektive betrachtet wird. Weil Psychisches nur aus Psychischem erklärt werden kann, enthält sie allerdings für die Psychologie keinen Erklärungswert. Sie ist dann notwendig, wenn der in der unmittelbaren Erfahrung gegebene psychische Zusammenhang – wie Wundt es ausdrückt – „Lücken aufweist": „Da berechtigt gerade das wechselseitig sich ergänzende Verhältniss, in welchem Naturwissenschaft und Psychologie in der Bearbeitung der Erfahrung zu einander stehen, nachzuforschen, ob die physiologische Erfahrung Thatsachen darbiete, die jene Lücken zwar nicht direct und auf dem Wege unmittelbarer, anschaulicher Erfahrung, was unmöglich ist, aber indirect, durch Interpolation von Gliedern, die der mittelbaren, begrifflichen Form der Erfahrung angehören, ergänzen. Dabei ist freilich zu beachten, dass eine solche physiologische Interpolation ebenso wenig eine eigentliche, d. h. psychologische Erklärung des Zusammenhangs der unmittelbaren Erfahrungsinhalte ist, wie etwa umgekehrt die Nachweisung der subjectiven Eigenschaften der Lichtempfindungen an sich selbst schon zu einer Erkenntnis der physiologischen Processe der Netzhaut- und Opticuserregung verhelfen kann." (Wundt, 1896b, S. 34) Es ist klar, welchem Begriff Wundt mit dieser Argumentation den Garaus machen will: „dem völlig unwissenschaftlichen, höchstens für die Constructionen einer mystischen Metaphysik brauchbaren" Begriff des „Unbewussten".[70]

Der psychophysische Parallelismus als Grundprinzip der Psychologie[71]

Die Neudefinition der Psychologie auf der Grundlage der positivistischen Wissenschaftstheorie nahm ausgerechnet von Wundts Leipziger Laboratorium ihren Ausgang. Oswald Külpe – sein Assistent – war dafür verantwortlich.[72]

Der am 3. August 1862 in Candau bei Tukkum in Lettland geborene Külpe[73] hatte zunächst in Leipzig, dann in Berlin, bei Georg Elias Müller in Göttingen und schließlich noch ein Jahr in Dorpat studiert, ehe er 1886 nach Leipzig zurückkehrte und ein Jahr darauf dort unter Wundt mit seiner in Göttingen begonnenen Dissertation *Zur Theorie der sinnlichen Gefühle* promovierte. 1888 habilitierte er sich für Philosophie und wurde Wundts Assistent. Külpe übernahm die Psychologie-Vorlesungen, vor allem in jenen Phasen, in denen Wundt selbst vorwiegend über Philosophie las. Vielleicht sogar auf Anregung Wundts schrieb Külpe für die Psychologie-Kurse ein eigenes Lehrbuch. Es erschien 1893 unter dem Titel *Grundriss der Psychologie* und war Wundt gewidmet (Külpe, 1893). Wundt hatte damit wenig Freude. Es missfiel ihm so sehr, dass er – bezeichnenderweise unter demselben Titel, den Külpe gewählt hatte – ein neues Lehrbuch verfasste (Wundt, 1896a) und zu-

70 „Da das ‚Unbewusste' nicht der unmittelbaren Erfahrung angehört, so kann es auch kein Gegenstand der Psychologie sein." Der Einfluss früherer auf aktuell gegebene Erfahrungsinhalte wird in der Wundt'schen Terminologie mit dem „unbestimmten" Begriff der „Disposition" bewältigt. Es ist nun, wie Wundt bemerkte, durchaus möglich, „dass die *physiologische* Beobachtung Erscheinungen" darbietet, die „als physische Dispositionen", die bestimmten aktuellen psychischen Vorgängen „parallel gehen", gedeutet werden können (Wundt, 1896b, S. 35).

71 Vgl. zur nachfolgenden Darstellung die Arbeit von Danziger (1979b).

72 Die ganze Bewegung vorweggenommen hat gegen Ende der achtziger Jahre der ehemalige Wundt-Schüler Hugo Münsterberg (z. B. Münsterberg, 1889).

73 Zur Biographie Külpes vgl. Hammer (1994).

gleich eine ausführliche Kritik der Külpeschen Schrift in seinen *Philosophischen Studien* abdrucken ließ (Wundt, 1896b). Zu dem Zeitpunkt, als diese beiden Arbeiten aus der Feder Wundts erschienen, war Külpe aber schon nicht mehr in Leipzig. 1894 dort noch zum Extraordinarius ernannt, hatte er im selben Jahr einen Ruf auf ein Ordinariat an die Universität Würzburg erhalten. Külpe war ein äußerst vielseitig interessierter Mann und ständig auf der Suche nach Neuem. Die einmal bezogene – positivistische – Position behielt er nicht allzu lange bei. In seinen Würzburger Arbeiten ist er von jenem Weg, den er von Leipzig aus für die „neue" Psychologie angebahnt hatte, wieder abgewichen und vom radikalen Phänomenalismus des Positivismus zu einem kritischen Realismus konvertiert.

„Dem Leipziger Nährboden ist" – so hieß es in einer in der *Zeitschrift für Psychologie* erschienenen Besprechung von Külpes *Grundriss* – „ein sehr fremdartiger Organismus entsprossen." (Martius, 1896, S. 23) Die Abkehr von Wundts Konzeption offenbart sich gleich auf den ersten Seiten des Buches, in denen Külpe „Begriff und Aufgabe der Psychologie" zu bestimmen suchte. Wie Wundt wies Külpe eine Definition der Psychologie über bestimmte ihr eigentümliche Gegenstände zurück. Die Tatsachen mit denen sich *alle* Wissenschaften zu beschäftigen haben, sind „Erfahrungen", die Külpe – da Erfahrungen von einem sie erlebenden Subjekt gemacht werden müssen – „Erlebnisse" nannte. Solche Erlebnisse können losgelöst vom Individuum, das sie hat, damit also in Hinblick auf ihre objektive Beschaffenheit untersucht werden; oder es wird gerade ihre Beziehung zum Individuum in den Blick genommen. Ersteres ist Aufgabe der Naturwissenschaft, Letzteres Aufgabe der Psychologie. Wie aber soll dieses Individuum aufgefasst werden? Külpe bestimmte es – und darin liegt alle Differenz zu Wundt begründet – nicht als das „psychische", sondern als das „körperliche Individuum", also nicht als eine psychische, sondern als eine physische Einheit. Seine Definition der Psychologie lautete daher: Psychologie ist die Wissenschaft von den Erlebnissen in ihrer Abhängigkeit vom körperlichen Individuum (Külpe, 1893, S. 3).

Das „körperliche Individuum" ist als Bezugspunkt der psychologischen Untersuchung ein „objectiver", d. h. ein naturwissenschaftlicher Begriff. Aus dieser Setzung folgt, wie Wundt bemerkte, dass die Psychologie zwangsläufig von einer der Naturwissenschaft „coordinierten"[74] zu einer ihr „subordinierten" Wissenschaft werden musste. Gerade darauf war Külpes Ansatz aber ausgerichtet.

---

74 „Coordiniert" in dem Sinne, dass die psychologische und die naturwissenschaftliche Betrachtungsweise einander ergänzen und „zusammen erst die uns mögliche Erfahrungserkenntniss erschöpfen" (Wundt, 1896b, S. 12).

Psychisches – so behauptete Külpe gleich zu Anfang seines Lehrbuches – kann aus Psychischem gar nicht erklärt werden: Weder hängt eine Vorstellung von einer Emotion, noch umgekehrt, eine Emotion von einer Vorstellung ab. Eine Änderung der einen ist nicht notwendig von einer bestimmten Änderung der anderen begleitet. Überhaupt: das Kommen und Gehen von Vorstellungen, ihre Verbindungen untereinander – all das ist nicht ihrem wechselseitigen Einfluss aufeinander geschuldet, sondern folgt einem – wie Külpe sagte – „Gesetz", das ihnen „von außen" auferlegt ist (ebd., S. 3). „Von außen" bezieht sich auf körperliche Prozesse, also auf das körperliche Individuum. Das Psychische bildet in sich also keinen geschlossenen kausalen Zusammenhang. Da aber nach dem Prinzip des psychophysischen Parallelismus jedem psychischen Vorgang ein psychischer entspricht und das Physische eben eine in sich geschlossene Kausalreihe darstellt, so folgt daraus, dass eine „Causalerklärung des psychischen Geschehens nur eine physische sein kann" (Wundt, 1896b, S. 16).

Damit ist das Wundt'sche Prinzip einer besonderen, von der Kausalbetrachtung im Bereich der Naturwissenschaften verschiedenen „psychischen Kausalität" zurückgewiesen. Und gleichzeitig ist etwas Zweites, nicht minder Wichtiges erreicht: Durch den Bezug auf das körperliche Individuum sichert sich die Psychologie den Vorteil, „lediglich beobachtete oder wenigstens beobachtbare [nämlich physiologische] Vorgänge bei der Darstellung und Erklärung seelischer Erscheinungen zu verwenden." Um dem Materialismus-Einwand zu entgehen, musste das der neuen Psychologie nun zugrunde gelegte Parallelitäts-Prinzip nur noch durch die Betonung des nicht-kausalen Charakters der zwischen Psychischem und Physischem angenommenen Beziehung abgesichert werden: „Von körperlichen Bedingungen des Psychischen wird vielmehr nur in der Weise geredet, wie man in einer mathematischen Function eine Grösse von einer anderen abhängig denkt, sofern gesetzmässige Beziehungen der Veränderung zwischen ihnen stattfinden." (Külpe, 1895, S. 67)

Die Quelle seiner Ideen zu einer Reformulierung der Grundlagen der Psychologie hat Külpe in seiner zwei Jahre nach dem *Grundriss* erschienenen *Einleitung in die Philosophie* benannt. Dort heißt es, dass „mit voller begrifflicher Klarheit" die von ihm vorgestellte Auffassung über den Gegenstand der Psychologie zuerst Ernst Mach und Richard Avenarius ausgeführt haben (ebd., S. 63). Külpe selbst war mit den wesentlichen Schriften beider gut vertraut; er – wie später auch Wundt[75] – bezog sich aber lieber auf Avenarius,

75 Wundts Kritik an der empiriokritizistischen Philosophie von Richard Avenarius erschien unter dem Titel „Ueber naiven und kritischen Realismus" in den *Philosophischen Studien* (Wundt, 1896c u. 1897).

der als Ordinarius für Philosophie in philosophischen Zusammenhängen eher zitierfähig war als der philosophische Autodidakt Ernst Mach, der sich selbst auch nie als Philosoph im eigentlichen Sinn betrachtet hat (Danziger, 1979b, S. 210).[76] Avenarius' Schriften – sein Hauptwerk, seine zweibändige *Kritik der reinen Erfahrung* (Avenarius, 1888–1890) war Ende der achtziger Jahre druckfertig gemacht – waren in einem sehr komplizierten, oft gekünstelt und mitunter auch verkrampft wirkenden Stil geschrieben, der ihre breite Rezeption verhinderte. Ganz anders hingegen Mach, dessen wissenschaftstheoretische Abhandlungen seltene Beispiele glänzender Wissenschaftsprosa abgeben. Seine berühmten *Beiträge zur Analyse der Empfindungen* (Mach, 1886) übten nicht nur auf die Psychologie der Generation nach Wundt, sondern darüber hinaus auch auf die Entwicklung des Faches in den ersten Dezennien des 20. Jahrhunderts eine nachhaltige Wirkung aus. Mach und Avenarius hatten ihre „empiriokritizistische" Erkenntnis- bzw. Wissenschaftstheorie zwar selbständig, d. h. ohne Kenntnis voneinander entwickelt, im Nachhinein aber eine weitgehende Übereinstimmung ihrer Auffassungen festgestellt. Machs Bemerkung, dass diese Übereinstimmung insbesondere für das Verständnis „des Verhältnisses des Physischen und Psychischen" zutrifft, weil diese den „Kernpunkt" des ganzen Ansatzes ausmacht (Mach, 1886, S. 41), ist für den hier zur Diskussion stehenden Zusammenhang vor allem von Interesse. Sie erlaubt es, im Folgenden von Avenarius abzusehen und die

---

76 Der 1838 im mährischen Chirlitz nahe bei Brünn geborene Ernst Mach hatte an der Universität Wien Mathematik und Physik studiert und sich 1861 dort für Physik habilitiert. 1864 wurde er als Ordinarius für Mathematik nach Graz berufen, wo er von 1866 an auch noch eine Lehrkanzel für Physik innehatte. 1867 erhielt er einen Ruf auf ein Ordinariat für Experimentalphysik an die Universität Prag. 1895 übersiedelte er an die Universität Wien, wo er dann allerdings auf einem Lehrstuhl für Philosophie lehrte. Das Ordinariat, das Mach gerne als auf Psychologie definiert gesehen hätte, trug die Spezifikation: Philosophie unter besonderer Berücksichtigung der Geschichte und Theorie der induktiven Wissenschaften. Zu der oben angesprochenen Ablehnung der Bezeichnung „Philosoph" vgl. z. B. Mach (1905, S. VI–VII). Dort heißt es: „Das Land des Transcendenten ist mir verschlossen. Und wenn ich noch das offene Bekenntnis hinzufüge, daß dessen Bewohner meine Wißbegierde gar nicht zu reizen vermögen, so kann man die weite Kluft ermessen, welche zwischen Philosophen und mir besteht. Ich habe schon deshalb ausdrücklich erklärt, daß ich gar kein Philosoph, sondern nur Naturforscher bin." Mach erlitt 1898 einen Schlaganfall und musste sich 1901 pensionieren lassen. Er starb 1916 in München.
Richard Avenarius (1843–1896) studierte in Zürich, Berlin und Leipzig, wo er sich für Philosophie habilitierte. Noch während seiner Leipziger Dozentenzeit gründete er mit anderen die einflussreiche *Vierteljahresschrift für wissenschaftliche Philosophie*, die er dann über zwei Jahrzehnte hinweg leitete. 1877 wurde Avenarius als Nachfolger Wilhelm Windelbands auf jenen Züricher Lehrstuhl für induktive Philosophie berufen, den für kurze Zeit vor Windelband auch Wilhelm Wundt innegehabt hatte. Avenarius lehrte dann bis zu seinem frühen Tod in Zürich.

Mach'schen Ausführungen als letztlich die beide Positionen repräsentierende Darstellung zu betrachten.

Oberster Grundsatz der Mach'schen Wissenschaftsauffassung ist das sogenannte Ökonomie-Prinzip: Wissenschaft hat keine andere Funktion, als Erfahrungen zu ersetzen, als uns Erfahrungen zu ersparen. Sie kommt dieser Aufgabe nach, indem sie eine übersichtliche Beschreibung des Tatsächlichen gibt. Wissenschaftliche Begriffe sind nur dann sinnvoll, wenn sie zur Ordnung der Fülle an Erfahrungsgegebenheiten beitragen. Alle nicht auf Erfahrungsgegebenheiten bezogenen, d. h. auch nicht durch die Erfahrung kontrollierbaren Begriffe sind metaphysische, d. h. überflüssige und daher aus dem wissenschaftlichen Denken zu eliminierende Bildungen. Wissenschaft ist mithin nichts anderes als Anpassung der Gedanken an die Tatsachen und – um Widersprüche zu vermeiden – Anpassung der Gedanken aneinander zum Zwecke einer besseren Orientierung in der Welt.

Der Begriff der „Anpassung" war in Anlehnung an Darwin gesetzt: Mach begriff Wissenschaft als evolutionären Prozess, als einen Prozess, in dem in der beständigen Konfrontation mit der Erfahrung den Tatsachen unangepasste Gedanken ausgeschieden und durch besser passende ersetzt werden. Wissenschaft ist Teil des allgemeinen – letztlich biologischen – Lebenserhaltungsprozesses, der praktische Erfolg bildet das Kriterium, das über den Wert des durch sie erzeugten Wissens entscheidet. Aus der Betonung der lebenspraktischen Funktion von Wissenschaft und der Kontinuität ihrer Entwicklung folgt für Mach zwingend, dass zwischen vorwissenschaftlicher und wissenschaftlicher Einstellung kein wesentlicher Unterschied bestehen kann. In seiner großen historisch-kritischen Studie über die Mechanik hat er z. B. zeigen können, dass diese nur als aus den „aufgesammelten Erfahrungen des Handwerks durch intellektuelle Läuterung" entstanden zu erklären ist (Mach, 1883, S. 485). Dieser Aspekt des Mach'schen Werkes soll hier wenigstens kurze Erwähnung finden: Wissenschaftsgeschichte war für ihn notwendiger Bestandteil der Wissenschaftstheorie. Sie ersetzt die Annahme apriorischen Wissens durch eine historische Ableitung seiner vergangenen praktischen Bewährung und demonstriert die Veränderlichkeit und damit den grundsätzlich hypothetischen Charakter wissenschaftlicher Grundbegriffe.

Machs bekannteste und für die Geschichte der Psychologie wichtigste Schrift sind seine erstmals 1886 erschienenen *Beiträge zur Analyse der Empfindungen.* Der ab der zweiten Auflage aus dem Jahr 1900 dem Titel beigefügte Zusatz benennt das Kernthema, um das es in der Abhandlung geht: um das

„Verhältnis des Physischen zum Psychischen". Mach präsentierte gleich im ersten, mit „Antimetaphysische Vorbemerkungen" umschriebenen Kapitel des Buches eine neue Version des „psychophysischen Parallelismus", die gemeinhin als „neutraler Monismus" bezeichnet wird. Es ist weiter oben darauf hingewiesen worden, dass bei Fechner der Bezug zum „wahrnehmenden Subjekt" zum Unterscheidungskriterium dafür wurde, ob es sich bei einer Eigenschaft um eine physische oder um eine psychische handelt. Für Mach war diese Lösung unhaltbar, weil sie einen substantiellen Träger voraussetzt, dem diese Eigenschaften zukommen. Aussagen, die Substantialisierungen enthalten, sind metaphysische Aussagen und daher sinnlos. Das gilt natürlich nicht nur für die eine Seite – für die Annahme eines Subjekts, eines Selbst, eines Ich – sondern auch für die andere, also für die Annahme eines substantiell existierenden Physischen, mithin für den Begriff der Materie. Die Identität von physischen und psychischen Eigenschaften lässt sich unter diesen Voraussetzungen nur dann behaupten, wenn man die phänomenale Welt als aus identischen Elementen bestehend betrachtet. Die ganze „innere und äußere Welt", so postulierte Mach denn auch, setzt sich aus „einer geringen Zahl von gleichartigen Elementen in bald flüchtigerer, bald festerer Verbindung zusammen" (Mach, 1886, S. 17). Solche Verbindungen können einmal als physische Komplexe – als unser Leib oder als Körper im physikalischen Sinn –, ein anderes Mal als psychische Komplexe aufgefasst werden. Ob ein Element als psychisch oder als physisch zu betrachten ist, hängt allein davon ab, in welcher Beziehung es zu anderen Elementen aufgefasst wird: „Eine Farbe ist ein physikalisches Objekt, sobald wir z. B. auf ihre Abhängigkeit von der beleuchtenden Lichtquelle [...] achten. Achten wir aber auf ihre Abhängigkeit von der Netzhaut [...], so ist sie ein psychologisches Objekt, eine Empfindung. Nicht der Stoff, sondern die Untersuchungsrichtung ist in beiden Gebieten verschieden." (Ebd., S. 14)

Mach hat den damit postulierten Zusammenhang dann allgemein wie folgt beschrieben: „Die Komplexe von Farben, Tönen usw., welche man gewöhnlich Körper nennt, bezeichnen wir der Deutlichkeit halber mit A B C ...; den Komplex, der unser Leib heißt, *und der ein durch Besonderheiten ausgezeichneter Teil der ersteren ist*, nennen wir K L M ...; den Komplex von Willen, Erinnerungsbildern u. s. w. stellen wir durch $\alpha\ \beta\ \gamma$ ... dar." (Ebd., S. 7) Die die Körper konstituierenden Elemente sind ebenso wie die Körper A B C ... selbst in spezifischer Art und Weise miteinander verbunden; dies gilt dann auch für die beiden anderen Bereiche K L M ... und $\alpha\ \beta\ \gamma$ ... Wichtig für unseren Zusammenhang ist, dass nach Mach sowohl A B C ... als auch $\alpha\ \beta\ \gamma$ ... letztlich von K L M … (mit-)bedingt sind. Für den Bereich A B C … ist dies offenkundig: „Ein Würfel wird, wenn er nahe, groß, wenn er fern, klein, mit dem rechten Auge anders als mit dem linken, gelegentlich doppelt, bei geschlossenen Augen gar nicht gesehen.“ (Ebd., S. 7) Für α β γ … ist die Kette der Abhängigkeit dann einfach verlängert. Es lässt sich, so Mach, „nicht zweifeln“, dass das Verhalten psychischer Inhalte – trotz der Besonderheit der Verbindungen, die sie untereinander eingehen – „in letzter Linie durch A B C … K L M, die gesamte *physikalische* Welt, insbesondere durch unseren Leib, und das Nervensystem bestimmt ist“ (ebd., S. 29).

Zu fragen bleibt noch nach der Art der Beziehung der Elemente zueinander. Für Mach war der Begriff der Kausalität eine metaphysische und daher für das wissenschaftliche Denken ungeeignete Kategorie. An die Stelle der Ursache-Wirkung-Beziehung trat bei ihm die der funktionalen Abhängigkeit. Ein Begriff, der in der ursprünglichen Fassung des psychophysischen Parallelismus zunächst nur auf das Verhältnis von leiblichen und seelischen Vorgängen eingeführt worden war, wurde jetzt auf alle die empirischen Wissenschaften interessierenden Verhältnisse der Welt ausgedehnt (Heidelberger, 2000, S. 99). Die einheitswissenschaftliche Stoßrichtung des Mach'schen Ansatzes ist offenbar: Alle Wissenschaften haben es mit ein und denselben Elementen der Erfahrung und der Feststellung von ein und derselben Art von Beziehung zwischen diesen Elementen zu tun. Die Physik erforscht die gesetzmäßigen Beziehungen der die Körper A B C … bildenden sinnlichen Elemente bzw. die gesetzmäßigen Beziehungen dieser Körper zueinander, die Sinnesphysiologie die funktionale Abhängigkeit dieser Elemente bzw. Körper von einigen der unseren Leib bildenden Elementen K L M …, d. h. von physiologischen Vorgängen, die Psychologie schließlich die Beziehung der psychischen Elemente – der „Empfindungen“ – zu eben den sie begleitenden Veränderungen in K L M …

Damit ist man auch schon bei Külpes Definition der Psychologie angelangt: Die Abhängigkeit der „Erlebnisse“ vom körperlichen Individuum zu untersuchen (Külpe, 1893, S. 3), bedeutete nichts anderes, als zu allen psychologisch beobachtbaren Einzelheiten die zugeordneten beobachtbaren physiologischen Einzelheiten aufzufinden. Genau das war das Ziel, das Mach für die künftige psychologische Forschung programmatisch formuliert hat (Mach, 1886, S. 49).

Külpes Idee vom „körperlichen Individuum“ als Bezugspunkt der psychologischen Untersuchung hat sich in der Folge in der Psychologie nach Wundt durchgesetzt. Nicht aber der vom ihm gewählte Begriff: Sein „körperliches

Individuum" wurde von Ebbinghaus, der der positivistischen Neubestimmung der Psychologie inhaltlich gefolgt war, durch den Begriff des „Organismus" ersetzt (Ebbinghaus, 1897/1902, S. 7).[77]

Wie sehr die von Külpe und Ebbinghaus in Angriff genommene Neugestaltung der Psychologie dem von Mach forcierten Denkstil verpflichtet war, zeigt sich gerade in der Verwendung der Begriffe „Empfindung" und „Gefühl"[78]. Es sei daran erinnert, dass es sich für Wundt dabei um Produkte der psychologischen Analyse, also um eine gedankliche Abstraktion, nicht aber um real (d. h. in der unmittelbaren Erfahrung tatsächlich) existierende Entitäten handelte. Für die Protagonisten der neuen Psychologie hingegen bekamen diese Begriffe eben die Bedeutung realer Bewusstseinselemente. Alle Bewusstseinsvorgänge sind als aus diesen einfachen Elementen zusammengesetzt vorzustellen. Es war die „neue", gegen die Wundt'sche Konzeption entwickelte Psychologie, auf die Mills Metapher von der „Chemie des Geistes" passte. Wie in der chemischen, so geht es auch in der psychologischen Untersuchung zunächst um Analyse – d. h. um die Festlegung der einfachsten Elemente – und dann, im zweiten Schritt, um Synthese, d. h. um die Untersuchung der Gesetze, die die Verbindung dieser Elemente bestimmen. Die Definition der einfachsten Elemente, wie sie Külpe (1893, S. 28) versuchte, offenbart, wie durch den Bezug zu physiologischen Prozessen eine rein auf „Beobachtungssprache" gestützte Begriffsbestimmung im Psychischen möglich werden soll: Es gibt – wie bei Wundt, aber jetzt in einer anderen Bedeutung – zwei Arten psychischer Grundelemente: Die erste ist „von der Erregung ganz bestimmter peripherischer und wahrscheinlich auch zentraler nervöser Organe abhängig" und heißt „Empfindung"; die zweite steht in „keiner erkennbaren Abhängigkeitsbeziehung zu bestimmten äußeren Organen" und auch das Verhältnis zu den Zentralor-

---

77 Bei Ebbinghaus (1897/1902, S. 7) findet sich die Psychologie wie folgt definiert: „Die Psychologie unterscheidet sich [...] von den ihr gewöhnlich und mit Recht entgegengesetzten Disciplinen der Physik und der Biologie nicht durch einen total anderen Inhalt, etwa wie Zoologie von Mineralogie oder Astronomie, sondern sie hat vielfach mit ihnen denselben Inhalt, nur betrachtet sie diesen von anderen Gesichtspunkten aus und mit einem anderen Interesse. Sie ist eine Wissenschaft nicht von einem bestimmten Ausschnitt der Welt, sondern von der ganzen Welt, aber von dieser nur nach einer bestimmten Hinsicht. Sie behandelt *diejenigen Gebilde, Vorgänge, Beziehungen der Welt, deren Eigenart wesentlich bedingt ist durch die Beschaffenheit und die Funktionen eines Organismus, eines organisierten Individuums.*" [Hervorhebungen im Original]

78 Für den Begriff des Gefühls gibt es in der Mach'schen Philosophie allerdings kein Pendant. Worauf es hier ankommt, ist der Mach'sche Elementarismus und seine Umsetzung in der Psychologie.

ganen „kann noch nicht mit Sicherheit angegeben werden". Diese Elemente nannte Külpe „Gefühle".

Weil für die Untersuchung der Natur der „Gefühle" die von der Physiologie zur Verfügung gestellte Grundlagen (noch) spärlich waren, erging sich die neue Psychologie vor allem in der Analyse der Empfindungen. In der Erörterung ihrer gesetzmäßigen Verbindung spielte dann der Begriff der Assoziation die Hauptrolle. Davon bezog diese ganze Richtung schließlich ihren Namen: Assoziationspsychologie – eine Bezeichnung, die, als sie in Gebrauch kam, abschätzig gemeint war. Das Kernargument, das zeitgenössische – z. B. Wilhelm Dilthey – und spätere Kritiker – z. B. die Berliner Gestalttheoretische Schule – vorbrachten, dass sich diese Form der Psychologie in ihrem Vorgehen – „analysierend, quantifizierend und nachher wieder synthetisierend" – „ganz nach dem Bilde der [klassischen] Physik" (Brunswik, 1929, S. 96) gerichtet hätte, war sachlich nicht ganz richtig: „Assoziation" wurde – wenigstens dem Anspruch nach – nicht als ein kausales Wirkprinzip, sondern als Ausdruck für eine funktionale Abhängigkeit zweier psychischer Inhalte verstanden. Eine auf der Grundlage der Mach'schen Wissenschaftstheorie errichtete Psychologie hatte, wie Ebbinghaus (1896) zu Recht gegen Diltheys Polemik ins Felde führte, nichts zu schaffen mit den Idealen der – eben in den Arbeiten Machs überwundenen – Newtonschen Mechanik.

Davon – von der berühmten Kontroverse zwischen Dilthey und Ebbinghaus – wird später, S. 167–190, noch ausführlich zu reden sein. Hier genügt es, die Ergebnisse der Untersuchung des Verhältnisses der neuen Psychologie zu der Wundt'schen Konzeption zusammenzufassen. Im Lichte des Mach'schen Ökonomie-Prinzips mussten zentrale Annahmen der Wundt'schen Psychologie als überflüssige Begriffsbildungen erscheinen: zuallererst das Prinzip der psychischen Kausalität, nach dem das psychische Geschehen einer anderen Gesetzmäßigkeit folgt als die physischen Vorgänge; dann der Begriff der Apperzeption, der sich nicht in eine Beobachtungssprache übersetzen ließ; Apperzeption war der Schlüsselbegriff des Wundt'schen Voluntarismus, der insgesamt – weil mit ihm so etwas wie eine psychische Kraft postuliert wurde – nach Metaphysik klang. Grundsätzlich forcierte die an der Sinnesphysiologie orientierte neue Psychologie eine „periphere" Betrachtungsweise; der – Postulierung nicht direkt beobachtbarer zentraler Prozesse, wie sie für die Wundt'sche Psychologie kennzeichnend war, begegnete man mit großer Skepsis. Wenn man mit Mach zeigen konnte, dass zwischen Physik und Psychologie kein grundsätzlicher Unterschied bestand, dann gab es auch keinen Grund, Psychologie anders als in der Art der Physik zu betreiben. Im Prinzip, so heißt es etwa bei Külpe (1893, S. 12), gibt es für eine psychologische Untersuchung keine Problemstellung, die nicht experimentell angegangen werden kann. Daher kann die experimentelle Psychologie auch für sich beanspruchen, „die" allgemeine Psychologie zu sein. Für die Wundt'sche Völkerpsychologie war mithin in der künftigen Psychologie kein Platz mehr.

Die allgemeine philosophische Grundlage der neuen Psychologie war die Mach'sche Fassung des psychophysischen Parallelismus. Eine nach dem Vorbild der entwickelten naturwissenschaftlichen Disziplinen in Angriff genommene Axiomatisierung der Psychologie musste daher mit der Axiomatisierung der psychophysischen Parallelitätsannahme selbst beginnen. Diese geleistet zu haben, ist das Verdienst von Georg Elias Müller, der in der Einleitung seiner ersten Abhandlung *Zur Psychophysik der Gesichtsempfindungen* (Müller, 1896) fünf psychophysische Axiome formulierte.[79] Damit fand eine nicht lokal begrenzte, also schulenübergreifende Gruppe von Psychologen zu einer bislang in der Geschichte des Faches noch nicht erreichten konzeptionellen Grundlegung ihrer Ausgangsbegriffe.

79 Die ersten beiden Müller'schen Axiome lauten:

„1. Jedem Zustande des Bewusstseins liegt ein materieller Vorgang, ein so genannter psychophysischer Prozess, zu Grunde, an dessen Stattfinden das Vorhandensein des Bewusstseinszustandes geknüpft ist.

2. Einer Gleichheit, Ähnlichkeit, Verschiedenheit der Beschaffenheit der Empfindungen [...] entspricht eine Gleichheit, Ähnlichkeit, Verschiedenheit der Beschaffenheit der psychophysischen Prozesse, und umgekehrt." (Müller, 1896, S. 1–2)

Das dritte Axiom definiert den Begriff „Änderung" (ebd., S. 3), das vierte den Begriff „Empfindungsintensität" (ebd., S. 3–4). Das fünfte Axiom (ebd., S. 15–25), das Müller mathematisch formulierte, handelt von den Intensitäten so genannter Mischempfindungen, die er in den Abschnitten zuvor von den „Grundempfindungen" unterschieden hatte.

Institutionalisierung: Laboratorien und Zeitschriften

In den letzten eineinhalb Jahrzehnten des 19. Jahrhunderts begann sich gegen die Psychologie Wundts ein neuer Denkstil zu etablieren. Külpe, Ebbinghaus und Müller waren die Protagonisten dieser Bewegung, die sich der Neubestimmung der Psychologie auf der Grundlage der positivistischen Erkenntnis- bzw. Wissenschaftstheorie Machs und Avenarius' verschrieben hatte. Selbstbewusst traten die Neuerer mit dem Anspruch auf, *die* wissenschaftliche Psychologie zu vertreten – ein Anspruch, dem einige, bei weitem aber nicht alle der auf diesem Gebiet tätigen Zeitgenossen folgen wollten. Aus wissenschaftssoziologischer Sicht ist festzuhalten, dass es sich um einen überregionalen Zusammenhang handelte, um eine Gruppe, die zwar über die allgemeine Orientierung der neuen Psychologie Einigkeit herzustellen vermochte, dabei aber keineswegs einer auch nur annähernd klar ausformulierten, wissenschaftlichen Konzeption verpflichtet war. Keine wissenschaftliche Schule also, vergleichbar etwa der zur selben Zeit in Graz aus der philosophischen Gegenstandstheorie Alexius Meinongs entwickelten Gestaltpsychologie. Der Konsens in Grundfragen, der die positivistischen Psychologen einte, war eben nicht aus patriachalen Lehrer-Schüler-Beziehungen heraus entstanden, sondern aus einer gemeinsamen Reaktion auf die seit den Anfängen Wundts radikal geänderten Verhältnisse im Fachgebiet der Philosophie. Die Hochschulphilosophie hatte im letzten Drittel des 19. Jahrhunderts gerade auch über die Abwehr der verschiedenen Formen des Psychologismus zu neuer Stärke gefunden. Eine neue Generationen von Psychologen zog nun von sich aus die Konsequenzen: Ihre Definition der Psychologie als Naturwissenschaft implizierte jedenfalls jene Herauslösung der Psychologie aus der Philosophie, wie sie damals von „reinen" Philosophen – z. B. von den Neokantianern – mit zunehmender Vehemenz gefordert wurde.

Auf der Ebene der Theoriebildung nahm eine nach dem Vorbild der Naturwissenschaften als Einzelwissenschaft betriebene Psychologie allmählich Konturen an. Diese theoretische Entwicklung fand schließlich auch auf der Ebene der sozialen Strukturen ihren Niederschlag. Die 1890 von Hermann Ebbinghaus gemeinsam mit dem Physiker und Physiologen Arthur

König[80] als publizistisches Forum der Psychologie nach Wundt begründete *Zeitschrift für Psychologie und Physiologie der Sinnesorgane* stellte jenen sozialen Zusammenhang her, aus dem sich in der Folge eine eigene, d. h. von der Community der Fachphilosophen unabhängige Scientific Community der Experimentalpsychologen entwickelte. Mit der Gründung einer schulenübergreifenden Fachzeitschrift und eines wissenschaftlichen Psychologen-Verbands waren die ersten Schritte zur formalen Institutionalisierung der Psychologie als Einzeldisziplin getan. Offen blieb die Integration des jetzt auch allgemein sichtbar als eigenständig beanspruchten Wissensgebiets in den bestehenden wissenschaftlichen Fächerkanon. Für die Vorkämpfer einer einzelwissenschaftlichen Psychologie galt es also eine Antwort auf die Frage zu finden, wie denn eine von der Philosophie losgelöste Psychologie im überkommenen Universitätssystem verankert werden sollte.

Diese wissenschaftspolitischen Implikationen der positivistischen Psychologie sind Thema der nachstehenden Erörterungen. Damit ist ein Wechsel der Perspektive verbunden: Anstelle der philosophischen rücken jetzt die *sozialen* Grundlagen der Herausbildung der modernen Psychologie ins Zentrum des Interesses. Es wird zunächst eine allgemeine Orientierung über die soziale Seite der historischen Entwicklung psychologischer Forschung gegeben; danach wendet sich die Analyse den zeitgenössischen Kontroversen um die akademische Stellung des Faches zu.

Psychologie ist als Forschungswissenschaft im Schoße der Philosophie entstanden. Dem üblichen Sprachgebrauch der Wissenschaftsforschung folgend, ist die für ihre Anfänge charakteristische Übernahme naturwissenschaftlicher Denk- und Forschungsweisen in den Kontext der Philosophie als „Innovation“ zu bezeichnen. Für die Durchsetzung und Verbreitung wissenschaftlicher Innovationen bildete im deutschsprachigen Wissenschaftssystem das im Humboldtschen Universitätsmodell verankerte Prinzip der Lehrfreiheit die soziale Voraussetzung: „Lehrfreiheit“ bedeutete, dass ein Universitätsprofessor die in seinem Ernennungsdekret umschriebenen Lehrfächer nach eigenem Gutdünken vertreten konnte. Natürlich waren dieser Freiheit Grenzen gesetzt: Der wissenschaftliche Charakter der in Lehre und Forschung präsen-

80 Arthur König (1856–1901) studierte in Bonn, Heidelberg und Berlin, ehe er 1882 bei Helmholtz in Physik promovierte. 1884 habilitierte er sich an der Berliner Universität für Physik. Nach dem Abgang Helmholtz' an die neue Physikalisch-Technische Reichsanstalt wurde König zum außerordentlichen Professor für Experimentalphysik an der Philosophischen Fakultät und mit 30. Juli 1889 zum Vorstand der 4. (physikalischen) Abteilung des von Du Bois-Reymond geleiteten Physiologischen Instituts ernannt. Königs Hauptarbeitsgebiet war die physiologische Optik. Vgl. dazu Gundlach (1986b, S. 137–138).

tierten Inhalte musste in jedem Fall gewahrt sein. Jede Form der Innovation bedurfte daher der wissenschaftlichen Rechtfertigung. Wenn Wundt in Leipzig in dem von ihm als Universitätseinrichtung gegründeten Labor experimentalpsychologische Forschungen anleitete, so tat er dies als Ordinarius für Philosophie, d. h. als jemand, der für die Arbeit im psychologischen Labor allein schon kraft seines Amtes philosophische Relevanz beanspruchte. Nur weil dieser Anspruch in einer weiteren wissenschaftlichen Öffentlichkeit glaubhaft zu vertreten war, konnte das Leipziger Institut im Zusammenhang mit einem Philosophie-Lehrstuhl ins Leben gerufen und in der Folge auch am Leben erhalten werden.

Um den Sachverhalt, auf den es hier ankommt, präzise zu fassen, muss etwas weiter ausgeholt werden. Zu fragen ist, was (Natur-)Wissenschafter von Berufs wegen eigentlich tun.[81] Sie forschen, d. h. sie gehen mit materiellen oder immateriellen „Objekten" um – sie beobachten, experimentieren, messen, berechnen etc. Sie tun dies aber nicht für sich allein, sondern in und für die Gemeinschaft mit anderen; sie kommunizieren, kooperieren, kurzum: sie interagieren mit anderen: mit Mitarbeitern, dann mit Fachkollegen, aber auch mit Personen und Institutionen, die vom eigentlichen Forschungsprozess weiter entfernt sind: mit Fakultätsangehörigen, Ministerialbehörden, Politikern etc. Zwei Formen wissenschaftlicher Interaktion sind mithin voneinander zu differenzieren: Interaktionen, die auf den unmittelbaren Forschungsprozess und damit auf die Forschungsgruppe – z. B. Professor, Assistenten und Studenten im Labor – beschränkt sind, und solche, die das engere oder weitere Umfeld der Forschungstätigkeit betreffen. Zweck Letzterer ist es, den sozialen Kontext, in dem die konkrete Forschung stattfindet, möglichst günstig zu gestalten. Man kann also vom eigentlichen Forschungshandeln ein „Handeln-in-die-Umwelt-hinein", ein „Wissenschaftshandeln", unterscheiden, das dazu dient, das Forschungshandeln selbst zu ermöglichen. Inhaltlich ist Wissenschaftshandeln stets aufs Engste mit der Legitimierung von Erkenntnisansprüchen verbunden: mit der Legitimierung individueller Erkenntnisansprüche gegenüber Kollegen und damit mit der Sicherung des eigenen Status innerhalb der wissenschaftlichen Gemeinschaft; mit der Legitimierung fachlicher Erkenntnisansprüche gegenüber den Erkenntnisansprüchen konkurrierender Disziplinen; und schließlich – sowohl auf individueller wie auf kollektiver Ebene – auch mit der Legitimierung des eigenen Forschungshandels gegenüber den für die Finanzierung von Wissenschaft zuständigen Stel-

81 Vgl. zum Folgenden Krohn u. Küppers (1989).

len, d. h. im Falle des deutschsprachigen Wissenschaftssystems jener Zeit, die es hier zu behandeln gilt, gegenüber den für die Verwaltung der Universitäten verantwortlichen ministeriellen Behörden.

Resultat erfolgreichen Wissenschaftshandelns ist letztlich immer die Schaffung überdauernder sozialer Strukturen, die eine Weitergabe der dem konkreten Forschungshandeln zugrunde liegenden theoretischen und technisch-handwerklichen Voraussetzungen sichern und damit einen kontinuierlichen Erkenntnisfortschritt garantieren sollen. Für die experimentalpsychologische Forschung von entscheidender Bedeutung ist in dieser Hinsicht die Einrichtung von psychologischen Laboratorien. Der Unterschied von privaten Labors und an der Universität etablierten Forschungseinrichtungen ist in der Diskussion der Entwicklung der psychologischen Konzeption Wilhelm Wundts bzw. im Zusammenhang mit der Herausbildung von verbindlichen wissenschaftlichen Standards der experimentellen Gedächtnisforschung schon erörtert worden. Die Gründung solcher universitären Forschungsstätten setzt voraus, dass sie von jenem Professor, der sie betreibt, vor seinen Kollegen in der zuständigen Fakultät und dann vor allem vor den die Ausstattung finanzierenden Ministerialbehörden als für den Fortschritt der wissenschaftlichen Forschung unbedingt notwendig ausgegeben werden kann. Die Laboratoriumsarbeit selbst wird dann – sieht man von den selbständigen Arbeiten des Leiters und seiner Assistenten ab – vorwiegend von höhersemestrigen Studenten durchgeführt, die auf der Grundlage experimenteller Untersuchungen ihre Dissertationen erarbeiten. Über die wissenschaftliche Legitimität der geleisteten Laborforschung entscheidet die Akzeptanz der daraus hervorgegangen Publikationen in der Scientific Community.

Das erste experimentalpsychologische Universitätsinstitut hat Wilhelm Wundt in Leipzig gegründet.[82] Es diente in der Folge einer ganzen Generation von Psychologen als Vorbild für die Einrichtung ähnlicher Institute an anderen Universitäten. Bis zum Beginn des Ersten Weltkriegs ist eine wahre Welle von solchen Laborgründungen zu konstatieren, die die zunehmende wissenschaftliche Akzeptanz psychologischer Forschung – und d. h. nichts anderes als den Erfolg der von ihren Protagonisten verfolgten Legitimierungsstrategien – widerspiegelt: 1914 bestanden immerhin schon an 13 der 21 deutschen und zwei der drei „österreichischen“, d. h. cisleithanischen Univer-

82 Zur Geschichte der Gründung des Leipziger Instituts und damit zu Wundts Strategie des Wissenschaftshandelns vgl. z. B. Bringmann u. Ungerer (1980a).

sitäten experimentalpsychologische Laboratorien. Gründungsdaten und Gründer sind in Tabelle 3 angeführt.[83]

Tabelle 3: Gründung von experimentalpsychologischen Instituten an deutschsprachigen Universitäten bis 1914

Gründungsjahr	Universität	Gründer
1879[a]	Leipzig	Wilhelm Wundt
1886[b]	Berlin	Hermann Ebbinghaus
1887	Göttingen	Georg Elias Müller
1889[c]	München	Carl Stumpf
1889	Freiburg	Hugo Münsterberg
1891	Halle	Benno Erdmann
1894	Graz	Alexius Meinong
1894	Breslau	Hermann Ebbinghaus
1896	Würzburg	Oswald Külpe
1897	Innsbruck	Franz Hillebrand
1898	Bonn	Benno Erdmann
1898	Kiel	Götz Martius
1904	Frankfurt[d]	Karl Marbe
1905	Königsberg	Ernst Meumann
1907	Münster	Ernst Meumann
1911	Hamburg[e]	Ernst Meumann
1912	Marburg	Erich Rudolf Jaensch

[a] zunächst aus privaten Mitteln eingerichtet; offizielle Anerkennung 1883

[b] zunächst aus privaten Mitteln in von der Universität zur Verfügung gestellten Räumlichkeiten eingerichtet; offizielle Gründung 1893 durch Carl Stumpf

[c] zunächst aus privaten Mitteln eingerichtet; offizielle Gründung 1894 durch Theodor Lipps

[d] Akademie für Sozial- und Handelswissenschaften; Gründung als Universität 1914

[e] Kolonialinstitut; Gründung als Universität 1919

Für die akademische Etablierung wissenschaftlicher Innovationen waren in dem zur Diskussion stehenden Zeitraum die Bedingungen sehr günstig. Bis 1914 stiegen die staatlichen Ausgaben für den Wissenschaftsbetrieb in Deutschland gegenüber den Jahren der Reichsgründung um beinahe das Fünffache (Ash, 1985, S. 46). Zweifellos hat die experimentalpsychologische Forschung an diesem Wachstum partizipiert. Doch war das Ausmaß dieser Partizipation tatsächlich viel geringer, als die bloß quantitative Bestandsaufnahme

83 Vgl. die Zusammenstellung für Deutschland bei Ash (1995, S. 413). Die Daten über Graz und Innsbruck wurden vom Autor ergänzt.

der Laboratorien vermuten lässt. Die personelle wie die sachliche Ausstattung der meisten der in Tabelle 3 angeführten Einrichtungen war schlichtweg erbärmlich. Wenige Monate vor dem Ausbruch des Ersten Weltkriegs beklagte sich beispielsweise Georg Elias Müller, dass ihm vom Jahresbudget seines Göttinger Instituts über 1200 Mark Jahr für Jahr nur etwa 140 Mark für den Ankauf von Apparaten übrig bleiben (Müller, 1914, S. 106–107). Mitchell Ash (1995, S. 17–18) hat errechnet, dass im Studienjahr 1913/14 die sieben bestdotierten Psychologischen Universitätslaboratorien zusammen mit etwa 17 600 Mark ihr Auslangen finden mussten. Das war bloß wenig mehr als ein Viertel jener Summe, die im selben Jahr allein vom Physiologischen Institut der Universität Berlin ausgegeben wurde. Unabhängig von der Qualität der Forschungsmöglichkeiten zeugt aber allein die Tatsache des Bestands solcher Laboratorien davon, dass es ihren Betreibern gelungen war, eine gewisse Zahl an Studenten für die experimentelle Forschung zu gewinnen. Das Labor bot diesen die Möglichkeit, mit einer experimentalpsychologischen Arbeit zu dissertieren. Es ist also davon auszugehen, dass mit der Zahl der Institute auch die Zahl einschlägiger Forschungsarbeiten stark angestiegen ist. Wie aber konnten die jetzt an vielen verschiedenen Einrichtungen produzierten Forschungsergebnisse kommuniziert werden? Aufgrund der gegen Ende des 19. Jahrhunderts zunehmend kritischer werdenden Haltung der „reinen" Philosophen gegenüber dem Eindringen des experimentellen Forschungsstils in den Diskurszusammenhang der Hochschulphilosophie hing die Verfestigung des wissenschaftlichen Kommunikationsflusses auf dem neuen Gebiete letztlich davon ab, ob es den Psychologen gelang, sich Publikationsmöglichkeiten zu erschließen, die der Kontrolle ihrer Gegner entzogen waren. Mit gutem Recht wird von Wissenschaftsforschern in der Untersuchung der Entwicklung neuer einzelwissenschaftlicher Disziplinen stets auf die Bedeutung der Gründung eigenständiger Fachzeitschriften hingewiesen: Die eigene Zeitschrift sichert – zumindest partiell – die Unabhängigkeit der Beurteilungskriterien wissenschaftlicher Forschung, befördert Kritik und Kommunikation neuer Forschungsergebnisse und trägt zudem wesentlich dazu bei, die Sichtbarkeit des sich konstituierenden Fachs in der weiteren Scientific Community zu erhöhen. (Weingart, 1976, S. 59–61)

Im Falle der Psychologie stellten die von Wundt begründeten *Philosophischen Studien* ein solches selbständiges wissenschaftliches Publikationsorgan dar. Ihr erstes Heft kam im Oktober 1881 heraus. Es enthielt einen theoretischen Aufsatz Wundts „Über psychologische Methoden" (Wundt, 1883a) und eine Zusammenfassung der ersten aus dem Leipziger Labor hervorgegangenen Dissertation (Friedrich, 1883). Die einzelnen Hefte erschienen in unregelmäßiger Folge, immer dann, wenn gerade genügend Artikel zur Publikation beisammen waren. Der erste Band war im Dezember 1882 abgeschlossen und wurde mit der Jahreszahl 1883 versehen. In einem Schlusswort äußerte sich Wundt über den Zweck seines Journals: „Es ist nicht meine Absicht gewesen, hier einen Sprechsaal zu eröffnen, in welchem die Vertreter aller möglichen und unmöglichen philosophischen Standpunkte nach Herzenslust ihre Stimme erheben können. Diese Aufgabe überlasse ich den philosophischen Zeitschriften. [...] Die einzige Absicht derselben [der *Philosophischen Studien*] ist es, eine Anzahl von Arbeiten mitzutheilen über philosophische Probleme, deren Behandlung mir fruchtbringend zu sein scheint, und von einem Standpunkte aus, den ich für den wissenschaftlichen halte. [...] Sie werden ihr erstes Augenmerk auf den Ausbau der experimentellen Psychologie richten, weil dieses Gebiet nach meiner Ueberzeugung zunächst am meisten einer exacten Bearbeitung fähig und bedürftig ist." (Wundt, 1883b, S. 616–617)

Wundt hat dieses ursprüngliche Programm über die nächsten 20 Jahrgänge hinweg konsequent durchgehalten: Er druckte Forschungsberichte von am Leipziger Laboratorium durchgeführten experimentalpsychologischen Untersuchungen ab und immer wieder auch eigene Abhandlungen vor allem zu erkenntnis- bzw. wissenschaftstheoretischen Fragen. Der Titel der Zeitschrift war mit Bedacht gewählt: Das Adjektiv „philosophisch" sollte, wie Wundt 1903 im Epilog zum letzten Band der Zeitschrift und dann auch noch viele Jahre später in seiner Autobiographie bemerkte, als eine Art Kampfansage verstanden werden – als Kampfansage sowohl gegen die Empiriefeindlichkeit der „reinen" Philosophen als auch gegen die Philosophiefeindlichkeit der modernen Physiologen. Dass Wundt jenseits aller polemischen Scharmützel im tiefsten Grunde seines Denkens davon überzeugt war, dass die Psychologie nicht nur ein legitimes Teilgebiet, sondern überhaupt die erfahrungswissenschaftliche Grundlage der Philosophie zu bilden hat, ist weiter oben bereits ausführlich gezeigt worden.

Die *Philosophischen Studien* waren eine typische Zeitschrift einer bestimmten Schule. Außerhalb des Leipziger Kontexts betriebene Forschung fand darin keinen Platz zur Darstellung. Wundt-kritische Psychologen mussten sich also um andere Publikationsmöglichkeiten umschauen: Sie pflegten – wie es zur Einführung in den ersten Band der *Zeitschrift für Psychologie* hieß – „ihre Resultate [...] in physiologischen, philosophischen, physikalischen, medizinischen und anderen Zeitschriften niederzulegen" (Ebbinghaus u. König, 1890,

S. 3). Diese publizistische Zersplitterung wirkte sich vor allem auf die Theoriebildung negativ aus: Es gab eine Vielzahl von zum Teil in entlegenen Journalen veröffentlichten Einzelbefunden, die kaum zu überblicken, geschweige denn theoretisch zu integrieren war. Dem mehr und mehr verspürten Bedürfnis nach einer „Vereinigung von Personen und Anschauungen" (ebd., S. 3), die nicht dem Einflussbereich der Wundt'schen Psychologie entstammten, Abhilfe verschafft zu haben, war schließlich das Verdienst von Hermann Ebbinghaus. Zusammen mit Arthur König gab er von 1890 an eine neue Zeitschrift heraus: die erste schulenübergreifende Fachzeitschrift des deutschen Sprachraums, die berühmte *Zeitschrift für Psychologie und Physiologie der Sinnesorgane.*[84]

Ziele und Aufgaben des neuen Journals brauchten nach Auffassung der beiden Redakteure nicht ausdrücklich formuliert werden. Die Namen derer, die als Mitherausgeber fungierten, waren Programm genug: Hermann Aubert, Sigmund Exner, Hermann Helmholtz, Ewald Hering und Johannes Kries unter den Physiologen, Theodor Lipps, Georg Elias Müller, Wilhelm Preyer und Carl Stumpf unter den Psychologen. Keiner aus dieser Gruppe hatte je einen Artikel in Wundts *Philosophischen Studien* publiziert. Die im Titel angezeigte Anbindung an die Physiologie – von einer „Doppelwissenschaft" war im Geleitwort zum ersten Band die Rede – machte deutlich, dass die Herausgeber die Psychologie in der gleichen Weise wie diese als eine experimentelle Naturwissenschaft betrieben wissen wollten. Für Ebbinghaus und König offenbar eine Selbstverständlichkeit, kaum der Mühe wert, darüber viele Worte zu verlieren. Im Text zur Einführung der neuen Zeitschrift hieß es lapidar: „Die ersten gelungenen Versuche sind gemacht, die psychischen Phänomene und die Bedingungen ihres Auftretens durch Zählung und Messung genau festzustellen und experimentell zu variieren. Mit einem Worte, die Erforschung der geistigen Vorgänge hat begonnen, sich zu einer so weit als möglich exakten Wissenschaft zu gestalten." (ebd., S. 2)

Gewiss sollte die Zusammenarbeit mit berühmten Physiologen der jungen Psychologie Prestige verschaffen. Ebbinghaus und König schien es darüber hinaus aber auch noch um etwas anderes zu gehen: Die neue Zeitschrift wird sich, so schrieben sie gegen Ende ihrer Einführung, „ausschließlich der Psy-

---

84 In England existierte seit 1876 die von Alexander Bain gegründete Zeitschrift *Mind*, wo neben philosophischen auch experimentalpsychologische Arbeiten aus dem angelsächsischen Sprachraum abgedruckt wurden. In den USA hatte von 1887 an G. Stanley Hall mit dem berühmten *American Journal of Psychology* die erste – im heutigen Sinn – psychologische Fachzeitschrift der Welt herausgegeben. Vgl. Carpintero (1993).

chologie und der *dazu gehörigen* Physiologie des Nervensystems" widmen, soweit „letztere *Beziehungen zu den geistigen Vorgängen* besitzt" (ebd., S. 3).[85] Das klingt wie eine Vorwegnahme der späteren Programmatik der positivistischen Psychologie – niedergeschrieben drei Jahre vor dem Erscheinen des richtungsweisenden Lehrbuchs von Oswald Külpe (Külpe, 1893), in dem die Untersuchung von „Erlebnissen" eben in ihrer Abhängigkeit von physiologischen Prozessen als eigentliche Aufgabe der wissenschaftlichen Psychologie bestimmt wurde. Das von Ebbinghaus und König gegründete Publikationsorgan sollte – wie durch die Mitarbeit von Theodor Lipps und Carl Stumpf verbürgt – allen Formen experimenteller Psychologie offen stehen. Insbesondere sollte es aber auch als Sprachrohr der Positivisten dienen.

In den eineinhalb Jahrzehnten nach der Gründung der *Zeitschrift für Psychologie* entstanden neue Zeitschriftenprojekte. Zunächst in Grenzgebieten: Der Psychiater und Wundt-Schüler Emil Kraepelin gab von 1896 an die *Psychologischen Arbeiten* heraus; 1899 ließ Ferdinand Kemsies den ersten Band der *Zeitschrift für pädagogische Psychologie* erscheinen. Anwendungsbezogene Forschungen wurden in den seit 1903 von William Stern redigierten *Beiträgen zur Psychologie der Aussage* abgedruckt. Ebenfalls 1903 stellte Wilhelm Wundt das Erscheinen seiner *Philosophischen Studien* ein. Sie sollten in einer erweiterten, d. h. den engen Bezugsrahmen des Leipziger Instituts sprengenden Form in dem von Ernst Meumann herausgegebenen *Archiv für die gesamte Psychologie* ihre Fortsetzung finden. Nach anfänglicher Mitarbeit distanzierte sich Wundt aber von diesem Projekt: Er warf Meumann vor, das seit 1903 erscheinende *Archiv* zu einem bloßen Diskussionsforum für Erziehungsfragen umzuwandeln und damit den wissenschaftlichen Charakter des Unternehmens in Frage zu stellen (Bringmann u. Ungerer, 1980b, S. 70). Von 1905 an führte Wundt daher wieder sein eigenes Journal, von nun an unter dem Titel: *Psychologische Studien.*

Diese rege Entwicklung publizistischer Aktivitäten im Bereich der Psychologie war durch die Gründung der *Zeitschrift für Psychologie* in die Wege geleitet worden. Die Bedeutung der *Zeitschrift* für den Institutionalisierungsprozess der Psychologie ist aber damit noch lange nicht erschöpfend beschrieben. Sie war mehr als bloß ein Vorbild für die Einrichtung neuer Fachjournale: Sie stellte einen überregionalen Kommunikationszusammenhang her, der nun auch die soziale Grundlage für den *personellen* Zusammenschluss der im Bereich der Experimentalpsychologie tätigen Forscher abgeben konnte. Die Ini-

85 Hervorhebungen im Text G. B.

tiative für die Gründung eines solchen wissenschaftlichen Verbandes für experimentelle Psychologie ging schließlich von dem Psychiater Robert Sommer und von Friedrich Schumann aus. [86] Beiden gelang es, Georg Elias Müller als Galionsfigur für ihr Vorhaben zu gewinnen. Nach dem Vorbild der *Allgemeinen deutschen Naturforscherversammlung* mit ihren verschiedenen Sektionen und der bereits seit 1892 in den USA bestehenden *American Psychological Association* wollte man eine Gesellschaft ins Leben rufen, deren wissenschaftliche Kongresse einen „Vereinigungspunkt" aller psychologischen Bestrebungen im deutschen Sprachraum darstellen sollten. Ein Initiativ-Komitee[87] übernahm die Vorbereitung des Gründungskongresses, der dann im April 1904 in Gießen, wo Sommer ein Jahr zuvor an seiner Klinik ein experimentalpsychologisches Laboratorium eingerichtet hatte, stattfand. Anlässlich der am 20. April im Rahmen des Kongresses abgehaltenen Gründungsversammlung wurden Georg Elias Müller als Vorsitzender, Robert Sommer als dessen Stellenvertreter, Friedrich Schumann als Schriftführer und Kassier sowie Hermann Ebbinghaus, Sigmund Exner, Oswald Külpe und Ernst Meumann in den Vorstand der neuen *Gesellschaft für experimentelle Psychologie* gewählt.

Es waren also gerade die Protagonisten der positivistischen Wende der Psychologie, die die Gründung der Scientific Community der Experimentalpsychologen vorangetrieben hatten. Unter den 104 Gründungsmitgliedern – vorwiegend Professoren der Philosophie und der Physiologie, Ärzte, Gymnasiallehrer – stellten sie aber nur eine Gruppe unter vielen dar: Neben der Wundt'schen und der positivistischen Psychologie existierte damals eine Vielzahl anderer psychologischer Schulen und Richtungen, die sich zum Teil im offenen Widerstreit mit den Positivisten befanden: die empirische Psychologie Brentanos, eng verwandt damit die Grazer Meinong-Schule, „geisteswissenschaftliche" Strömungen im Anschluss an Dilthey, schließlich – immer noch präsent – die letzten Reste der Herbart'schen Psychologie. „Vielerleiheit ist die Jugendkrankheit unseres Gebietes", schrieb ein zeitgenössischer Beobachter und Gründungsmitglied der *Gesellschaft für experimentelle Psychologie*, um dann die „Buntscheckigkeit" der „psychologische Landkarte der Gegenwart" gar mit der politischen Zersplitterung Deutschlands „in den Tagen der seligen Kleinstaaterei" zu vergleichen (Stern, 1900, S. 414). „Viele neue Psy-

86 Zum Folgenden vgl. Sommer (1932).

87 Neben Müller, Schumann und Sommer gehörten dem Initiativkomitee auch Hermann Ebbinghaus, Ernst Meumann und Oswald Külpe, später schließlich noch Sigmund Exner, Karl Groos, Ewald Hering, Johannes von Kries, Hermann Siebeck und Carl Stumpf an.

chologien giebt [sic] es, aber noch nicht *die* neue Psychologie." Der Satz, der wie eine Paraphrase der berühmten Einführung aus Karl Bühlers *Die Krise der Psychologie* (Bühler, 1927) klingt, entstammt der Feder des jungen William Stern (Stern, 1900, S. 415), der sie bereits im Jahr 1900 notierte, zu einem Zeitpunkt, als Karl Bühler gerade Medizin zu studieren begonnen hatte.

Aber das war schließlich auch das erklärte Ziel der Aktivisten gewesen: dass der Verband möglichst allen an einer Förderung der experimentellen Psychologie interessierten Forschern und Gelehrten eine wissenschaftliche Heimat bieten sollte. Je größer die Basis war, auf der der Zusammenschluss erfolgen konnte, umso größer seine Sichtbarkeit und damit Bedeutung in der wissenschaftlichen Öffentlichkeit. Dementsprechend allgemein waren auch die Bedingungen der Mitgliedschaft formuliert. Nach § 2 der von Georg Elias Müller ausgearbeiteten Vereinsstatuten konnte Mitglied werden, „wer eine Arbeit von wissenschaftlichem Werte aus dem Gebiet der Psychologie oder deren Grenzgebieten veröffentlicht hat". Das Urteil über den „wissenschaftlichen Wert" behielt sich der Vorstand vor: Beitrittswillige mussten über Vermittlung des Schriftführers einen Antrag an den Vorstand stellen, der dann mit einfacher Majorität über die Aufnahme zu entscheiden hatte (Schumann, 1904, S. XXI).

Angesichts dieser Ausgangssituation braucht es nicht weiter zu verwundern, dass es vor allem „Negativa", d. h. Abgrenzungen gegenüber anderen psychologischen Richtungen und Bemühungen waren, die den Verband zusammenhielten: die Abgrenzung gegenüber allen Formen der Alltagspsychologie, die Zurückweisung von Okkultismus und Spiritismus, also die Ablehnung dessen, was mit Max Dessoir damals als „Parapsychologie" bezeichnet wurde; und schließlich das immer wiederkehrende Bekenntnis, dass die wissenschaftliche Psychologie ohne „philosophische Spekulation", ohne „Metaphysik" auszukommen habe. Weil der Anspruch auf „Wissenschaftlichkeit" nicht über einen Konsens in wissenschaftstheoretischen oder inhaltlich-konzeptuellen Grundfragen zu begründen war, musste zu seiner Rechtfertigung der aus den Naturwissenschaften entlehnte Forschungsstil herhalten. Daher der Name: Gesellschaft für *experimentelle* Psychologie, den die Vereinigung bis 1929 beibehielt. Man darf die strategische Absicht, die hinter dieser Bezeichnung stand, nicht übersehen: Ein verbindliches Einvernehmen in Bezug auf die Methodologie existierte ebenso wenig, wie es einen Konsens über „inhaltliche" Fragen gab.

Auch in Hinblick auf das Verhältnis zur Mutterdisziplin Philosophie gab es unterschiedliche Auffassungen. Die auf die Wissenschaftstheorie von Mach und Avenarius gestützte Neubestimmung der Psychologie hatte auf der Ebene der Theoriebildung die Lösung von der Philosophie praktisch schon vollzogen. Sie fand unter den jetzt in einem eigenen wissenschaftlichen Verband geeinten Psychologen alles andere als ungeteilte Zustimmung. William Stern war beileibe nicht der einzige, der davon überzeugt war, dass die Psychologie in Zukunft wieder „viel philosophischer werden müsse" (ebd., S. 430).

Die Philosophen aber wollten mit der neuen, sich selbst nach außen hin so lautstark als Naturwissenschaft gerierenden Psychologie zunehmend weniger zu tun haben. Ihre Angriffe wurden heftiger. Sie zielten vor allem auf die Positivisten ab und trafen – weil die positivistische Avantgarde für die Positionierung des Faches in der wissenschaftlichen Öffentlichkeit sorgte – die Disziplin als Ganzes. Wilhelm Diltheys berühmter Essay *Ideen über eine beschreibende und zergliedernde Psychologie* (Dilthey, 1894), in dem der „erklärenden", d. h. der naturwissenschaftlichen Psychologie eine materialistische Grundtendenz unterstellt und ihre Irrelevanz sowohl für die Geisteswissenschaften als auch für die Erkenntnistheorie aufgezeigt wurde (vgl. dazu ausführlich S. 167–190), markierte nur den Anfang der öffentlichen Kritik und Polemik.[88] Neo-Kantianer wie Heinrich Rickert und Wilhelm Windelband hatten schon vor der Jahrhundertwende damit begonnen, die positivistischen Psychologen beim Wort und damit die Psychologie als Gesetzes- und das hieß als Naturwissenschaft zu nehmen: Zu den eigentlichen Zielen der Philosophie, zur Begründung logischer Regeln für die „Kulturwissenschaften" und ethischer Normen für das praktische Leben konnte ihrer Auffassung nach naturwissenschaftliches Denken und Forschen grundsätzlich nichts beitragen. Die Botschaft war nicht zu überhören: Eine forschungswissenschaftliche Psychologie hatte in der Philosophie nichts verloren.

In eine ähnliche Richtung argumentierte auch Edmund Husserl: Der Kardinalfehler der erfahrungswissenschaftlichen Psychologie lag für ihn darin, dass sie dazu tendierte, ihre experimentellen Inszenierungen an Bewusstseinsvorgängen für eine Analyse des Bewusstseins selbst zu halten. Aus der Auszählung richtiger und falscher Urteile einer Versuchsperson über die Gleichheit bzw. Verschiedenheit zweier Objekte war, wie Husserl meinte, nichts über die Natur des Urteilens zu erfahren. Dazu bedurfte es eines anderen als des naturwissenschaftlichen Verfahrens – eines Verfahrens, das allgemein dadurch ausgezeichnet sein musste, dass es den gegenüber den Realitäten der Natur bestehenden Eigentümlichkeiten des Bewusstseins – im letzten Grunde dem allen

88 Vgl. zum Folgenden vor allem Ash (1980b).

Bewusstseinsvorgängen inhärenten Merkmal der Intentionalität – gerecht werden konnte. Die phänomenologische Analyse, mit der Husserl im Anschluss an Brentanos deskriptive Psychologie das Fundament für die Begründung einer reinen Logik im zweiten Band seiner *Logischen Untersuchungen* (Husserl, 1901) auszulegen begann, war mithin ein dezidiert antipsychologisches, d. h. rein „philosophisches" Unternehmen.[89]

Je mehr die Psychologen durch ihre öffentlich zur Schau getragene Verpflichtung auf die experimentelle Forschungsweise in wissenschaftlichen Kreisen an eigenständigem Profil gewannen, desto schärfer wurde der Ton der Kritik der Philosophen: In den letzten Jahrzehnten des 19. Jahrhunderts hat es, so hieß es etwa bei Windelband (1909, S. 92), in Deutschland anstelle von Philosophie nur zwei Surrogate gegeben: Geschichte der Philosophie und Psychologie. Im Falle der Letzteren „wurde der Zustand umso enger und einseitiger, je mehr zeitweilig in ihr durchaus das experimentell-psychophysische Moment überwog und alles zu sein beanspruchte. Es war eine Zeitlang in Deutschland beinahe so, dass der Befähigungsnachweis zum Besteigen eines philosophischen Katheders schon als erbracht galt, wenn jemand methodisch auf elektrischen Knöpfen zu tippen gelernt hatte und in langen, tabellarisch wohl geordneten Versuchsreihen zahlenmäßig beweisen konnte, dass manchen Menschen langsamer etwas einfällt, als anderen. Das war ein wenig erfreuliches Bild in der Geschichte der deutschen Philosophie."

Solche und ähnliche Passagen machen deutlich, wie sehr die Auseinandersetzung auch durch Ressentiments bestimmt war: Experimentelle Forschung, allgemeiner: das Sammeln empirischer Fakten, galt so manchem Philosophen als höchst geistloses Unterfangen: das Experimentieren eine „banausische Kunst"; der experimentelle Psychologe „bestenfalls ein wissenschaftlicher Handwerker". Ein „wissenschaftlicher Handwerker", so kommentierte Wilhelm Wundt die Haltung einiger Professoren-Kollegen, „paßt aber nicht unter die Philosophen" (Wundt, 1913, S. 9). Aber mehr noch als durch alte Vorurteile war die Kritik der Philosophen durch unverhohlene Standesinteressen motiviert. Experimentalpsychologen konkurrierten mit „reinen" Philosophen an den Universitäten um bestehende bzw. neu errichtete Lehrstühle der Philosophie. Die oben in Tabelle 1 genannten Daten über Laborgründungen an deutschsprachigen Universitäten lassen erahnen, dass es den Vertretern der Psychologie in den letzten beiden Jahrzehnten gelungen war, ihre

89 Vgl. dazu S. 191–213, wo Brentanos Grundlegung einer empirischen Psychologie ausführlich dargelegt wird.

Position gegenüber – oder, wie es die Philosophen empfinden mochten: auf Kosten – der „reinen" Philosophie zu stärken. Und tatsächlich: Während in Deutschland zwischen 1892 und 1914 die Anzahl der Professuren für Philosophie von 39 auf 44, d. h. um etwa 13 % anstieg, hat sich die Zahl von experimentierenden Psychologen auf solchen Lehrstühlen im selben Zeitraum von drei auf zehn erhöht, also mehr als verdreifacht (Ash, 1985, S. 53).

Kein Wunder, dass die Psychologen mit ihrer „Doppelidentität" als Philosophen und Psychologen gut zu leben vermochten: So fiel es ihnen auch nicht allzu schwer, davon zu reden, dass Philosophie und Psychologie „aufeinander angewiesen" wären und „gemeinschaftliche Interessen" hätten. Bezeichnend war die Formulierung, die Stern 1900 zur Charakterisierung des Verhältnisses gefunden hatte: „Getrennt marschieren und vereint schlagen", denn die „großen Entscheidungsschlachten des Geistes" könnten „nicht ohne die Bundesgenossenschaft der Philosophie, vielmehr nur unter ihrer Oberleitung geschlagen werden" (Stern, 1900, S. 329–330). Es fragt sich nur, gegen wen man eigentlich gemeinsam losschlagen sollte. Für die „reinen" Philosophen jedenfalls stellte sich die Sache anders dar: Eine „Entscheidungsschlacht" stand tatsächlich an – allerdings nicht gemeinsam mit, sondern gegen die Psychologen.

Als im Herbst 1912 mit Erich Rudolf Jaensch gegen den Willen der ansässigen Philosophen ein Experimentalpsychologe als Nachfolger des Neokantianers Hermann Cohen nach Marburg berufen worden war, gingen die Philosophen zur Offensive über. Auf Initiative von Rudolf Eucken, Edmund Husserl, Paul Natorp, Heinrich Rickert, Alois Riehl und Wilhelm Windelband kam im Jänner 1913 eine „Erklärung gegen die Besetzung von philosophischen Lehrstühlen mit Vertretern der experimentellen Psychologie" zustande, die im folgenden Monat an den philosophischen Fakultäten aller deutschsprachigen Universitäten zirkulierte und auch den zuständigen Ministerien übermittelt wurde. Die darin erhobene Forderung, für die Einrichtung eigener Lehrstühle für experimentelle Psychologie Sorge zu tragen und bestehende Philosophie-Lehrstühle ausschließlich der Besetzung mit „reinen" Philosophen vorzubehalten, wurde von insgesamt 107 Professoren und Dozenten der Philosophie – in etwa zwei Drittel aller damals in diesem Bereich tätigen Hochschullehrer – unterzeichnet und somit mitgetragen.[90]

Die Betroffenen wussten natürlich, was von der so selbstlos klingenden Forderung nach der Schaffung eigener Lehrstühle für experimentelle Psychologie zu halten war: Zwischen der Verteilung von Bestehendem und der Ver-

90 Der Text der Erklärung findet sich z. B. bei Benetka (1990, S. 28–29) abgedruckt.

teilung von Noch-nicht-Bestehendem bestand ein großer Unterschied: „Dem einen schenkt man 100 Tlr. und dem anderen verspricht man sie!" – wie einer der vielen zeitgenössischen Kommentatoren der Debatte die Scheinheiligkeit der Strategie der Philosophen ironisch zu entlarven suchte (Hillebrand, 1913, S. 5).

Für die Psychologie als Ganzes war eine missliche Situation entstanden: Die bislang so erfolgreiche Strategie der schrittweisen Verselbständigung als Einzeldisziplin unter gleichzeitiger Beibehaltung der institutionellen Anbindung an die Philosophie war auf erbitterten Widerstand und somit offenbar auch an ihre Grenzen gestoßen. Als besonders schwierig stellte sich die Lage aber gerade für die positivistischen Psychologen dar. Rickerts Bemerkung in der *Frankfurter Zeitung*, dass sich schließlich die Psychologen „selbst durch ihre wissenschaftliche Tätigkeit von der Philosophie getrennt" hatten (ebd., S. 8), mussten sie im Grunde ihres Herzens ebenso zustimmen, wie der von den „reinen" Philosophen ganz selbstverständlich vertretenen Gleichsetzung der experimentellen Psychologie mit der Psychologie überhaupt. Der theoretische Anspruch, dass die experimentelle Psychologie als eine Einzelwissenschaft aufzufassen ist, war rasch erhoben. Jetzt ging es darum, daraus die politischen Konsequenzen zu ziehen. Wie aber sollte man sich die künftige Positionierung einer selbständigen Psychologie im institutionellen Gefüge des deutschen Universitätssystems vorstellen?

Wieder war es Oswald Külpe, der – obzwar er seinen früheren positivistischen Standpunkt längst verlassen hatte – als Erster eine konkrete Alternative zur institutionellen Anbindung an die Philosophie öffentlich zur Diskussion stellte. Külpe regte an, die Psychologie von der philosophischen an die medizinische Fakultät zu transferieren, wo sie zum grundlegenden Bestandteil einer bislang im Bereich der Medizin weitgehend fehlenden praktisch-wissenschaftlichen Ausbildung gemacht werden sollte (Külpe, 1912). So interessant dieser Vorschlag aus heutiger Sicht auch klingen mag – universitätspolitisch betrachtet, war er schlichtweg naiv. Die Idee, dass Nicht-Mediziner im ärztlichen Ausbildungsbetrieb geduldet werden könnten, besaß keine wirkliche Chance auf eine Realisierung.

Genau das hatte auch schon Wilhelm Wundt in seiner Reaktion auf den Marburger Lehrstuhlstreit festgestellt. Mit seiner Streitschrift *Die Psychologie im Kampf ums Dasein*, die im Februar 1913 erschienen war (Wundt, 1913), wandte er sich mit Entschiedenheit und großer Eloquenz gegen beide Seiten – sowohl gegen die von Külpe geforderte *Emanzipation* von der Philosophie als auch gegen die von den Philosophen angestrebte *Aussperrung* der

Psychologen aus der Philosophie. Kernargument seines Textes war, dass sich „nahezu die Hälfte der ganzen psychologischen Literatur" bislang mit Fragen beschäftigt habe, die weit „in die Gebiete der Metaphysik und Erkenntnistheorie hineinreichen": „mit dem Verhältnis von Leib und Seele, dem ‚psychophysischen Parallelismus', der Anwendung des Energieprinzips auf das seelische Leben, dem Wesen von Intelligenz und Wille, der Frage, inwieweit das Gedächtnis in materiellen Vorgängen begründet sei, und anderen ähnlichen Dingen" (ebd., S. 18). Die Psychologen würden wohl auch nach ihrem Ausscheiden aus der Philosophie nicht aufhören, derartige Probleme zu behandeln. Das wäre dann eben ein Philosophieren ohne Vorbildung und Wissen. Und sollte es, wie Wundt hinzufügte, infolge der fortschreitenden Spezialisierung gar noch dazu kommen, dass sich „der eine der Psychologen etwa mit Gedächtnisversuchen und den zweckmäßigsten Methoden des Auswendiglernens, der andere mit Reaktionsversuchen und ihren individuellen Verschiedenheiten, der dritte mit der Bestimmung von Unterschiedsschwellen, ein vierter mit Denkexperimenten ausschließlich beschäftigte, dann wäre die Zeit wirklich da, wo sich die Psychologen in Handwerker, aber nicht gerade in Handwerker der nützlichsten Gattung verwandelt hätten" (ebd., S. 24).

Das Besondere an Wundts Argumentation lag darin, dass neben inhaltlichen Gesichtspunkten auch die sozialen, d. h. universitätspolitischen Aspekte des Verhältnisses von Philosophie und Psychologie in aller Deutlichkeit zur Sprache gebracht wurden. Wundt verwies darauf, dass es hauptsächlich angehende Gymnasiallehrer waren, die an den verschiedenen psychologischen Universitätsinstituten studierten. Die Psychologie profitierte als philosophische Disziplin also davon, dass im Humboldtschen Universitätsmodell neben der wissenschaftlichen Fachausbildung auch eine umfassende philosophische Bildung der Lehrerstudenten vorgesehen war. Wer würde sich, so fragte Wundt, für dieses Fach – das „treu [...; seinem] Ursprung aus der Philosophie [...] ein wesentlich theoretisches Forschungs- und Lehrgebiet" darstellt (ebd., S. 26) – noch interessieren, wenn es seiner Stellung als Teilbereich der Philosophie und damit seiner Einbindung in die Lehrerbildung verlustig ginge?

Wundt plädierte schließlich dafür, die Verteilung der philosophischen Unterrichtsfächer an den Universitäten grundsätzlich und allgemein verbindlich zu regeln: An allen großen Universitäten sollten drei ordentliche Professuren eingerichtet werden, deren eine hauptsächlich den systematischen Fächern – Logik und Erkenntnistheorie, Ethik, Ästhetik etc. – die zweite der Geschichte der Philosophie, die dritte der Psychologie vorbehalten ist. An kleineren Universitäten könnte man anstelle eines Ordinariats auch mit einem

Extraordinariat das Auslangen finden. In Hinblick auf die Stellung der Psychologie im Rahmen der Lehrerbildung aber wäre es wichtig, dass die Vertreter dieses Faches an den Universitäten nicht nur Psychologie allein, sondern auch philosophische Gebiete zu lehren imstande sind (Wundt, 1913, S. 34–38).

Die Geschichte hat Wundt schließlich Recht gegeben: Bis in die Zeit des Nationalsozialismus hinein blieb die Psychologie in der von Wundt beschriebenen Art und Weise institutionell an die Philosophie gebunden. Bei der Besetzung von philosophischen Lehrstühlen, die der Psychologie gewidmet waren, wurde von den Fakultäten tatsächlich beinahe immer darauf geachtet, nur Gelehrte in Vorschlag zu bringen, die neben der Psychologie auch „eine wirksame und selbständige Vertretung philosophischer Lehrfächer übernehmen" konnten (ebd., S. 38).

Und dennoch hatte auch Külpes Reaktion auf den Protest der Philosophen Wirkung gezeitigt. Psychologen begannen sich von nun an nämlich auch vermehrt darum zu bemühen, die Brauchbarkeit ihres Faches für andere Wissensgebiete aufzuzeigen und – als qualitativ völlig neues Element in ihren wissenschaftlichen Legitimationsstrategien – im ausdrücklichen Gegensatz zu Wundts skeptischer Haltung gegenüber einer „angewandten Psychologie" auch auf die mögliche *praktische* Bedeutung psychologischen Wissens hinzuweisen (vgl. z. B. Marbe, 1913). Über viel mehr als eine etwas großsprecherische Programmatik ist man dabei zunächst aber noch nicht hinausgekommen. In Bezug auf die beanspruchte Praxisrelevanz eröffnete sich erst im Zuge des Einsatzes von Psychologen im Ersten Weltkrieg realistische Perspektiven.

Gegen die Vorherrschaft der positivistischen Psychologie

Wissenschaftliche Forschung produziert kein Geheimwissen, sondern „öffentliches" Wissen: Sie setzt also eine Öffentlichkeit voraus, vor der die Resultate individueller Forschungstätigkeit kommuniziert und schließlich einer kritischen Prüfung und Bewertung unterzogen werden. Prüfung und Wertung erfolgen nach jenen Standards der Wissenschaftlichkeit, auf die sich die wissenschaftliche Gemeinschaft geeinigt hat. Die Festlegung dieser Standards ist das Resultat eines Aushandlungsprozesses, d. h. letztlich das Resultat von Auseinandersetzungen darüber, was als „wissenschaftlich", als „innovativ", als „zukunftsweisend" etc. zu verstehen ist. Im historischen Bewusstsein einer einzelwissenschaftlichen Disziplin findet dann das je herrschende wissenschaftliche Selbstverständnis seine nachträgliche Legitimierung: Aus der Vielzahl früherer Auseinandersetzungen hebt es einige wenige als für den Fortgang der Disziplin bedeutsam hervor.

Für gemeinhin wird, sobald die Phase der Konstituierung der modernen wissenschaftlichen Psychologie zur Sprache kommt, einer dieser Auseinandersetzungen besonderes Augenmerk geschenkt: der Kontroverse zwischen Wilhelm Dilthey und Hermann Ebbinghaus. In den gängigen Lehrbuchdarstellungen bedarf die Frage, wer da damals über wenn obsiegt hat, keiner ernsthaften Diskussion. Die klassische Lesart lautet: Ebbinghaus ist in seiner glänzenden Replik auf Diltheys Kritik der naturwissenschaftlichen Psychologie der Nachweis gelungen, dass die Entwicklung einer „anderen", „geisteswissenschaftlichen" Psychologie entbehrlich ist. Die Geschichte hat ihm Recht gegeben: Von Diltheys „beschreibender Psychologie" ist nichts geblieben.

Das Argument ist nicht zu halten – logisch und sachlich nicht. Logisch nicht, weil es auf einem Zirkelschluss beruht: Das, was nachmals als richtig anerkannt wurde, muss richtig sein, weil es nachmals als richtig anerkannt wurde. Sachlich nicht, weil in den heutigen Diskussionen um Möglichkeiten und Grenzen qualitativer Forschungsstrategien in der Psychologie der letztlich von Dilthey in seiner modernen Bedeutung entwickelte Begriff der Hermeneutik allgegenwärtig ist. Übrigens: In den zur Legitimation qualitativer Forschungsmethoden verfassten Lehrbüchern findet die Dilthey-Ebbinghaus-

Kontroverse kaum eine Erwähnung. Ebbinghaus' Einwände gelten im Selbstverständnis dieser Forschungstradition als irrelevant. Das Argument bleibt zirkulär, unabhängig davon, wer es verwendet.

Wilhelm Dilthey

Ziel der nachstehenden Ausführungen ist es, die philosophischen Anliegen Wilhelm Diltheys, soweit sie für die im direkten Anschluss an ihn erfolgte Entfaltung einer „geisteswissenschaftlichen Psychologie" wirksam wurden, in groben Zügen zu umreißen. Die Kontroverse mit Ebbinghaus steht dabei nicht nur aus fachgeschichtlichen Erwägungen im Zentrum der Analyse, sondern auch deshalb, weil sie einen Wendepunkt in Diltheys intellektueller Entwicklung markiert. Dilthey begann sich in der Folge von der Beschäftigung mit psychologischen Konzepten ab- und – in kritischer Auseinandersetzung mit Hegel und Husserl – der Ausarbeitung seines Konzepts der Hermeneutik zuzuwenden. Erst in dieser späten Phase erhielt der Begriff des „Verstehens" in seiner Erkenntnistheorie jene Bedeutung, auf die heute wieder verstärkt Bezug genommen wird.

Um Diltheys Ansatz in seinem ideengeschichtlichen Kontext zu verstehen, muss nochmals ganz an den Anfang der im vorliegenden Buch entfalteten Darstellung der Geschichte zurückgegangen werden. Weil zunächst nur die naturwissenschaftlichen Wurzeln der Psychologie von Interesse waren, ist der Niedergang der idealistischen Systemphilosophie nach Hegels Tod allein mit dem rasanten Aufstieg der Naturwissenschaften in Zusammenhang gebracht worden. Die erste Etappe in der Zurückdrängung des Deutschen Idealismus blieb dabei ausgespart. Bevor philosophierende Naturwissenschafter der überkommenen Naturphilosophie offen den Krieg erklärten, war der Kampf gegen die idealistische Philosophie schon von einer anderen Front aus aufgenommen worden. Die Führung auf dem Felde der wissenschaftlichen Opposition gegen die Philosophie hatte zunächst die junge Geschichtswissenschaft inne.

Der Aufstieg der Geschichtswissenschaft war Teilmoment einer breiten geistesgeschichtlichen Strömung, die sich gegen den ahistorischen Vernunftbegriff der Aufklärungsphilosophie in Deutschland am Ende des 18. Jahrhunderts zu formieren begann; also Teilmoment einer Bewegung, die alle kulturellen und geistigen Erscheinungen – die Kunst, das Recht, die Religion und schließlich auch die Philosophie – eben nicht als im Wesentlichen durch invariante Prinzipien menschlicher Vernunft bedingt und daher auch im normativen Sinne an diesen zu messen, sondern als historisch gewordene und sich ständig verändernde Gebilde auffassen wollte. Geschichte im engeren Sinn war in diesem Kontext nur als positive Wissenschaft denkbar: Der Historischen Schule, die von Leopold von Ranke und Johann Gustav Droysen zur Hochblüte geführt wurde, ging es letztlich um nichts anderes als um historische Fakten und Relationen, die es „objektiv" zu konstatieren galt. Ziel war es, zu zeigen, „wie es eigentlich gewesen" ist. Wertfreie Sichtung und kritische Sicherung von „Quellen" wurden zum Hauptzweck historischer Forschung. Normative Orientierungen waren davon nicht zu erwarten. Eben deshalb sahen sich die Historiker in einem Gegensatz zur überkommenen Philosophie: Geschichtswissenschaft statt Geschichtsphilosophie, wissenschaftlich erschlossene statt spekulativ konstruierter Geschichte, so lautete die Parole. Diese Frontstellung gegenüber der Philosophie stieß zunächst auf starke öffentliche Resonanz. Für kurze Zeit gelang es der Geschichtswissenschaft, von der Philosophie die Rolle der führenden Bildungsmacht zu übernehmen: Um die Mitte des 19. Jahrhunderts galt als wirklich „gebildet" nur der, der *historisch* gebildet war. Infolge des mit dem raschen Aufstieg naturwissenschaftlicher Forschung einhergehenden Bedeutungsgewinns der realistischen Bildungsbewegung wurde in den nächsten Dezennien die wissenschaftliche Geschichtsbetrachtung aber aus ihrer kulturellen Spitzenstellung wieder verdrängt. Der Naturalismus, gestärkt nun auch durch ein quasi-historisches Angebot in Gestalt des Darwinismus, begann sich als Leitbild einer wissenschaftlich fundierten Weltauffassung zu etablieren.[91]

Damit ist der Kontext beschrieben, in dem die Philosophie Wilhelm Diltheys verankert ist. Kennzeichnend für sie ist diese doppelte Abwehrhaltung: gegen die idealistische Systemphilosophie und gegen den universellen wissenschaftlichen Führungsanspruch der Naturwissenschaften.

Der am 19. November 1833 als Sohn eines Pfarrers in Biebrich bei Wiesbaden geborene Wilhelm Dilthey hatte Theologie, Geschichte und Philosophie in Heidelberg und Berlin studiert, ehe er sich 1864 für Philosophie habilitieren konnte. 1866 war er auf ein Philosophie-Ordinariat nach Basel, 1868 nach Kiel, 1871 nach Breslau und 1882 schließlich als Nachfolger Hermann Lotzes nach Berlin berufen worden. Einem weiteren Publikum war Dilthey zeit seines Lebens als Biograph Schleiermachers, als Autor zahlreicher

91 Vgl. dazu ausführlich Schnädelbach, 1983, S. 49–69.

historischer Abhandlungen und als feinsinniger Kenner der Geistesgeschichte bekannt. Der ganze Umfang seiner philosophischen Intentionen musste seinen Zeitgenossen allerdings verborgen bleiben. Das publizierte Œuvre war ein Torso: Die beiden Hauptwerke, die 1883 erschienene *Einleitung in die Geisteswissenschaften* und der 1910 – ein Jahr vor seinem Tod[92] – herausgegebene *Aufbau der geschichtlichen Welt in den Geisteswissenschaften*, hatte Dilthey nicht zu einem seinen systematischen Ansprüchen genügenden Ende bringen können. Erst Jahrzehnte nach seinem Tod ist es anhand der im Rahmen der fortschreitenden Edition der *Gesammelten Schriften* veröffentlichten Entwürfe und Vorlesungen möglich geworden, den inneren Zusammenhang seines philosophischen Projekts zu überblicken.

Worum war es Dilthey also zu tun gewesen? Es ging ihm, so lässt sich zunächst einmal festhalten, um eine philosophische Fundierung der Geisteswissenschaften. Den Terminus „Geisteswissenschaften" – ein Ausdruck, der erst durch Dilthey im deutschen Sprachraum allgemein gebräuchlich wurde – verwendete er als eine Sammelbezeichnung für eine Gruppe von Wissenschaften, die den geschichtlich-gesellschaftlichen Lebensprozess selbst zu ihrem Gegenstand haben: Psychologie, Philologie, Geschichte, Sprachwissenschaft, Wirtschaftslehre, Jurisprudenz, Theologie, Staatswissenschaft etc. Wie die Naturwissenschaften, so hatten für Dilthey auch die Geisteswissenschaften von nichts anderem auszugehen als von der Erfahrung: „Alle Wissenschaft ist Erfahrungswissenschaft", heißt es gleich zu Beginn seiner *Einleitung in die Geisteswissenschaften.* Und weiter: „Alle Erfahrung hat ihren ursprünglichen Zusammenhang und ihre hierdurch bestimmte Geltung in den Bedingungen unseres Bewußtseins, innerhalb dessen sie auftritt, in dem Ganzen unserer Natur. Wir bezeichnen diesen Standpunkt, der folgerecht die Unmöglichkeit einsieht, hinter diese Bedingungen zurückzugehen, gleichsam ohne Auge zu sehen oder den Blick des Erkennens hinter das Auge selbst zu richten, als den erkenntnistheoretischen; die moderne Wissenschaft kann keinen anderen anerkennen." (Dilthey, 1883, S. XVI)

Damit war allen Formen einer metaphysischen Begründung der Geisteswissenschaften von vornherein eine Absage erteilt. Weil Dilthey in der gleichen Weise wie der frühe Neukantianismus die Kantische Vernunftkritik ausschließlich als eine allgemeine Wissenschaftslehre auffasste, konnte er in diesem Ausgangspunkt seiner Argumentation eine weitgehende Übereinstimmung mit Kants „empiristischer" Erkenntnistheorie konstatieren. Gegen

92 Dilthey starb am 1. Oktober 1911 in Seis in Südtirol.

Kant bestritt aber Dilthey die Möglichkeit einer „Transzendentalphilosophie“. Ganz im Geiste des Historismus wies er die „Annahme eines starren a priori unseres Erkenntnisvermögens“ als abstrakte und ahistorische Setzung zurück. „Allein Entwicklungsgeschichte, die von der Totalität unseres Wesens ausgeht, kann die Fragen beantworten, die wir alle an die Philosophie stellen.“ (Ebd., S. XIII) Die Bedingungen der Möglichkeit von Erkenntnis waren für Dilthey also keine „logischen“, sondern „wirkliche“ Bedingungen: Bedingungen, wie sie sich aus der „Totalität unseres Wesens“, d. h. aus der je konkreten psychischen und historischen Existenz des Menschen ergeben.

Kants Kritik der reinen Vernunft musste durch das Projekt einer, wie Dilthey es nannte, „Kritik der historischen Vernunft“ (ebd., S. V) ersetzt, die Vernunft selbst also nicht als etwas zeitlich Invariantes, sondern als etwas in seinem Wesen Historisches verstanden werden. Eine erkenntnistheoretische Grundlegung dieser Programmatik versprach sich Dilthey zunächst über den Umweg der Psychologie: und zwar über die Aufdeckung der verborgenen psychologischen Voraussetzungen der Kantischen Transzendentalphilosophie. Kant hat – so lautete der Einwand – wie vor ihm schon die ganze empiristische Tradition „die Erfahrung und die Erkenntniß aus einem dem bloßen Vorstellen angehörigen Tatbestand“, also aus einem rein kognitiven Akt erklärt. Für Dilthey war dieser Ansatz abstrakt insofern, als er davon absieht, dass Kognitives im realen Lebensprozess nicht für sich allein, sondern nur in einem psychischen Gesamtzusammenhang, d. h. im Zusammenhang mit emotionalen und volitiven Prozessen gegeben ist. In einer nachmals oft zitierten Passage der Vorrede zu seiner *Einleitung* heißt es dazu: „In den Adern des erkennenden Subjekts, das Locke, Hume und Kant konstruirten, rinnt nicht wirkliches Blut, sondern der verdünnte Saft von Vernunft als bloßer Denkthätigkeit. Mich führte aber historische wie psychologische Beschäftigung mit dem ganzen Menschen dahin, diesen, in der Mannichfaltigkeit seiner Kräfte, dies wollend fühlend vorstellende Wesen auch der Erklärung der Erkenntniß und ihrer Begriffe […] zu Grunde zu legen. […] Und so ergiebt sich: die wichtigsten Bestandtheile unseres Bildes und unsere Erkenntniß der Wirklichkeit, wie eben persönliche Lebenseinheit, Außenwelt, Individuen außer uns, ihr Leben in der Zeit und ihre Wechselwirkung, sie alle können aus dieser ganzen Menschennatur erklärt werden, deren realer Lebensprozeß am Wollen, Fühlen und Vorstellen nur seine verschiedenen Seiten hat.“ (Ebd., S. XVII– XVIII)

Kant war nach Diltheys Auffassung also von einem intellektualistisch verkürzten Erfahrungsbegriff ausgegangen. Dem stellte Dilthey nun ein sich in der Einheit von Fühlen, Wollen und Denken gründendes Konzept der unmittelbaren Erfahrung gegenüber: Während dem bloßen Vorstellen „die Außenwelt immer nur Phänomen" bleibt, ist „unserem ganzen wollend fühlend vorstellenden Wesen [...] uns mit unserem Selbst zugleich und so sicher als dieses äußere Wirklichkeit [...] gegeben, [...] als Leben, nicht als bloßes Vorstellen" (ebd., S. XVIII).

Die äußere Wirklichkeit, in der wir existieren, wird also in der unmittelbaren Erfahrung weder erschlossen noch vorstellungsmäßig repräsentiert, sondern vermittelt sich als Leben in den Erlebnissen direkt. „Leben" manifestiert sich mithin im „Erleben"; es erkennt sich im „Erleben" gleichsam selbst. „Subjekt" und „Objekt" sind darin noch ungeschieden: Die im Zusammenhang von Begehren, Fühlen und Erkennen erlebte Subjektivität ist unmittelbar, d. h. immer schon auf Wirklichkeit bezogen. Jahrzehnte später sollte Heidegger für dieses im Erleben gegebene Wirklichkeitsverhältnis den Begriff des „In-der-Welt-Seins" prägen: Zwischen Mensch und Wirklichkeit, zwischen Subjekt und Objekt gibt es keine Kluft, die durch Akte des Erkennens überschritten werden muss. Wir finden uns immer schon in einer Welt vor, der wir uns aufgrund unseres „wollend, fühlend und vorstellenden Wesens" eben zugleich mit unserem Selbst gewahr werden.

Mit der Gegenüberstellung von „Vorstellen" und „Erleben" ist die für Diltheys Versuch einer theoretischen Grundlegung der Geisteswissenschaften zentrale Differenzierung von „äußerer" und „innerer" Erfahrung eingeführt: „Innere Erfahrung" ist die ursprüngliche, kognitiv-voluntativ-affektive Gegebenheitsform von Wirklichkeit überhaupt; also jene – innere *und* äußere – Realität, wie sie unmittelbar, d. h. eben nicht als durch einen wie auch immer gearteten „inneren Sinn" vermittelt, erfahren, besser: erlebt wird. Das ist der entscheidende Punkt der Diltheyschen Revision der Kantischen Vernunftkritik. Weil diese innere Erfahrung nicht der Vermittlung der Sinne bedarf, sind die von Kant als a priori postulierten Anschauungsformen von Raum und Zeit auf sie nicht anwendbar. Kant hatte das uns als Wirklichkeit Gegebene als die raumzeitlich strukturierten, begrifflich verarbeiteten Erscheinungen eines unbekannt bleibenden „Dinges an sich" interpretiert. „Raum" und „Zeit" sind für ihn subjektive Momente. Wenn die mit dem inneren Sinn aufgefassten Erscheinungen einen zeitlichen Verlauf haben, dann sind auch sie nach Kant bloß zeitliche Erscheinungen eines „an sich" unzeitlichen Wesens. Für Dilthey war dieser Gedanke unannehmbar: Erleben ist ein *konkreter* zeitlicher Verlauf. Weil Erleben nichts anderes ist als die Selbstgegebenheit des menschlichen Lebens, so wird von dieser Bestimmung aus die Zeitlichkeit und damit Geschichtlichkeit des Lebensprozesses denkbar.

Jene Wissenschaften, die den menschlichen, d. h. den geschichtlich-gesellschaftlichen Lebensprozess zu ihrem Gegenstand haben, nennt Dilthey also „Geisteswissenschaften". Gemäß der von ihm entwickelten erkenntnistheoretischen Begriffsbestimmung befassen sie sich mit jenen Bewusstseinstatsachen, die der inneren Erfahrung zugänglich sind: d. h. mit jenem geschichtlich strukturierten Weltverhältnis, das die Innenperspektive des Subjekts bestimmt. Die „Welt", die wir unmittelbar erleben, ist eben nicht „Natur": Die Natur, so konnte Dilthey sagen, ist uns nur ein Außen, kein Inneres. Die „Gesellschaft ist unsere Welt", d. i. die von jedem Einzelnen von uns fühlend, begehrend und denkend erfahrene Lebenswelt. Das – immer schon welthaltige – innere geistige Leben als das Bekannte, die Natur als das Äußere, das Fremde, als das, was wir nur in Ausschnitten und durch Konstruktionen aufgrund unserer Sinneswahrnehmungen erreichen können. Nachdem diese Unterscheidung ausgearbeitet ist, läuft Diltheys Argumentation wieder ganz in den vom frühen Neokantianismus vorgezeichneten Bahnen: Die „äußere", d. h. die durch die Sinne vermittelte Erfahrung kann uns nichts über die Dinge „an sich" aussagen. Sinnesempfindungen sind – wie Helmholtz in seinem Versuch, den Subjektivismus der Kantischen Erkenntniskritik von Seiten der Sinnesphysiologie aus zu stützen, gezeigt hatte – bloß Zeichen, die auf ein Äußeres, uns eben nicht unmittelbar Gegebenes hinweisen. Demnach haben es die Naturwissenschaften nicht mit erlebter Realität, sondern nur mit einer aufgrund der Sinneswahrnehmung hypothetisch erschlossenen Objektwelt zu tun. Während die sich im Erleben manifestierende Unmittelbarkeit der inneren Erfahrung Sicherheit im Erkennen garantiert, ist die auf die mittelbare, äußere Erfahrung beruhende Naturerkenntnis ihrem Wesen nach stets unsicher. Das ist der Grundgedanke, von dem Dilthey in seiner berühmten Akademieabhandlung *Ideen über eine beschreibende und zergliedernde Psychologie* von 1894 ausging. Er führt letztlich zu der heute paradox klingenden Konsequenz, dass gegenüber den Naturwissenschaften „die Geisteswissenschaften, sofern sie die innere Erfahrung methodisch verarbeiten, Erfahrungswissenschaften im engeren Sinn zu heißen verdienen." (Rodi, 1987, S. 148)

„Ideen über eine beschreibende und zergliedernde Psychologie"

In seiner *Einleitung* hatte Dilthey den besonderen Modus der inneren Erfahrung als den Ansatzpunkt für die erkenntnistheoretische Begründung der Selbständigkeit der Geisteswissenschaften gegenüber den Naturwissenschaften bestimmt. Innere Erfahrung steht für die Binnenperspektive des Erlebens, für Erfahrung aus der Perspektive der ersten Person. Der Körper eines bestimmten Menschen kann von einem Physiker, Chemiker, Biologen etc. jeweils vom Standpunkt, d. h. mit dem Gegenstandsverständnis und mit den Methoden des entsprechenden Faches untersucht werden. Keiner dieser Wissenschaftler ist aber mit seinen naturwissenschaftlichen Begriffen imstande, restlos *alles* auszusagen, was über diesen betreffenden Menschen sinnvoller Weise auszusagen ist. Denn der Körper ist mehr als bloß äußere Natur; er ist zugleich Träger eines inneren Lebens. Dilthey bezeichnete dieses innere Leben als geistiges Leben, und die Wissenschaften, die sich damit befassen, als Geisteswissenschaften (Lübcke, 1992, S. 58). Da subjektive Erlebnisse auch eine objektive Seite, sozusagen eine Außenansicht haben, lassen sie sich auch als physikalisches bzw. physiologisches Geschehen auffassen. Aber physiologische Vorgänge, die das innere Erleben begleiten, sind etwas anderes als dieses innere Erleben selbst. Pointiert formuliert: Auch wenn wir die Funktionsweise des menschlichen Gehirns vollständig verstehen, so würde sich daraus kein Verständnis der Art und Weise ergeben, wie die Menschen sich selbst und ihre Welt bewusst erleben (Jung, 1996, S. 94–95). Man sieht, wie Diltheys Differenzierung von innerer und äußerer Erfahrung letztlich auf denselben Standpunkt zurückführt, den auch schon Wilhelm Wundt in seiner Bestimmung von Gegenstand und Aufgaben der Psychologie entwickelt hatte. Anders als Wundt ging es Dilthey aber nicht um die Begründung einer neuen Psychologie um ihrer selbst willen, sondern ausschließlich um die philosophische Grundlegung der Geisteswissenschaften. Sein Ziel war es also, zu zeigen, dass das je historisch konkrete Welt- und Selbstverständnis der Menschen, das das Untersuchungsmaterial der Geisteswissenschaften bildet, sich wissenschaftlich nur auf der Grundlage einer erkenntnistheoretischen Klärung der Perspektive des Erlebens erschließen lässt.

Eben das wollte Dilthey im zweiten Band seiner *Einleitung in die Geisteswissenschaften* leisten. Der erste Band hatte bloß den Aufriss der Problemstellung gebracht und eine die systematische Analyse vorbereitende Darstellung der Geschichte der Geisteswissenschaften von der Antike bis zur frühen Neuzeit.[93] Der zweite systematische Band ist aber – trotz jahrzehntelanger intensiver Bemühungen – nie vollendet worden. Weil er mit der Ausarbeitung der

93 Mit dieser Darstellung sollte gezeigt werden, dass jeder Versuch einer metaphysischen Begründung der Geisteswissenschaften historisch überholt ist.

Gesamtkonzeption nicht vorankam, entschloss sich Dilthey dazu, wenigstens einige Teile seines erkenntnistheoretischen Programms in in sich abgeschlossenen Einzelstudien zu veröffentlichen. All diese Arbeiten haben diesen einen gemeinsamen Bezugspunkt: die Überzeugung, dass innere Erlebnisse den Stoff der Geisteswissenschaften abgeben und dass dieses innere Erleben nur auf dem Wege der psychologischen Analyse theoriefähig gemacht werden kann.

In den berühmten *Ideen über eine beschreibende und zergliedernde Psychologie* findet sich das im Kontext der Kritik einer den Denkstil der Naturwissenschaften nachahmenden Psychologie abgehandelt. Dilthey deutete die Geschichte der neueren wissenschaftlichen Psychologie als szientistische Verfehlung. Ihre Ausrichtung an Denk- und Forschungsweisen, wie sie in den Naturwissenschaften entwickelt worden waren, erschien ihm als „unberechtigte Erweiterung der naturwissenschaftlichen Begriffe über das Gebiet des Seelenlebens und der Geschichte" (Dilthey, 1894, S. 195). Mit der positivistischen Psychologie drohte sich ein den Gegensatz von Natur und menschlicher Kultur verwischender universeller Geltungsanspruch der Naturwissenschaften eine neue Bahn zu brechen – eine Entwicklung, der Dilthey entgegenzutreten entschlossen war.

Diltheys Text war aus zwei Vorträgen hervorgegangen, die er im Februar und im Juni 1894 in der *Berliner Akademie der Wissenschaften* gehalten hatte. Der unmittelbare Anlass für diese Vorträge dürften fachpolitische Ereignisse gewesen sein: Im Jahr zuvor war an der Berliner Universität eine grundlegende Neuordnung des philosophischen Unterrichts zur Entscheidung angestanden. Dilthey hatte im Zusammenhang mit der Regelung der Nachfolge Eduard Zellers und der Einrichtung einer neuen, neben seiner eigenen und der Zeller'schen dann dritten Lehrkanzel für Philosophie eine, wie es in einem Brief an seinen Freund Yorck von Wartenburg hieß, „gänzliche naturwissenschaftliche Radikalisierung der Philosophie" in Berlin befürchtet. Letztlich war es ihm aber gelungen, mit der von ihm forcierten Berufung von Carl Stumpf einen der beiden naturwissenschaftlich orientierten Extraordinarien der Philosophie an der Berliner Universität von einer Ernennung fern zu halten. Dass dies ausgerechnet Hermann Ebbinghaus war, ist für das Verständnis der um Diltheys *Ideen* entstandenen Kontroverse von nicht unwesentlicher Bedeutung.[94] (Rodi, 1987, S. 146)

94 Der zweite Extraordinarius war Friedrich Paulsen. Er erhielt das neu geschaffene dritte Ordinariat für Philosophie.

Gleich zu Beginn seiner *Ideen über eine beschreibende und zergliedernde Psychologie* steht das, worauf es Dilthey ankommt: die Behauptung, dass zwischen Geistes- und Naturwissenschaft ein grundsätzlicher Unterschied besteht. Bestimmt wird dieser Unterschied wieder aus der Differenz von innerer und äußerer Erfahrung, die Dilthey nun aber auch mit zwei verschiedenen Formen von „Zusammenhang" in Verbindung brachte. Die Naturwissenschaften, so heißt es, haben Tatsachen zum Gegenstand, „welche im Bewußtsein als von außen, als Phänomene und einzeln gegeben" sind, während die Tatsachen der Geisteswissenschaften „von innen, als Realität und als ein lebendiger Zusammenhang originaliter auftreten". Für die Naturwissenschaften folgt daraus, „daß in ihnen nur durch ergänzende Schlüsse, vermittels einer Verbindung von Hypothesen, ein Zusammenhang der Natur gegeben ist"; für die Geisteswissenschaften hingegen, „daß in ihnen der Zusammenhang des Seelenlebens als ein ursprünglich gegebener überall zugrunde liegt". Die methodologische Konsequenz daraus wird im Nachsatz – dem wohl bekanntesten Satz aus den *Ideen* – angedeutet: „Die Natur erklären wir, das Seelenleben verstehen wir." (Dilthey, 1894, S. 143–144) Allerdings kam dem Begriff des Verstehens in dieser Phase von Diltheys Schaffen noch nicht jene Bedeutung zu, wie in seinem Spätwerk. Das methodologische Gegenstück zum „Erklären" war für ihn – der Titel der Abhandlung zeigt es – zunächst noch das Konzept des „Beschreibens".

Unter einer „erklärenden Wissenschaft" verstand Dilthey jede „Unterordnung eines Erscheinungsgebietes unter einen Kausalzusammenhang vermittels einer begrenzten Zahl von eindeutig bestimmten Elementen". Eine „erklärende Psychologie" ist dementsprechend also eine Psychologie, die von einer begrenzten Anzahl von psychischen Elementen aus den ursächlichen Zusammenhang der seelischen Erscheinungen erschließen will. Wie alle erklärenden Wissenschaften, so kann auch eine solche Psychologie ihr Ziel nur durch eine „Verbindung von Hypothesen" erreichen. „Hypothesen" sind ein dem naturwissenschaftlichen Erkennen, d. h. also dem Modus der äußeren Wahrnehmung notwendig inhärentes Moment: Die uns in den Sinnen gegebenen Erscheinungen sind uns nämlich immer nur als etwas gleichzeitig oder nacheinander Bestehendes gegeben. Ein kausaler Zusammenhang zwischen ihnen wird vom erkennenden Subjekt hinzugedacht; er entsteht durch Ergänzungen, eben durch Hypothesen. Induktiv begründete Theorien sind daher immer mit einem mehr oder minder hohen Grad an Unsicherheit belastet (ebd., S. 139–141).

Die erklärende Psychologie überträgt dieses auf dem Gebiet der Naturerkenntnis so erfolgreiche Verfahren der Hypothesenbildung auf das Seelenleben. Diese Übertragung hielt Dilthey für unberechtigt. Weil die Tatsachen des psychischen Lebens in der inneren Erfahrung ursprünglich als Zusammenhang gegeben sind, brauchen Hypothesen in der Psychologie „keineswegs dieselbe Rolle [zu] spielen als innerhalb des Naturerkennens“ (ebd., S. 144). Das war der entscheidende Gedanke, der Diltheys Entwurf einer alternativen Psychologie tragend zugrunde lag. Bevor er diese Alternative aber entwickelte, wollte er die dem Ansatz einer erklärenden Psychologie anhaftenden Unzulänglichkeiten noch gleichsam von innen her aufzeigen. Es ging ihm darum, zu demonstrieren, dass eine Psychologie, die die Erkenntnisweise der Naturwissenschaften nachzuahmen versucht, auf *jeden* Fall ein verfehltes Unternehmen ist – unabhängig davon, welche Art von anderer Psychologie sich denken lässt. Das zentrale Argument lautete, dass – anders als etwa in der Physik oder der Chemie – „die Tatsachen [...] im Gebiet des Seelenlebens nicht zu der genauen Bestimmtheit erhoben werden [können], welche zu der Erprobung einer Theorie durch Vergleichung ihrer Konsequenzen mit solchen Tatsachen erforderlich ist“ (ebd., 144). Daran hat schließlich auch die Einführung des Messens und Experimentierens – Dilthey hob an anderer Stelle (ebd., S. 165) Fechner und Helmholtz hervor – nichts entscheidend geändert. Zwar ist man „auf dem Grenzgebiet der Natur und des Seelenlebens“ in Bezug auf die empirische Prüfung der in diesem Bereich entwickelten Hypothesen ein gutes Stück weit vorangekommen. „In den zentralen Gebieten der Psychologie“ jedoch „ist nichts hiervon zu bemerken“. (Ebd., S. 145) Im Gegenteil: „Hypothesen, überall nur Hypothesen!“ (Ebd., S. 143) Und an „keinem entscheidenden Punkte“ ist die „Ausschließung anderer Hypothesen und die Bewahrheitung der übrig bleibenden gelungen“ (ebd., S. 144–145). Dazu kommen noch jene Hypothesen, für „welche die Möglichkeit ihrer Erprobung an den psychischen Tatsachen“ erst gar nicht in Aussicht steht. Dilthey nennt hier als Beispiele: die Auffassung, dass geistige Tatsachen bloß als Begleiterscheinungen des körperlichen Lebens zu betrachten sind; dann die Annahme, dass sich alle seelischen Erscheinungen – letztlich auch das Selbstbewusstsein – aus den beiden Grundklassen der Empfindungen und Gefühle konstruieren lassen; schließlich die verschiedenen Ansichten über die Wirkung unbewusster Vorgänge auf das bewusste Denken und Wollen (ebd., S. 142–143). Auch die Naturwissenschaften kennen solche unüberprüfbare Hypothesen. Was die erklärende Psychologie aber kennzeichnet, ist, dass in ihr die Annahme vieler beliebiger und zum Teil auch einander ausschließender Hypothesen möglich ist. Kurzum: Es gibt in Bezug auf diese hypothetischen Grundlagen keinen auch wie immer gearteten Konsens unter den Forschern: „Ein Kampf aller gegen alle tobt auf [...; dem Gebiete der Psychologie] nicht minder heftig als auf dem Felde der Metaphysik. Noch ist nirgends am fernsten Horizonte etwas sichtbar, was diesen Kampf zu entscheiden die Kraft haben möchte." (Ebd., S. 142)

In einem historischen Teil versuchte Dilthey dann zu zeigen, dass gerade die einflussreichsten Richtungen der zeitgenössischen Psychologie der erklärenden Richtung der Psychologie zugehörig sind. Sein geschichtlicher Abriss führt über die empiristische Psychologie James' und John Stuart Mills zur biologisch fundierten Psychologie Herbert Spencers und Hippolyte Taines, in Bezug auf die deutschsprachige Psychologie schließlich von Herbart über Fechner und Helmholtz zur positivistischen Psychologie Münsterbergs und Külpes.[95] In Form der positivistischen Psychologie – für Dilthey war sie nichts anderes als ein verfeinerter Materialismus – ist die Übertragung des naturwissenschaftlichen Verfahrens in der erklärenden Psychologie schließlich mit letzter Konsequenz vollzogen: Im Zentrum steht die Hypothese des psychophysischen Parallelismus: die Annahme zweier einander entsprechender Reihen, der physiologischen und psychischen. Die physiologische bildet einen „geschlossenen, lückenlosen und notwendigen Zusammenhang", die psychische nicht. Für den erklärenden Psychologen folgt daraus, dass er „den notwendigen Zusammenhang, den er in der physischen Reihe findet, auf die psychische übertragen" muss. Die „Geschäfte" der Psychologie werden somit „von der Physiologie in die Hand genommen". Damit ist gleichsam aus sich selbst heraus der „Bankrott einer selbständig erklärenden Psychologie ausgesprochen" (ebd., S. 165–166).[96]

Es wurde weiter oben bereits darauf hingewiesen, dass Dilthey in seiner Vorrede zum ersten Band seiner *Einleitung in die Geisteswissenschaften* der ganzen empiristischen Tradition den Ausgang von einem intellektualistisch verkürzten Erfahrungsbegriff vorgehalten hatte. In seiner Darstellung der Geschichte der erklärenden Psychologie zeigte er nun, dass die empiristische Psychologie dieses Manko aus der philosophischen Tradition, der sie selbst letztlich entstammt, geerbt hat. Die erklärende Psychologie entstand, wie Dilthey sagte, „aus der Zergliederung der Wahrnehmung und Erinnerung". Weil sie den abstrakten Erfahrungsbegriff der Naturwissenschaften übernimmt, gelangt sie zu ihren Elementen, aus denen sie den Gesamtzusammen-

95 Külpe wurde von Dilthey allerdings namentlich nicht erwähnt.

96 Als alternative Position zum Positivismus stellte Dilthey dann ausführlich – und durchwegs zustimmend – die voluntaristische Psychologie Wilhelm Wundts dar (Dilthey, 1894, S. 166–167).

hang des psychischen Lebens hypothetisch zu konstruieren versucht, allein auf dem Wege der Analyse *kognitiver* Akte. Daher konnte Dilthey behaupten, dass sie gar nicht „die volle Menschennatur und deren inhaltlichen Zusammenhang zum Gegenstand hat.“ (Ebd., S. 156) Das ist – neben ihrem hypothetischen Charakter – das zweite Hauptübel, das der erklärenden Psychologie wesenhaft inhärent ist: ihre grundsätzliche Lebensferne.[97]

Der Nachweis der Beliebigkeit und der Lebensferne der erklärenden Psychologie reichte für sich allein nicht aus, um daraus die Notwendigkeit der Entwicklung eines anderen Verfahrens der Psychologie zu begründen. Dilthey war es um die Geisteswissenschaften zu tun. Ganz gleich ob Religions- oder Staatswissenschaften, ob Jurisprudenz, Ökonomie, Geschichte oder Theorie der Literatur und Kunst: Sie alle bedürfen psychologischer Erkenntnisse (ebd., S. 147), d. h. einer psychologischen Grundlage. Weil ihnen die erklärende Psychologie aufgrund ihres hypothetischen Charakters und ihrer Abstraktheit kein brauchbares, d. h. sicheres und auf das konkrete Leben bezogenes Wissen zur Verfügung stellen kann, müssen die Geisteswissenschafter eben versuchen, „ohne die Grundlage irgendeiner wissenschaftlichen geordneten Übersicht über die seelischen Tatsachen, nur gestützt auf die zweideutige und subjektive Psychologie des [Alltags-]Lebens, ihre Aufgabe zu lösen“ (ebd., S. 146). Kurz und gut: Viele Schwächen der geisteswissenschaftlichen Forschung – z. B. das ungeklärte Verhältnis der einzelnen Disziplinen zueinander[98] – verdanken sich letztlich nichts anderem als dem Fehlen einer auf die Analyse des geistigen Lebens abgestellten Psychologie.

Diese neue, für die Geisteswissenschaften grundlegende Psychologie wollte Dilthey nun in seinen *Ideen* wenigstens in Umrissen skizzieren. Es konnte sich dabei nur um eine Psychologie handeln, die dem Umstand Rechnung trägt, dass die seelischen Tatsachen in der inneren Erfahrung immer schon als Zusammenhang gegeben sind. Psychologie ist daher nichts anderes als Beschreibung und Zergliederung dieses seelischen Zusammenhangs – eines Zusammenhangs, der eben „nicht hinzugedacht oder erschlossen, sondern erlebt“ wird, d. h. „ursprünglich und immer als das Leben selbst gegeben ist“. (Ebd., S. 152)

---

97 Die erklärende Psychologie kann, wie Dilthey festhält, letztlich ihre Hypothesen der „Lebendigkeit“ des psychischen Geschehens nur über die Aufnahme zusätzlicher hypothetischer Elemente annähern. Der Preis ist allerdings hoch: „In demselben Maße, als die Erklärungselemente und die Denkmittel gehäuft werden, nimmt der Wert ihrer Erprobung an den Erscheinungen ab.“ (Dilthey, 1894, S. 167–168)

98 „Ohne die Beziehung auf den psychischen Zusammenhang, in welchem ihre Verhältnisse gegründet sind, sind die Geisteswissenschaften ein Aggregat, ein Bündel, aber kein System.“ (Dilthey, 1894, S. 148)

Alles, was uns in der inneren Wahrnehmung gegeben ist, ist uns als ein Unteilbares, als ein Ganzes, als ein Zusammenhang gegeben. Vollziehen wir z. B. einen Denkakt, so ist in ihm, wie Dilthey meinte, „eine unterscheidbare Mehrheit von inneren Tatsachen doch zugleich in der unteilbaren Einheit einer Funktion zusammengefasst" (ebd., S. 170). Ein Denkakt setzt sich also aus unterscheidbaren Teilen zusammen. Was uns in der inneren Wahrnehmung unmittelbar gegeben ist, ist der Zusammenhang der Teile, nicht einzelne Teile isoliert voneinander, von denen aus ein Zusammenhang erst erschlossen werden muss. Tritt in der inneren Wahrnehmung einer dieser Teile – jeder für sich ist wiederum etwas Unteilbares, etwas Ganzes, ein Zusammenhang – gegenüber den anderen als gesondert hervor, wird er mithin „zu verstärkter Aufmerksamkeit" erhoben (ebd., S. 171), so eben nur im Zusammenhang des Denkaktes, dessen Teil er ist. Der Gesamtzusammenhang ermöglicht und bestimmt also die Auffassung der einzelnen Teile, aus denen dieser Gesamtzusammenhang besteht. Nun ist unser Denkakt seinerseits bloß Teil eines umfassenderen Erlebniszusammenhangs, und dieser umfassendere Zusammenhang ist wiederum eingebunden in die Totalität des entfalteten seelischen Lebens.

Von dieser Totalität des entfalteten Lebens hat die beschreibende und zergliedernde Psychologie ihren Ausgang zu nehmen.[99] Weil „der entwickelte Mensch und das fertige vollständige Seelenleben" ihren Gegenstand bildet, konnte Dilthey für seine Psychologie beanspruchen, dass sie – anders als die erklärend-konstruktive Psychologie – die „volle Wirklichkeit des Seelenlebens" zur Darstellung bringt. Und weil alles Beschreiben und Zergliedern ein Beschreiben und Zergliedern eines Zusammenhangs ist, der im Erlebnis von innen gegeben ist, d. h. nicht über Hypothesen erschlossen werden muss, ließ sich behaupten, dass die Einsichten dieser neuen Psychologie den „höchsten erreichbaren Grad von Sicherheit" haben (ebd., S. 168–169 u. 173).

Wie aber ist es zu verstehen, wenn Dilthey ausgerechnet jene Stelle, an der er die Logik des von ihm postulierten psychologischen Verfahrens zu entwickeln begann, mit der Bemerkung einleitete, dass der seelische Zusammenhang, von dem die psychologische Analyse ihren Ausgang zu nehmen hat, „in uns nur stückweise" erfahren wird (ebd., S. 169)? Sollte dieser Zusammen-

99 „So wird das Seelenleben als ein Zusammenhang von Funktionen begriffen, in welchem Bestandteile verbunden sind und der dann wieder aus einzelnen Zusammenhängen besonderer Art besteht, deren jeder neue Aufgaben für die Psychologie enthält. Diese Aufgaben sind nur lösbar vermittels der Zergliederung, die beschreibende Psychologie muß zugleich analytische Psychologie sein." (Ebd., S. 174)

hang nicht unmittelbar gegeben sein? An eben diesem Punkt setzte die Kritik von Ebbinghaus an.

Für Ebbinghaus waren „Zusammenhänge und Einheiten" zwar „innerhalb des psychischen Lebens mannigfach ursprünglich gegeben". Aber die „größten und wichtigsten Zusammenhänge" – gerade jene, mit denen sich Dilthey in seiner Abhandlung in mehreren Kapiteln ausführlich beschäftigte, sind „direkt in keiner Weise" gegeben (Ebbinghaus, 1896, S. 187–188). Wenn aber der Zusammenhang im Psychischen, auf den die beschreibende und zergliedernde Psychologie abzielt, nicht direkt gegeben ist, dann muss dieser Zusammenhang irgendwie hergestellt werden: Die beschreibende Psychologie – so konnte Ebbinghaus nun sagen – vermutet aus gewissen Gründen irgendwo einen Zusammenhang. Weil dieser nicht direkt vorliegt, lässt er sich – wie er mit unverhohlenem Hohn anmerkte – nur einigermaßen „erraten" (ebd., S. 189). Worin besteht da noch ein Unterschied zum konstruktiv-hypothetischen Verfahren der erklärenden Psychologie? Und wie verhält es sich dann mit der von Dilthey so lautstark eingeforderten Sicherheit der psychologischen Befunde?

Das ist der eigentliche Kern der berühmten Kontroverse: Ebbinghaus wollte demonstrieren, dass eine methodologische Abgrenzung zwischen erklärender und beschreibender Psychologie sinnlos ist. Bezieht man „methodologisch" allein auf die logischen Operationen, der sich Naturwissenschaften und Geisteswissenschaften in der Untersuchung ihrer Gegenstandsgebiete bedienen, so ist ihm darin nur Recht zu geben. Auch Dilthey selbst hätte – wäre der Ton, den Ebbinghaus mit seiner Erwiderung einbrachte, ein anderer gewesen – dies wohl zugestanden. Das Anliegen, das Dilthey im Eigentlichen verfolgte, hat Ebbinghaus aber gründlich missverstanden. Es ging Dilthey eben nicht um den Aufweis der Notwendigkeit einer eigenen geisteswissenschaftlichen Logik, sondern darum, zu zeigen, dass erstens – wie im Alltag, so auch in der Wissenschaft – das Verstehen konkreten menschlichen Handelns nicht allein aufgrund von kognitiven Operationen vollzogen wird;[100] und dass zweitens dieses Verstehen als ein Eingliedern von Einzelphänomenen in einen Gesamtzusammenhang aufzufassen ist.

Nun ist aber Dilthey nicht ganz schuldlos daran, dass er missverstanden wurde. Seine Darstellung ist alles andere als klar und in allen ihren Teilen durchsichtig. Um die Argumente der beiden Kontrahenten würdigen zu können, ist es notwendig, noch etwas genauer auf Diltheys Gedankengang einzugehen. Zwei Fragen stehen vor allem zur Klärung an: Erstens: Was genau ver-

100 Wir *erklären*, sagt Dilthey, „durch rein intellektuelle Prozesse, aber wir *verstehen* durch das Zusammenwirken aller Gemütskräfte in der Auffassung." (Ebd., S. 172)

stand Dilthey eigentlich unter einem „seelischen Zusammenhang“? Und zweitens, was unter „unmittelbar gegeben“?

Nach Dilthey gibt es zwei umfassende Zusammenhänge, die durch unser psychisches Leben „hindurchgehen“ (Dilthey, 1894, S. 213):[101] einerseits einen gleichsam „vertikalen“ Zusammenhang, in dem Vorstellen, Fühlen und Wollen in jedem momentanen Bewusstseinszustand miteinander verbunden sind; andererseits in „horizontaler“ Linie den Zusammenhang der psychischen Entwicklung, wie sie sich als zunehmende Differenzierung und fortschreitende Artikulation des psychischen Lebens darstellt. Den „vertikalen“ Zusammenhang von Vorstellen, Fühlen und Wollen nannte Dilthey die „Struktur des Seelenlebens“. Das Bild vom vertikalen Zusammenhang, also von einer querschnittartigen, synchronen Betrachtung je gegebener Bewusstseinszustände, wie er es selbst einführte (ebd., S. 201), ist aber irreführend. Tatsächlich hat Dilthey das Ineinandergreifen von kognitiven, emotiven und volitiven Momenten wiederum in einem diachronen Schema erfasst – in einem Schema, dass die beständige Wechselbeziehung zwischen Individuum und Milieu abbildet. Die Argumentation ist auf einem Gedanken aufgebaut, der auch schon im Zusammenhang mit dem Wundt'schen Voluntarismus erörtert wurde: Stellt man in der Betrachtung der Beziehung des Individuums zu seiner Welt dieses Individuum bloß als ein rein kognitives Wesen vor, so kann man das Zustandekommen von Handlungen nicht erklären: In „allen Wahrnehmungen, Vorstellungen und Begriffen eines solchen vorstellenden Wesens läge kein Anlaß zu Handlungen desselben.“ Wie bei Wundt, so ist auch bei Dilthey das Handeln im Trieb- und Gefühlsleben des Individuums begründet: Es ist aufgrund seiner Bedürfnisse auf die real existierende Außenwelt, auf seine Lebensbedingungen verwiesen. Faktoren der Außenwelt werden nur aufgrund der Reaktionen des Trieb- und Gefühlslebens des Individuums „hemmend“ oder „fördernd“ wirksam. Nur im Trieb- und Gefühlsleben ist, wie Dilthey sagte, „das enthalten, was das Spiel der Reize und den Wechsel der Eindrücke [...] mit der Kraft willkürlicher Bewegungen“ vermittelt: „Indem die Bilder, welche die Sinne darbieten, oder die Gedanken, welche sich an sie anschließen, mit Vorstellungen und Gefühlen von Befriedigung, Lebenserfüllung und Glück verknüpft sind, werden von diesen Vorstellungen und Gefühlen aus Zweckhandlungen hervorgerufen, welche auf die Erwerbung eines vermittels dieser Handlungen erreichbaren Gutes gerichtet sind. Oder indem diese Bilder und Gedanken mit Vorstellungen und Gefühlen

101 Die folgende Darstellung ist an Rodi (1987, S. 149) orientiert.

von Hemmung und Schmerz sich verbinden, entstehen Zweckhandlungen, welche auf die Abwehr des Schädlichen zielen. Befriedigung der Triebe, Erreichen und Erhalten von Lust, von Lebenserfüllung und Steigerung des Daseins, Abwehr des Mindernden, Drückenden, Hemmenden: das ist es, was das Spiel unserer Wahrnehmungen und Gedanken mit unseren willkürlichen Handlungen zu einem Strukturzusammenhang verbindet. Ein Bündel von Trieben und Gefühlen, das ist das Zentrum unserer seelischen Struktur." (Ebd., S. 205–206)

Der so charakterisierte Strukturzusammenhang des seelischen Lebens ist der Grundpfeiler, auf dem Diltheys System einer beschreibenden und zergliedernden Psychologie aufliegt. Damit ist gleichzeitig zweierlei erreicht: Erstens ist damit die prinzipielle Welthaltigkeit des inneren Erlebens auf den Begriff gebracht. Und zweitens lässt sich aus der Bestimmung der seelischen Struktur als dynamischen Zusammenhang von Individuum und Welt der Aspekt der Geschichtlichkeit der menschlichen Existenz entfalten. Indem das Handeln des Individuums eine Veränderung der Lebensbedingungen bewirkt, wirkt es wieder auf das Individuum zurück. Ein Entwicklungsprozess ist in Gang gesetzt, mit dem sich die wechselseitige Anpassung zwischen Individuum und seiner Welt immer weiter optimiert. Weil zur realen Außenwelt, auf die das Individuum aufgrund seiner Bedürfnisstruktur bezogen ist, nicht nur Objekte gehören, deren Erlangung Lust oder Unlust erzeugt, sondern auch anderen Menschen, erschließt sich mit der Geschichtlichkeit zugleich auch die Gesellschaftlichkeit des menschlichen Lebens.

Entwicklung ist der zweite große Zusammenhang, den Dilthey in seiner Psychologie postulierte. Es geht um die Darstellung jener gerichteten Bewegung, die sich aus der im Konzept der „Struktur" gesetzten Wechselbeziehung zwischen Menschen und ihrer Umwelt zwangsläufig ergibt. Dilthey musste in seiner Konzeption nun auch dem Umstand Rechnung tragen, dass in jede trieb- und gefühlsmäßige Verarbeitung von Eindrücken vorangegangenes Erleben einfließt, dass also die Auffassung und Bewertung aktueller Gegebenheiten von vergangenen Erfahrungen bestimmt ist. Er tat dies, indem er den „erworbenen Zusammenhang des Seelenlebens" als Teilmoment des Handlungskreises zwischen Selbst und Milieu einführte. Dieses Konzept tritt in der beschreibenden Psychologie an jene Stelle, die in früheren metaphysischen Systemen die Idee einer substantiellen Seele innegehabt hatte und in der späteren Psychologie von Kategorien wie der der „Person" besetzt wird. Gemeint ist damit eine Art von regulierender Größe, die letztlich über die Verbindung mit Vergangenem die Zusammenfassung der verschiedenen

Aspekte des aktuellen psychischen Erlebens zu einer übergreifenden Einheit gewährleisten soll.

Nun ist dieser „erworbene seelische Zusammenhang", wie Dilthey selbst hervorhob, nicht vollständig im Bewusstsein gegeben: Seine „Glieder und das Erwirken zwischen ihnen liegen zu einem großen und wichtigen Teile außerhalb des hellen Bewußtseins, sonach außerhalb der inneren Wahrnehmung." (Ebd., S. 178) Es ist klar, dass Ebbinghaus solches in seiner Polemik nur allzu gerne aufgriff. Und das umso mehr, weil Dilthey ausgerechnet in diesem Zusammenhang erklärte, dass die beschreibende Psychologie Hypothesen in Bezug auf die Wirkungsweise „unbewußt gewordener Tatsachen" möglichst zu vermeiden trachtet (Dilthey, 1894, S. 178–179): Psychische Wirklichkeiten, „die nicht im Bewußtsein sind, aber doch in diesem wirken! Ja, was ist denn eigentlich mit unbewußten Vorstellungen, von denen nach Dilthey ganz abgesehen werden sollte, anderes gemeint? Das ist doch gerade die Behauptung ihrer Vertreter, [...] daß dergleichen Dinge zur Ergänzung des Gegebenen und zu seinem Verständnis hinzugedacht werden müssen." (Ebbinghaus, 1896, S. 194) Der Schluss ergibt sich wie von selbst: Auch Diltheys beschreibende Psychologie vermag ohne Hypothesen nicht auszukommen; ihr Anspruch auf „sicheres Wissen" ist nicht zu halten.

Dieser Einwand trifft jedoch noch nicht den eigentlichen Kern der Sache. Diltheys Psychologie steht und fällt mit dem, was er den Strukturzusammenhang des seelischen Lebens nannte. Wie aber ist Dilthey zu den Bestimmungen gekommen, die das Wesen der seelischen Struktur charakterisieren sollen? Woher also hat Dilthey sein Wissen um diese Struktur? Der Anspruch ist klar: Die Psychologie darf nicht auf metaphysischen Setzungen basieren. Und sie darf auch nicht von – wenn auch aus der Analyse der psychischen Erscheinungen gewonnenen – Elementen ihren Ausgang nehmen, weil sie dann den Zusammenhang dieser Elemente nur konstruieren, das heißt nur über Hypothesen erschließen kann. So muss, will Diltheys Psychologie Erfahrungswissenschaft sein, sie ihre Grundlage in einem erfahrbaren Zusammenhang haben. Der Strukturzusammenhang, so heißt es dann auch in den *Ideen*, „wird erlebt." Das aber ist offenbar etwas anderes, als unmittelbar und vollständig im Bewusstsein gegeben. „Erlebt" zielt , wie Dilthey an gleicher Stelle deutlich machte, bloß auf die Auffassung von Verbindungen ab: d. h. nicht nur einzelne Zustände, sondern auch „die Übergänge eines Zustandes in den anderen, das Einwirken, das vom einen zum anderen führt, fallen in die innere Erfahrung". Der Strukturzusammenhang ist also nicht als Ganzes, sondern nur in einzelnen Teilen gegeben. Was wir nach Dilthey innerlich erfahren, sind einzelne konkrete Zusammenhänge, z. B. der Zusammenhang, „wie Bilder, welche der Phantasie sich aufdrängen, plötzlich ein heftiges Verlangen hervorrufen“, wie dieses Verlangen „zu einer Willenshandlung hindrängt“ etc.; an solchen und ähnlichen Zusammenhängen „werden wir einzelne Übergänge, einzelnes Erwirken inne, jetzt eine Verknüpfung, dann eine andere, diese inneren Erfahrungen wiederholen sich, bald diese bald jene innere Verbindung wird im Erleben wiederholt, bis dann der ganze Strukturzusammenhang in unserem inneren Bewußtsein zu einer gesicherten Erfahrung geworden ist“ (Dilthey, 1894, S. 206).

Das, was ursprünglich in die innere Erfahrung fällt, was also erlebt wird, ist, wie Dilthey selbst sagte, ein „einzelnes Einwirken“, eine einzelne Verknüpfung, jedenfalls nur ein Teil – und nicht der Strukturzusammenhang als Ganzes. Mit gutem Recht hat Ebbinghaus auf diesen Grundwiderspruch der Dilthey'schen Argumentation hingewiesen. Etwas, was sich erst nach und nach aus Teilen zusammenschließt, kann nach Diltheys eigenem Urteil keine „gesicherte Erfahrung“ sein. Wenn also Dilthey in der weiteren Ausarbeitung des Konzepts den seelischen Strukturzusammenhang als teleologischen, als einen Zweckzusammenhang bestimmte – als einen Zusammenhang, der in sich die Tendenz hat, „Triebbefriedigung und Glück hervorzurufen, Schmerzen abzuwehren“ (ebd., S. 207) – so konnte Ebbinghaus dem durchaus beipflichten. Einzuwenden hatte er dagegen nur, dass diese Zweckmäßigkeit als „unmittelbar gegeben“, unmittelbar erlebt und daher als unhinterfragbare Gewissheit ausgegeben wurde: „Vorstellungen und Wollungen, Lust und Unlust, Einheit, Zweckmäßigkeit, Wirksamkeit, das alles sind wahrhafte und wirkliche innere Erlebnisse. Aber daß nun das gesamte Vorstellen und Wollen dem einheitlichen Zwecke der Bewirkung größter Lust dient, dieser eigenartige Zusammenhang jener Erlebnisse findet sich als solcher niemals in der inneren Wahrnehmung; er wird erraten, rückwärts erschlossen, hinzukonstruiert, oder wie man es nennen will. Wir haben die besten Gründe für die Richtigkeit des Rückschlusses in dem gegenwärtigen Falle, so daß er sich uns als durchaus zwingend darstellt. Darum ist es doch sehr notwendig, zwischen dem Zwange einer wohlbegründeten Annahme und dem Zwange einer unmittelbar erlebten Thatsache zu unterscheiden.“ (Ebbinghaus, 1896, S. 193)

Das – nichts anderes! – ist der sachliche Grund für den Dissens. Eigentlich ist es verwunderlich, dass diese Art von konstruktiver Kritik nicht in einen Disput über den heuristischen Wert des von Dilthey eingebrachten Konzepts der seelischen Struktur überführt werden konnte. Auf beiden Seiten blieb aber die Argumentation in dem unseligen Streit darüber, was deskriptive Analyse und was erklärende Hypothese ist, stecken. Diesen Streit angezogen zu haben, war sicher das zweifelhafte Verdienst Diltheys. Bei Ebbinghaus wiederum standen nur allzu offensichtliche persönliche Motive der vorurteilsfreien Diskussion eines vom eigenen abweichenden Standpunkts entgegen.

Dilthey und Ebbinghaus dürften in der Zeit nach Diltheys Berufung nach Berlin einander freundschaftlich verbunden gewesen sein. Es gab regelmäßige gemeinsame Spaziergänge; Ebbinghaus' akademische Karriere an der Berliner Universität wurde von Dilthey aktiv gefördert. Mag sein, dass sich das Verhältnis zwischen den beiden schon vor Diltheys Eintreten für die Berufung Carl Stumpfs nach Berlin etwas getrübt hatte. Danach war die Beziehung für Ebbinghaus jedenfalls zerbrochen. Dilthey hingegen schien das anders gesehen zu haben. Neben Rudolf Eucken, Jacob Freudenthal, Julius Kaftan, Paul Natorp, Johannes Rehmke, Alois Riehl, Christoph Sigwart, Ludwig Stein und Wilhelm Windelband zählte Ebbinghaus nämlich zu jenem Kreis von ausgewählten Gelehrten, denen Dilthey Sonderdrucke seiner *Ideen* mit der ausdrücklichen Bitte um einen kritischen Kommentar zugeschickt hatte: „Der Versuch, die Geschichtlichkeit der Menschennatur psychologisch abzuleiten und den Eingang in die geschichtlichen Kategorien zu finden, ist gewiss auch nach sehr langem Nachdenken noch höchst ergänzungsbedürftig", heißt es etwa in jenem Brief, den Dilthey zusammen mit dem Separatum Paul Natorp zukommen ließ (Lessing, 1985, S. 200). Die Angesprochenen antworteten in mehr oder weniger ausführlichen Briefen zum Teil mit recht kritischen Stellungnahmen.[102] Einer – Ebbinghaus – antwortete anders, als von Dilthey erwartet: in Form einer öffentlichen Stellungnahme, die er in der von ihm herausgegebenen *Zeitschrift für Psychologie und Physiologie der Sinnesorgane* abdruckte. Der Brief, den Ebbinghaus mit einem Sonderdruck an Dilthey sandte, fasste die Grundtendenz seiner Replik in einigen wenigen Sätzen zusammen: „Auf so viel Unbilligkeit gegenüber der gegenwärtigen Psychologie u[nd] so wenig Klarheit darüber, dass das, was Sie den Leuten empfehlen, eben das ist, was die Leute längst treiben", schrieb Ebbinghaus, sei er „eigentlich nicht vorbereitet" gewesen. Und weiter: „Eine Auseinandersetzung mit Ihrer Arbeit, wie Sie sie wünschten, konnte sich nicht auf Einzelheiten beschränken, da ich eben das Ganze von Grund aus für verfehlt u[nd] irreleitend halte." Deshalb sei daraus eine „kleine Abhandlung" geworden.

102 Die Antwortbriefe sind bei Lessing (1985) abgedruckt. Wie ernst Dilthey die Kritik nahm, zeigt sich u. a. darin, dass er die Korrekturvorschläge und Ergänzungen von Natorp und Freudenthal in das Handexemplar seiner Abhandlung übertrug (ebd., S. 196).

Der polemische Ton, in dem manche Passagen dieser Abhandlung gehalten waren, erschien Ebbinghaus dann doch noch eines Kommentars zu bedürfen: „Auf jeder Seite ist als ungeschriebenes Motto hinzuzudenken: res hic, non homines inter se certant".[103]

Die Sache, die für Ebbinghaus zur Diskussion stand, war aber eine andere, als die, die Dilthey eigentlich diskutiert haben wollte. Ebbinghaus' Replik war primär eine Abwehrschrift. Es ging ihm vor allem darum, zu zeigen, dass Diltheys Einwände gegen die erklärende Psychologie nicht zu halten sind. Daher ist seine Polemik mehr oder weniger konventionell, d. h. nach dem üblichen Muster einer wissenschaftlichen Verteidigungsschrift gestrickt: Der Gegner hat Unrecht, weil er ein völlig verzerrtes Bild der Geschichte und der gegenwärtigen Lage der von ihm angegriffenen Disziplin zeichnet. D. h, dass das, was kritisiert wird, gar nicht in der Form existiert, wie es kritisiert wird.[104] Wo die Kritik nicht als unberechtigt zurückgewiesen werden kann, wird einfach demonstriert, dass sie eben auch das Verfahren trifft, das der Gegner als Alternative vorschlägt. An diesem anderen Verfahren wird zugestanden, dass es einen rationalen Kern besitzt, und zugleich behauptet, dass es diesem rationalen Kern entsprechend ohnehin schon seit langem „bestens bekannt" ist und „allseitig geübt" wird (Ebbinghaus, 1896, S. 203). Nur eben mit mehr Verständnis und größerer Klarheit, als sie dem Kritiker zu Eigen sind. Und wo dieser auf die großen ungelösten Fragen der Wissenschaft zu sprechen kommt, macht man sich über den Pathos seiner Rede lustig und belässt es im Übrigen dabei, zu zeigen, dass der selbst ernannte Erneuerer außer Programmatisches nichts wirklich Konkretes zur Verbesserung der Lage beitragen kann: „Sehr viel Rahmen", so meint Ebbinghaus, habe Dilthey zu bieten, „aber leider wenig Füllung" (ebd., S. 173).

Nicht um eine kritische Prüfung der Tragfähigkeit der Dilthey'schen Konzepte war es Ebbinghaus also zu tun, sondern um den Nachweis ihrer Irrelevanz. Am Schluss stand dann jener Satz, auf dessen Begründung die ganze Kritik hinauslaufen sollte: die Behauptung, dass „das Verfahren der Psychologie in seinen allgemeinen Zügen [...] in bester Ordnung" ist (ebd., S. 197). Auf dem Weg dorthin blieb das meiste von dem, was Dilthey mit seinem Ansatz der Psychologie eröffnen wollte, unbemerkt liegen: der Aspekt der Geschichtlichkeit und Gesellschaftlichkeit psychischen Lebens, die Perspektive eines biographischen Zugangs zu Problemen des Psychischen, das Prinzip des

103 Ebbinghaus an Dilthey vom 27.10.1895; in Lessing, 1985, S. 228–229.

104 Diltheys Kritik an der erklärenden Psychologie trifft nach Ebbinghaus – wenn überhaupt – so nur auf die längst überwundene Psychologie Herbarts zu.

unauflöslichen Zusammenwirkens von kognitiven, emotionalen und volitionalen Funktionen etc. Angesichts des Umstands, dass man heute z. B. in modernen Lehrbüchern der kognitiven Psychologie oft vergeblich nach Stichwörtern wie „Emotion“ oder „Kulturabhängigkeit“ sucht, ja angesichts des Umstands, dass es so etwas wie kognitive Psychologie als gesonderte Teildisziplin der Psychologie überhaupt gibt – als Teildisziplin, die von eigenen Experten betrieben wird, genauso, wie wieder andere Experten das eigenständige Gebiet „Emotionspsychologie“ bestreiten – ist zu konstatieren, dass Ebbinghaus auch in dieser Hinsicht ein Stück weit die Zukunft der Psychologie vorweggenommen hat. Seine Kritik an Dilthey wirkte Denkstil-bildend: Weil damit als „nachgewiesen“ galt, dass mit dem das Denken und Forschen in den Naturwissenschaften nachahmenden Verfahren der Psychologie „alles in Ordnung“ ist, brauchte man sich für die von Dilthey aufgeworfenen Fragen nicht mehr zuständig fühlen.

Dilthey fühlte sich von Ebbinghaus' Kritik persönlich angegriffen und – was schwerer wog – offenbar auch sachlich stark verunsichert. Die geplante ausführliche Entgegnung kam nicht zustande; er musste es bei einer kurz gehaltenen „Anmerkung“ (Dilthey, 1896), die bloß der Klarstellung seiner in den *Ideen* vorgetragenen Position dienen sollte, bewenden lassen. Vor allem aber stellte Dilthey die Arbeit am zweiten Band seiner *Einleitung* ein. Erst nach der Jahrhundertwende nahm er seine Untersuchungen zur philosophischen Grundlegung der Geisteswissenschaften wieder auf. Allerdings mit einer deutlichen Akzentverschiebung, die durch ein Zurücktreten psychologischer Argumentationen gekennzeichnet ist.

Diese Wende im philosophischen Schaffen Diltheys wirft auch Licht auf jene Probleme und Widersprüchlichkeiten, die den früheren Entwürfen inhärent sind. In Hinblick auf das nachfolgende Kapitel wird sich die Diskussion um die von Dilthey in den *Ideen* so häufig strapazierte „Gewißheit“ der psychologischen Erkenntnis zentrieren. Bei Dilthey ist – wie bereits ausführlich erörtert – die für seine Erkenntnistheorie zentrale Differenz zwischen innerer und äußerer Erfahrung eben mit der Unterscheidung zwischen „unmittelbar gegeben“ und „hypothetisch erschlossen“ verschränkt. Zu „unmittelbar gegeben“ wird synonym „sicher gegeben“ verwendet. Aber Dilthey ist – im Gegensatz zu Franz Brentano (vgl. S. 191–213) – kein Evidenz-Theoretiker. In seinem vom Historismus geprägten Projekt einer Kritik der historischen Vernunft ist kein Platz für irgend etwas absolut Wahres.

Was ist aber dann mit „sicher gegeben“ gemeint? Dilthey insistierte darauf, dass uns in der inneren Erfahrung nicht bloß einzelne Zustände oder Vorgänge, sondern diese Zustände und Vorgänge immer schon in einem Zusammenhang gegeben sind. Und dieser Zusammenhang wird von uns erlebt. „Erlebt" ist aber – und eben das wurde von Dilthey in den *Ideen* nicht klar genug herausgearbeitet – etwas anderes als „bewußt konstatiert" oder gar „verstanden". Man kann sich das an einem Beispiel verdeutlichen, das Jung (1996, S. 134) zur Unterscheidung der Begriffe „Verstehen" und „Erklären" einführte: „Wer unter Kopfschmerzen leidet, erklärt sie, wenn er sie als Resultat von Druckschwankungen innerhalb des Schädels begreift; er versteht sie, wenn ihm ihr Zusammenhang mit den belastenden Aspekten der eigenen Lebensführung einleuchtet." Das Beispiel ist gut, weil es die Differenz zwischen dem Erkennen aus der Perspektive der ersten Person und dem Erkennen aus der Perspektive der dritten Person klar macht. Wichtig für den hier zur Diskussion stehenden Kontext ist aber, wie Jung diese Passage kommentierte: „Das Erklären ist eine kognitive Operation, die auch prinzipiell Unbeteiligte vornehmen können; Verstehensleistungen setzen affektives Betroffensein des Verstehenden voraus." Die Betonung liegt auf „voraussetzen". Erinnert sei daran, wie sehr Dilthey darum bemüht ist, für die Geisteswissenschaften den Ausgang von einem unverkürzten Erfahrungsbegriff sicherzustellen: „Erleben", „Innewerden" sind Begriffe, die eben nicht für rein kognitive Akte stehen; sie sollen den Zusammenhang von kognitiven, emotionalen und volitionalen Prozessen bezeichnen. Nun ist aber die sich als Resultat meiner Verstehensleistung ergebende Einsicht, dass meine Kopfschmerzen mit meinen beruflichen oder privaten Belastungen zu tun haben, zweifellos das Ergebnis eines kognitiven Vorgangs. Diese Einsicht ist allerdings aus etwas hervorgegangen, das selbst nicht rein kognitiv ist: Sie basiert auf vorangegangenem Erleben. Die Einsicht ist etwas anderes, als das Erleben, das dieser Einsicht zugrunde liegt. Damit ich diese Einsicht für mich formulieren kann, muss mir das kognitiv-emotiv-volitive Geschehen, aus dem sich mir die kognitive Einsicht ergibt, irgendwie – anders jedenfalls, als die kognitive Einsicht selbst – gegeben sein.

Das, was mir in diesem Sinne unmittelbar, „sicher" gegeben ist, ist das Leben. Das subjektive Gewahrwerden des Lebens, aus dem letztlich Verstehen hervorgehen soll, bildete für Dilthey zur Zeit der Abfassung seiner *Ideen* noch jenes Zentrum, von dem aus eine erkenntnistheoretische Grundlegung der Geisteswissenschaften ihren Ausgang nehmen muss. Es ist die Psychologie, die gleichsam diesen Grund, aus dem alles Wissen aus der Perspektive der ersten Person entsteht, bloßzulegen hat. Die von Ebbinghaus in seiner Kritik monierte unklare Sprache, mit der Dilthey zu Werke ging, zeigt, wie schwer sich der Vollzug des psychischen Erlebens analysieren und in Worte fassen lässt.

Aber selbst wenn es gelingen würde, den Vollzug des psychischen Lebens exakter zu erfassen – was wäre damit für die Geisteswissenschaften gewonnen? Meine Kopfschmerzen zu verstehen, ist offensichtlich etwas anderes als z. B. ein Gedicht zu verstehen. Der produktive Akt, das Schaffen eines Gedichtes ist Vollzug, das fertige Gedicht aber Ausdruck des Erlebens. Diltheys Psychologie zielte auf die Beschreibung des Vollzugs ab. Aber erschöpft sich das Verstehen eines Gedichts darin, sich den psychischen Zustand oder Vorgang zu vergegenwärtigen, in dem es entstanden ist?

Mit der Einführung der Unterscheidung von Vollzug und Ausdruck des Erlebens – eine Differenzierung die in den *Ideen* eben noch nicht systematisch durchgeführt ist – verlor die Psychologie in Diltheys philosophischem Ansatz ihre grundlegende Bedeutung. Die Ansicht, dass das Erleben selbst das Material der Geisteswissenschaften abgibt, wurde aufgegeben. An ihre Stelle tritt die These, dass die Geisteswissenschaften im Zusammenhang von Erleben, den Ausdrücken von Erlebnissen und dem Verstehen dieser Ausdrücke gründen. Alles, was von Menschen gemacht ist, kann als Ausdruck, als Zeichen bewussten Lebens gedeutet, dem Prozess des Verstehens unterworfen werden: „Aus Steinen, Marmor, musikalisch geformten Tönen, aus Gebärden, Worten und Schrift, aus Handlungen, wirtschaftlichen Ordnungen und Verfassungen spricht derselbe menschliche Geist zu uns und bedarf der Auslegung." (Dilthey, 1900, S. 318–319). Unter dieser Vielzahl von Ausdrucksformen kommt sprachlichen Gebilden eine herausragende Bedeutung zu, „weil in der Sprache allein das menschliche Innere seinen vollständigen Ausdruck findet" (ebd., S. 319). Halte ich mich nun bei der Interpretation z. B. eines Gedichtes an seinen Charakter als Ausdrucksgestalt, so kann ich nur das vom Autor Gesagte, nicht das von ihm möglicherweise Gemeinte, zum Gegenstand meiner Deutung machen. An die Stelle der Psychologie tritt die Hermeneutik, die, wie Dilthey sie auch nannte, „Kunstlehre der Auslegung von Schriftdenkmalen" (ebd., S. 320).

Allgemein gilt: Ohne Ausdruck, ohne Zeichen gibt es kein Verstehen. Daher ist uns die von Menschen unberührte Natur prinzipiell unverständlich. Aus diesem Gedanken heraus lässt sich nun die überraschende Pointe der Dilthey'schen Abwendung von der Psychologie deutlich machen. Der Satz, dass meine Kopfschmerzen etwas mit meinen mich belastenden Lebensbedingungen zu tun haben, stellt nichts anderes vor als das sprachlich fixierte Resultat eines Verstehensprozesses. Daraus folgt, dass körperliche und psychische

Zuständen bzw. Vorgänge sich an mir „äußern", den Charakter von sinnlich gegebenen Zeichen annehmen müssen, um von mir interpretiert, d. h. verstanden werden zu können. Das Erleben an sich ist unverständlich. Innere Zustände können nur verstanden werden, in dem sie sich irgendwie artikulieren.

Nun lebt der Mensch nicht für sich allein, sondern in und für die Gemeinschaft mit anderen. Erst die Vergleichung mit anderen macht die Erfahrung von Individualität möglich (ebd., S. 318). Individualität ist eine intersubjektive Kategorie: Sie konstituiert sich nicht bereits im – vorsprachlichen – ‚Blick nach Innen', sondern erst in der symbolisch vermittelten Auseinandersetzung mit anderen. Sich selbst zu verstehen hat also das Verstehen anderer zur Voraussetzung. Wie die Lebensäußerungen anderer, so werden mir auch meine eigenen Lebensausdrücke nur vermittels intersubjektiver – also sozialer – Sinnstrukturen verständlich. In Umkehrung dieses Gedankens konnte Dilthey schließlich sagen, dass jedes Verstehen fremden Erlebens ein Nacherleben ist.

Für sein Projekt einer erkenntnistheoretischen Fundierung der Geisteswissenschaften hatte die von Dilthey vollzogene „hermeneutische Wende" zur Folge, dass das Verstehen der Bedeutung menschlicher Werke nicht durch das Verstehen psychischer Strukturen hindurch gehen muss (Schmidt, 1995, S. 53). Umgekehrt kann nun aber das Verstehen von menschlichen Werken der Allgemeinen Psychologie nutzbar gemacht werden. Dilthey hat dies schon in seinen *Ideen* ein gutes Stück weit vorweggenommen: „In Sprache Mythos und religiösem Brauch, Sitte, Recht und äußerer Organisation sind Erzeugnisse des Gesamtgeistes vorliegend, in denen das menschliche Bewußtsein, mit Hegel zu reden, objektiv geworden ist und so der Zergliederung standhält. Was der Mensch sei, das erfährt er ja doch nicht durch Grübelei über sich, auch nicht durch psychologische Experimente, sondern durch die Geschichte." (Dilthey, 1894, S. 180) Dieser Gedanke – er hätte im Übrigen auch aus der Feder Wilhelm Wundts stammen können – wurde im Anschluss an Dilthey vor allem von Eduard Spranger aufgenommen und in seiner eigenen Version einer „geisteswissenschaftlichen Psychologie" fortgesponnen. In den zwanziger und dreißiger Jahren des 20. Jahrhunderts fand der von Ebbinghaus als unnötig zurückgewiesene Ansatz über die aufkommende Jugendpsychologie dann doch noch Eingang in den anerkannten Methodenkanon der Hochschulpsychologie.

Franz Brentano

Auf den ersten Blick könnte die Differenz größer nicht sein: Wurde bei dem einen für die „geisteswissenschaftliche", so bei dem anderen für die „naturwissenschaftliche" Betrachtungsweise ein philosophischer Führungsanspruch erhoben: Wilhelm Dilthey und Franz Brentano – zwei Antagonisten in der Geschichte der Philosophie der zweiten Hälfte des 19. Jahrhunderts? Eine solche Einschätzung hängt allerdings davon ab, in welcher Hinsicht man die philosophischen Projekte der beiden miteinander in Beziehung setzt. Hier interessiert die Psychologie – und die weist bei beiden, wiederum auf den ersten Blick, überraschend viele Ähnlichkeiten auf. Beide haben ihre Psychologie aus der Unterscheidung von innerer und äußerer Wahrnehmung und damit aus der Konfrontation mit der Erfahrungsweise der Naturwissenschaft(en) entwickelt. Dilthey nannte die seine eine „beschreibende" und – gelegentlich – genauso wie Brentano die seine, eine „deskriptive" Psychologie. Wie die Bezeichnungen anzeigen, wurde in beiden Konzeptionen der Beschreibung psychischer Vorgänge und Zustände ein methodischer Vorrang vor der positiven Forschung eingeräumt: vor der „erklärenden" Psychologie bei Dilthey und vor der „genetischen Psychologie" bei Brentano. Gemeinsam ist beiden Projekten schließlich auch, dass es darin um mehr ging als bloß um eine Reform der zeitgenössischen Psychologie: Für Dilthey und Brentano war die Psychologie *die* Grundlagendisziplin der Philosophie.[105]

Bei all diesen terminologischen und sachlichen Parallelen ist es aber dann doch einigermaßen verwunderlich, dass beide Autoren in ihren Publikationen kaum aufeinander Bezug nahmen. Dilthey dürfte Brentanos frühes Hauptwerk, die *Psychologie vom empirischen Standpunkte* (Brentano, 1874b), gründlich studiert haben. Trotzdem zitierte er Brentano nur selten. Brentano seinerseits erwähnte Dilthey in seinen Publikationen gerade ein einziges Mal (vgl. Orth, 1984, S. 35 u. S. 53). Das spricht nicht unbedingt für eine Übereinstimmung, die über vage Ähnlichkeiten in der Argumentation hinausgeht. Auf eine ausgeprägte Gegnerschaft lässt das gegenseitige Sich-nicht-zur-Kenntnis-Nehmen allerdings auch nicht schließen.

Die Wirkungen, die von Dilthey und Brentano auf die Psychologie ausgingen, waren jedenfalls sehr unterschiedlich. Während Dilthey für die akademischen Psychologen – nicht zuletzt wohl aufgrund der Kritik von Ebbinghaus

105 Zum Verhältnis der Philosophie Diltheys zu der Brentanos vgl. ausführlich Orth (1984 u. 1997).

– zunächst ein Außenseiter blieb, wurde Brentanos Beitrag als selbstverständlicher Teil des zeitgenössischen wissenschaftlichen Diskurses in der Psychologie wahrgenommen. Das hing wohl nicht zuletzt auch damit zusammen, dass Brentano der experimentellen Forschung in der Psychologie nicht nur aufgeschlossen gegenüberstand, sondern gelegentlich selbst einfache Experimente zur Klärung psychologischer Probleme durchführte. Brentanos positive Haltung gegenüber der experimentellen Psychologie ist insofern bedeutsam, weil er – der er viel unmittelbarer als Dilthey schulenbildend wirkte – sie an eine Folgegeneration von Philosophen weitergeben konnte.

Brentano war ein charismatischer Lehrer. In Würzburg, wo er seit 1866 als Privatdozent und seit 1872 als ao. Professor lehrte, gerieten unter anderen Carl Stumpf, Anton Marty oder der Theologe Hermann Schell in den Bannkreis seiner Philosophie. An der Universität Wien, an der er seit dem Frühjahr 1874 tätig war, zählten neben Alexius Meinong, Christian von Ehrenfels, Franz Hillebrand, Edmund Husserl, Kasimir Twardowski auch der spätere Präsident der Tschechoslowakischen Republik, Thomas Masaryk und Sigmund Freud[106] zu seinen Schülern.

Das Verhältnis zu den Schülern war nicht immer einfach. Besonders schwierig gestaltete es sich zu Alexius Meinong. Er sei, so erinnerte sich Meinong (1921, S. 93), Brentano „zu keiner Zeit in dem Maße vorbehaltlos nahe gekommen", wie es anderen – Stumpf und Marty z. B., letztlich aber auch Husserl – vergönnt gewesen war. Während seiner Grazer Zeit – Meinong war 1882 an die dortige Universität berufen worden – vergrößerte sich die Distanz zu seinem früheren Lehrer weiter. Obwohl sein eigenes Forschungsprogramm sich unmittelbar auf dem für Brentanos Philosophie so zentralen Gedanken der Intentionalität psychischer Akte gründete, gerieten Meinong und seine Grazer Schüler mehr und mehr in einen – auf Seiten der loyalen Anhänger Brentanos nicht selten in offenen Feindseligkeiten eskalierenden – Gegensatz zur orthodoxen Brentano-Schule. Die Brentanoisten waren nicht ohne Einfluss: Sie dominierten die Hochschulphilosophie an der deutschen Universität in Prag und nach der Jahrhundertwende auch an der Universität in Innsbruck.

Wien, Prag, Graz und Innsbruck – damit ist der geographische und kulturelle Raum bestimmt, in dem sich die von Brentano begründete und von

106 Zum Einfluss der Philosophie Franz Brentanos auf Freuds Entwicklung der Psychoanalyse vgl. etwa Fancher (1977) und dann vor allem Brauns u. Schöpf (1989). Brentano soll Freud an Theodor Gomperz als Mitarbeiter an den Übersetzungen der Werke John Stuart Mills vermittelt haben (Gay, 1989, S. 48).

Meinong fortgesetzte philosophische und psychologische Tradition vor allem entfalten konnte: im deutschsprachigen Teil der Donaumonarchie. Im ersten Teil dieses Buches war in diesem Zusammenhang von „Denkstil-Besonderheiten" die Rede, „die es durchaus als gerechtfertigt erscheinen lassen, von einer spezifisch österreichischen Entwicklung" der Psychologie zu sprechen. Dieser Gedanke nimmt Bezug auf eine Frage, die seit Jahren in Philosophenkreisen heftig diskutiert wird: Hat es tatsächlich so etwas wie einen Sonderweg der Philosophie in Österreich gegeben? Diese These von einer spezifisch „Österreichischen Philosophie" wird vor allem von dem Grazer Philosophen Rudolf Haller (z. B. 1986) forciert. Sein Kernargument ist, dass sich hierzulande die Entwicklung einer vor allem um Logik und Erkenntnistheorie zentrierten Philosophie – anders als in Deutschland – ohne Rückgriff auf Kant vollzogen hat und damit auch die für die deutschen Philosophie-Verhältnisse typischen neukantianischen Schulenbildungen ausgeblieben sind. Dafür waren zunächst einmal politische Ursachen verantwortlich: Im Zuge des Übergangs vom aufgeklärten Absolutismus zur sogenannten franziszeischen Restauration galt die Kantische Philosophie im Habsburgerreich aufgrund ihrer politischen Affinität zur Französischen Revolution von Staats wegen als nicht opportun. Eine damals blühende Kant-Rezeption kam zu einem jähen Ende; vorKantische Traditionen gewannen an Einfluss.[107] Von Böhmen aus, wo der Reformkatholizismus zu Metternichs Zeiten eine progressive, d. h. eine die Ideen der Aufklärung bewahrende Rolle spielte, begann sich in Anknüpfung an Leibniz eine antiidealistische, insbesondere aber gegen den Subjektivismus der Erkenntnistheorie Kants gerichtete Entwicklung abzuzeichnen. Der Prager Philosoph Bernhard Bolzano vertrat eine realistische Erkenntnislehre, in der er die – von unserem Bewusstsein und unseren psychischen Akten unabhängige, in diesem Sinne also „objektive" – Existenz von „Sätzen und Wahrheiten an sich" postulierte. Die überragende Bedeutung der Logik, mit deren Hilfe allein den „Wahrheiten an sich" auf den Grund gegangen werden kann, ist bei Bolzano vor allem ethisch begründet: Philosophie, Wissenschaft und Religion stehen bei ihm ganz im Dienste der Realisierung des ethischen Grundsatzes, dass das „Wohl des Ganzen" – das „Gemeinwohl" – bestmögliche Förderung erfahren muss (vgl. Stadler, 1997, S. 63–64). Der Katholischen Kirche ist die von Bolzano vertretene Synthese von Aufklärung und Religiösität bald schon suspekt geworden. 1819 wurde er von seinem Lehrstuhl für Religion, den er seit 1805 an der Philosophischen Fakultät der Karls-Uni-

107 Vgl. dazu ausführlich Sauer (1982).

versität in Prag innehatte, entfernt und unter ständige Polizeiaufsicht gestellt (Johnston, 1974, S. 280).

Der Umbruch vom Idealismus zum Realismus vollzog sich in „Österreich" schließlich im Gewande einer Philosophie, die dezidiert nicht an gesellschaftlicher Veränderung interessiert und daher mit den bestehenden politischen Verhältnissen im Vormärz und danach im Neoabsolutismus leichter auszusöhnen war als das philosophische Querdenken eines Bernhard Bolzano: im Gewande der Philosophie Herbarts. Herbart kritisierte an Kant, dass dieser eine unüberbrückbare Kluft zwischen dem „Ding an sich" und der uns allein als real gegebenen Vorstellungswelt – also zwischen einem prinzipiell unzugänglichem „Sein" und seinem „Schein" – aufgetan hat. Der „Schein" wurde von ihm als „Hindeutung" auf das „Sein" gefasst, womit er zur klassischen, d. i. die vorkantische Auffassung der Metaphysik als kritische Prüfung der aus der Erscheinungswelt gewonnenen Begriffe zurückkehrte. In seiner Ontologie bestimmte Herbart – im direkten Anschluss an Leibniz' Monadenlehre – das Sein als eine Vielheit von Realen, die – jedes für sich – teillos und unabänderlich identisch mit sich selbst sind. Mit Kant nahm er an, dass wir die eigentlichen Qualitäten eines Realen, d. h. das, was einem konkret Seienden als Träger und Einheit seiner erfahrbaren Eigenschaften substantiell zugrunde liegt, nicht erkennen können. Im Gegensatz zu Kant sind wir nach Herbart aber sehr wohl in der Lage, zweifelsfrei zu erkennen, dass diese Qualitäten real existieren (vgl. ebd., S. 286).

Herbart selbst hat jenes Land, in dem seine Lehre die größte Verbreitung fand, nie betreten. Die breite Durchsetzung seiner Philosophie erfolgte Jahre nach seinem Tod im Zuge der mit der Revolution von 1848 in Gang gebrachten Reform der österreichischen Mittel- und Hochschulbildung. Die Pläne zu dieser Reform waren noch während der siegreichen Monate der Revolution von dem Prager Philosophie-Professor und Herbartianer Franz Exner ausgearbeitet und dann nach Niederschlagung des Aufstandes unter dem konservativen Unterrichtsminister Leo Graf Thun-Hohenstein unter den Bedingungen des neu errichteten neoabsolutistischen Regimes umgesetzt worden. Auf der Ebene des Mittelschulwesens brachte die Reform acht- statt wie zuvor sechsklassig geführte Gymnasien sowie die Einrichtung des Fachlehrersystems mit einer an die Universität gebundenen Ausbildung der Gymnasiallehrer, auf der Ebene des Hochschulwesens die Einführung des Humboldt'schen Universitäts-Modells (vgl. dazu Benetka, 1990, S. 51–54). Der Umstand, dass die beiden an der Universität Wien – der größten und wichtigsten Universität des Landes – bestehenden Lehrkanzeln für Philosophie seit Beginn der sechziger Jahren mit zwei Herbartianern besetzt waren[108], macht deutlich, wie stark die Philosophie Herbarts auf Hochschulboden verankert war. Diese – mit der Philosophie auch die Psychologie und die Pädagogik umfassende – Vorherrschaft des Herbartianismus wurde erst in den letzten beiden Jahrzehnten des 19. Jahrhunderts gebrochen. Ein erster entscheidender Schritt dazu stellte eben die Berufung von Franz Brentano nach Wien dar.

Es wurde bereits erwähnt, dass Brentano in Österreich „schulenbildend" wirkte. Seine an vorkantische Traditionen anschließende Philosophie konnte in einem Land, in dem sich über längere Zeit keine wirkungsmächtige Kant-Rezeption hatte ausbilden können, leichter reüssieren als ein betont postkantianisches Projekt, wie Dilthey es vertrat. Als die Brentano- und dann auch die Meinong-Schule einen dominierenden Einfluss auf die Entwicklung der österreichischen Hochschulphilosophie errungen hatten, behinderten sie letztlich das Eindringen von auf Dilthey zurückgehenden Ansätzen zu einer „verstehenden Psychologie". Das Fehlen solcher „geisteswissenschaftlicher Psychologien" ist eine Besonderheit der Entwicklung der Psychologie in Österreich. Als ein zweites Spezifikum ist festzuhalten, dass diese Psychologie stets eng an die Philosophie gebunden blieb. Bestrebungen zur Loslösung von der Philosophie hat es hierzulande – im Gegensatz zu Deutschland – nicht gegeben.

Die Methode der Naturwissenschaften

Im Juli 1866 trug der damals 28-jährige katholische Geistliche Franz Brentano an der Universität Würzburg im Rahmen seines Habilitationskolloquiums 25 Thesen zur Philosophie vor. Die bekannteste und für seine eigene philosophische Entwicklung bedeutsamste, die vierte, lautete: „Vera philosophiae methodus nulla alia nisi scientiae naturalis est. – Die wahre Methode der Philosophie ist keine andere als die der Naturwissenschaften." (Brentano, 1866, S. 136–137) Es geht also wieder um die – damals, nach der Mitte des 19. Jahrhunderts – vielerorts beschworene Erneuerung der Philosophie; und zwar beim jungen Brentano eben um eine Erneuerung, die durch eine Orientierung an „der" in den Naturwissenschaften gepflogenen Methode erreicht werden sollte. Was aber hat man sich unter einer mit „der naturwissenschaft-

108 Franz Karl Lott war von 1849 bis 1872, Robert Zimmermann von 1861 bis 1896 Ordinarius für Philosophie.

lichen Methode“ betriebenen Philosophie eigentlich vorzustellen? Im Folgenden wird zu zeigen sein, dass Brentano die Explikation seiner These geradewegs zur Beschäftigung mit den Grundlagen der Psychologie führte.

Vorab ist festzuhalten, dass – wie bei Wundt – „naturwissenschaftlich“ nicht gleichbedeutend ist mit „experimentell“. Sicher, man könnte auch im Falle Brentanos rasch ein paar Zitate zusammenfinden, die Gegenteiliges vermuten ließen. Z. B. steht im Anhang der Ausarbeitung seines Vortrags *Über die Zukunft der Philosophie*, den er am 22. März 1892 im Rahmen der *Philosophischen Gesellschaft* in Wien gehalten hatte, zu lesen: „Im Jahre 1874 an die Universität berufen, war ich noch nicht lange in Wien, als ich das Ministerium um ein Institut für experimentelle Psychologie ersuchte. Hätte dasselbe sich damals bewogen gefunden, meiner Anregung Folge zu geben, so würde Wien den sämtlichen deutschen Hochschulen damit vorangeeilt sein. Heute haben Wundt in Leipzig, Stumpf in München, Elias Müller in Göttingen, Lipps in Breslau und andere anderwärts ihr psychologisches Kabinett, und in Wien ist noch nicht der geringste Anfang gemacht. Der Lehrer ist außerstande, den Schüler in experimentelle Forschung auf psychologischem Gebiete einzuführen, und der Forscher sieht sich in den wichtigsten Untersuchungen aufgehalten, sooft eine Frage gewisse experimentelle Arbeiten unbedingt erheischt. Das sind denn doch wahrhaft schreiende Mißstände!“ (Brentano, 1893a, S. 51)

Zweifellos ist Brentano also – ganz im Gegensatz zu Dilthey – der experimentellen Forschung in der Psychologie durchwegs positiv gegenüber gestanden. Der Schluss der zitierten Passage aber sollte zu denken geben: „... der Forscher sieht sich in den wichtigsten Untersuchungen aufgehalten, sooft eine Frage gewisse experimentelle Arbeiten erheischt“. Daraus folgt zwingend, dass es für Brentano in der Psychologie auch ohne Experiment „wichtigste Untersuchungen“, also Forschung, genauer: Forschung in der Art der Naturwissenschaften gegeben und dass er zwar für gewisse, beileibe aber nicht für alle Fragen der Psychologie eine experimentelle Bearbeitung für unbedingt notwendig befunden hat.

Das allein schon trennte ihn von den radikalen Neueren, die vom ausgehenden 19. Jahrhundert an alle Psychologie in experimentelle Psychologie auflösen wollten. Das Fundament, das diese neue positivistische Psychologie tragen sollte, bildete die Annahme, dass psychische Erlebnisse nur in ihrer Beziehung zu körperlichen Prozessen adäquat zu untersuchen sind. Wenn im Folgenden Brentanos Konzept einer empirischen Psychologie als eine Alternative zum positivistischen Mainstream, aber auch als Alternative zur Wundt’schen Psychologie rekonstruiert wird, dann ist gerade auch diesem Aspekt besondere Aufmerksamkeit zu widmen: der Klärung der Frage, welche Rolle für ihn physiologische Erklärungen in der Psychologie spielen sollten.

Zunächst gilt es aber, die Argumente nachzuzeichnen, mit denen Brentano die Überführung der zunächst bloß programmatisch bestimmten Forderung nach einer Erneuerung der Philosophie auf der Grundlage der Methode der Naturwissenschaft in den Versuch einer Grundlegung der Psychologie gerechtfertigt hat. Danach wird die Konzeption seiner empirischen Psychologie ausführlich dargestellt. Die von ihm erst später eingeführte Unterscheidung von „deskriptiver" und „genetischer" Psychologie liefert schließlich jenen Ansatzpunkt, vom dem aus die Stellung des Experiments und die Rolle der Physiologie in seiner Psychologie systematisch zu erörtern sind.

Philosophiegeschichtliche und wissenschaftssystematische Prolegomena

In der Diskussion der Grundlagen der Dilthey'schen Philosophie ist darauf hingewiesen worden, dass es eigentlich die Geschichtswissenschaft war, die die Führungsrolle im Kampf der Forschungswissenschaften gegen die Spekulationen der idealistischen Systemphilosophie innegehabt hatte. Auf Seiten der Philosophie schlug sich die Vorherrschaft des Historismus in einer verstärkten Beschäftigung mit der Geschichte der Philosophie nieder. Auch bei Brentano nahm die Neubestimmung des Verhältnisses von Philosophie und Wissenschaft letztlich von philosophiegeschichtlichen Überlegungen ihren Ausgang. Von den frühen sechziger Jahren an hatte er an einer Systematisierung in Form einer Phasenlehre gearbeitet. Die Resultate dieser Studien konnte er dann als Privatdozent in seinen Vorlesungen über die Geschichte der Philosophie zur Diskussion stellen (vgl. Werle, 1989, S. 60–62).

Brentano unterschied vier periodisch wiederkehrende Entwicklungsphasen der abendländischen Philosophie. Die erste, die Phase einer *„aufsteigende[n] Entwickelung"*, ist durch zweierlei charakterisiert: durch ein „lebendiges und reines theoretisches Interesse" und – für den hier zu diskutierenden Zusammenhang besonders wichtig – „durch eine wesentlich naturgemäße, wenn auch gewiß noch mannigfacher Ausbildung bedürftige Methode". Die zweite Phase – gleichzeitig das *erste Stadium des Verfalls* – wird dadurch eingeleitet, dass anstelle des rein theoretischen Interesses „irgendwelche praktische Motive [...] vornehmlich für die Forschung bestimmend" werden und diese folglich „nicht mehr gleich streng und gewissenhaft betrieben" wird. Die dritte philosophiegeschichtliche Entwicklungsphase nannte Brentano dann „*die Epoche der vorherrschenden Skepsis*": Die „unwissenschaftlich gewordene Wissenschaft" hat „sich des Vertrauens unwürdig gemacht; es wird ihr versagt". Weitergehend wird „nun überhaupt dem Verstande die Fähigkeit zu irgendwelcher sicheren Erkenntnis abgesprochen". Die Skepsis aber – so leitet Brentano dann zur Charakterisierung der vierten Phase über – ist „nicht etwas, was das menschliche Begehren befriedigt". Das „natürliche Verlangen nach Wahrheit [...] bricht sich gewaltsam Bahn: Mit krankhaft gesteigertem Eifer kehrt man zum Aufbau philosophischer Dogmen zurück. Zu den natürlichen Mitteln, mit welchen die erste Phase gearbeitet, erdichtet man sich ganz unnatürliche Erkenntnisweisen, Prinzipien, die ohne alle Einsicht sind, geniale unmittelbar intuitive Kräfte, mystische Steigerungen des intellektuellen Lebens, und bald schwelgt man in dem vermeinten Besitz der erhabensten, alles menschliche Vermögen weit übersteigenden Wahrheiten. Hiermit ist das äußerste des *Verfalls* gegeben." (Brentano, 1895a, S. 7–9)

Die Anwendung dieses Phasen-Schemas auf die antike und mittelalterliche Philosophie braucht hier nicht weiter interessieren. Es genügt, darauf hinzuweisen, dass für Brentano die Philosophie der Antike durch Aristoteles und die des Mittelalters durch Thomas von Aquin zur Hochblüte geführt wurde. Als typische Vertreter der aufsteigenden Phase der Philosophie der Neuzeit führte er dann Bacon, Descartes, Locke und Leibniz an. Die Aufklärungsphilosophen rechnete er der zweiten, Hume der dritten Phase zu. Kant, Fichte, Schelling und Hegel repräsentierten für ihn das Stadium des tiefsten Verfalls neuzeitlichen Philosophierens. Seine eigene Zeit hingegen sah Brentano „in ein neues Kindesalter getreten" (ebd., S. 24), in dem es an die in den „aufsteigenden Phasen" der Geschichte geleistete Arbeit wieder anzuknüpfen gilt.

Die Beschäftigung mit der Geschichte sollte letztlich zeigen, dass der Zusammenbruch des Deutschen Idealismus nicht Schicksal und Bestimmung der Philosophie überhaupt sein kann. In der abendländischen Philosophie gab es immer wieder Zeiten des Verfalls; stets wurden solche Phasen des äußersten Niedergangs durch einen fruchtbaren Neuanfang beendet. Damit war für Brentano die Möglichkeit einer neuen Philosophie nach Hegel erwiesen. Diese neue Philosophie musste eine sein, die eben – wie in allen aufsteigenden Phasen der Geschichte bisher – durch eine „naturgemäße" Methode und ein „reines" wissenschaftliches Interesse ausgezeichnet ist. „Naturgemäß" ist eine Methode, wenn nichts als die Natur selbst der Forschung den Weg weist (z. B. ebd., S. 10); wenn mithin die Erfahrung allein „als die große Lehrmeisterin geehrt" wird (ebd., S. 18). Die Rückkehr zur Beobachtung der

Tatsachen ist Voraussetzung dafür, dass die Philosophie den während der Vorherrschaft der Schelling-Hegelschen Schulen abgebrochenen Kontakt zu den übrigen Wissenschaften wieder aufnehmen und forthin in enger Wechselbeziehung mit diesen betrieben werden kann.

Brentano hat seinen philosophiegeschichtlich argumentierten Nachweis, dass eine so verstandene wissenschaftlichen Philosophie eine Zukunft hat, schließlich auch mit wissenschaftssystematischen Überlegungen zu unterbauen versucht. Die Verschränkung beider Argumentationsebenen lieferte ihm dann die Begründung dafür, dass die angestrebte Erneuerung der Philosophie nur auf der Grundlage der Psychologie vollzogen werden kann.

Brentanos wissenschaftssystematische Erörterungen waren durch sein Studium der Schriften Auguste Comtes beeinflusst. Seine Antrittsvorlesung an der Wiener Universität nutzte er dazu, seine Überlegungen dazu öffentlich vorzustellen. Am 22. April 1874 referierte er im Festsaal *Über die Gründe der Entmutigung auf philosophischem Gebiete* (Brentano, 1874a). Diese Gründe waren im ersten Teil des Vortrags rasch benannt (ebd., S. 87–92): der Mangel allgemein angenommener Lehrsätze; daraus resultierend das Fehlen einer kontinuierlichen Akkumulation von allgemein anerkanntem Wissen, dann die Aussichtslosigkeit, das angestrebte Ziel, „in das wahre und innerste Wesen der Dinge ein[zu]dringen und seinen Begriff [… zu] erfassen" (ebd., S. 90), auf dem Wege der Erfahrung zu erreichen; schließlich die Unmöglichkeit der praktischen Verwertung philosophischen Wissens. Im zweiten Teil seiner Ausführungen versuchte Brentano dann zu zeigen, dass die zuvor dargelegten Gründe eigentlich „nichts, oder daß sie wenigstens nicht so viel beweisen, als man daraus zu folgern geneigt ist" (ebd., S. 92). Das zentrale Argument wurde dabei eben in Anlehnung an die von Comte eingeführte hierarchische Ordnung der Wissenschaften nach dem Grad der Allgemeinheit ihrer Gegenstände vorbereitet: „Wenn wir die verschiedenen allgemeinen theoretischen Wissenschaften, die Mathematik, die Physik, die Chemie, die Physiologie, nebeneinander stellen: so finden wir, daß sie eine Reihe bilden, in welcher jedes frühere Glied abstrakter als das nachfolgende ist. Der Gegenstand der später genannten Wissenschaft ist verwickelter, und zwar in der Art, daß die Phänomene, die Gegenstand der früher genannten sind, sich bei ihr durch neue Elemente und Bedingungen komplizieren." Hieraus folgt, dass jede später genannte von der früher genannten Wissenschaft abhängig ist und deshalb im historischen Vergleich gegenüber dieser als langsamer entwickelt, als „zurückgeblieben" erscheinen muss (ebd., S. 92–93). Wenn es nun Phänomene gibt, die sich ähnlich zu den physiologischen, wie diese zu den chemischen und die chemischen zu den physischen verhalten", so ergibt sich daraus zwingend, „daß die Wissenschaft, welche sich mit ihnen beschäftigt, in einer noch unreiferen Phase der Entwicklung sich finden muß". Solche Phänomene sind für Brentano „die psychischen Zustände": Psychische Zustände begegnen „uns nur in Verbindung mit Organismen und in Abhängigkeit von gewissen physiologischen Prozessen". Somit ist klar, dass die Entwicklung jener Wissenschaft, die eben diese Zustände untersucht, – die Entwicklung der Psychologie – an die Entwicklung der Physiologie gebunden ist (ebd., S. 93–94).[109]

Dieser Gedankengang scheint nun geradewegs dorthin zu führen, wo Jahre später Külpe, Ebbinghaus und Müller mit ihrer Revision der Psychologie ansetzten: zu der Überzeugung, dass eine wissenschaftliche Psychologie nur in enger Beziehung zur Physiologie entwickelt werden könnte. Gerade diese Konsequenz wurde aber von Brentano nicht gezogen. In seinem Argumentationszusammenhang interessierte die von Comte übernommene Rangordnung der Wissenschaften weniger in inhaltlich-methodischer, als vielmehr in formal-historischer Hinsicht: Was er an dieser Stelle festhalten wollte, war allein der Umstand, dass „die Psychologie heutzutage", also um die Mitte der siebziger Jahre – zu einem Zeitpunkt, „wo sogar die Physiologie noch relativ geringe Fortschritte gemacht" hatte – „nicht über die ersten Anfänge ihrer Entwicklung hinausgeschritten sein" konnte. Mit der Psychologie aber standen für Brentano die Gesellschaftswissenschaft sowie – und das ist von zentraler Bedeutung – „auch alle übrigen Zweige der Philosophie in Zusammenhang" (ebd., S. 94).

Damit war der Schluss der Argumentation vorbereitet: Die Psychologie ist ein Zweig der Philosophie. Über sie erhält die Philosophie einen gesonderten, von ihr und nur von ihr zu bearbeitenden Aufgabenbereich zugeordnet: die Untersuchung der „psychischen Zustände". Die Psychologie ist deshalb die Grundlagendisziplin der Philosophie. Für die Entfaltung einer wissenschaftlichen Psychologie sind aber erst durch die jüngsten Fortschritte der Physiologie die Voraussetzungen geschaffen worden. Ohne diese Fortschritte auf dem Gebiet der Physiologie hat die Psychologie – und damit auch die Philosophie – unmöglich einen hohen Grad der Entwicklung erreichen können. Daraus folgt, dass der „gegenwärtig zurückgebliebenen Zustande" der Philosophie allein historisch bedingt ist: Die im ersten Teil der Antrittsvorlesung

109 Comte hatte auf die Chemie die Biologie und auf die Biologie nicht die Psychologie, sondern die Soziologie folgen lassen.

zusammengestellten Gründe für die Ermutigung in der Philosophie werden also im zweiten Teil von Brentano nicht als unberechtigt zurückgewiesen, sondern als solche anerkannt, die durch die notwendige Ungleichzeitigkeit der Entfaltung der Wissenschaften verursacht wurden. Wenn aber in Physiologie und Psychologie die Fundamente gelegt sein werden, wird die Philosophie in allen ihren Teilgebieten einen unaufhaltsamen Aufschwung nehmen.

„Die Psychologie vom empirischen Standpunkte"

Je tiefer man in Brentanos Auffassungen zur Psychologie eindringt, umso mehr wird man es als überraschend empfinden, dass er in seiner Antrittsvorlesung für die Psychologie ohne erläuternden Kommentar ein Verhältnis der Abhängigkeit von der Physiologie unterstellen konnte. Tatsächlich hatte Brentano nämlich die im Vortrag bloß programmatisch geforderte Erneuerung der Philosophie auf der Grundlage der Psychologie bereits vor seiner Übersiedelung nach Wien fertig ausgearbeitet. Das Kernstück seines Entwurfs bildete eine phänomenologische Psychologie, die so gar keine Wurzeln in der Physiologie, dafür aber umso mehr in der Geschichte der Philosophie hatte. Welche Gründe die Unvollkommenheit vorangegangener Ansätze zu der von Brentano intendierten wissenschaftlichen Beschreibung der psychischen Zustände auch immer gehabt haben mochte – mit dem „zurückgebliebenen Zustand der Physiologie" hatte sie mit Sicherheit nichts zu tun. Weiter unten wird auf diesen Punkt noch eingegangen werden.

Brentanos frühes Hauptwerk war im Mai 1874, also kurz nach dem Antritt seiner Wiener Professur erschienen. „Wir müssen" – so stand im Vorwort seiner *Psychologie vom empirischen Standpunkte* zu lesen – „hier das zu gewinnen trachten, was die Mathematik, Physik, Chemie und Physiologie, die eine früher, die andere später, schon erreicht haben; einen Kern allgemein anerkannter Wahrheit, an welchen dann bald, durch das Zusammenwirken vieler Kräfte, von allen Seiten her neue Krystalle anschießen werden. An die Stelle der *Psychologien* müssen wir eine *Psychologie* zu setzen suchen." (Brentano, 1874b, S. VI) Die wissenschaftliche Grundlegung der Psychologie, die es mithin zu leisten galt, ist – in Übereinstimmung mit den wissenschaftssystematischen Überlegungen, die Brentano bei seiner Antrittsvorlesung vorgetragen hatte – Voraussetzung für die wissenschaftliche Neubegründung der Philosophie. Wissenschaftliche Grundlegung bedeutet – davon ist schon bei der Erörterung der Ansätze von Wundt und Dilthey ausführlich die Rede gewesen –, dass Gegenstand und Methode der Psychologie in und aus ihrer Beziehung zu den übrigen (Natur-)Wissenschaften entwickelt werden müssen. Brentano nahm die Diskussion der Methode zum Ausgangspunkt, von dem aus er dann seine Konzeption der Psychologie schrittweise entfalten wollte.

Die Psychologie ist, wie Brentano zu Anfang seines Buches (ebd., S. 10) bestimmte, die „Wissenschaft von den *psychischen* Phänomenen", „die Naturwissenschaft" handelt von den „physischen Phänomenen". „Phänomen", „Erscheinung", wird, so heißt es weiter, oft – z. B. von Kant – „im Gegensatze zu dem wahrhaft und wirklich Seienden" verwendet. Für die Naturwissenschaft scheint dieser Sprachgebrauch unproblematisch zu sein: Von den Gegenständen der sogenannten „äußeren Wahrnehmung" haben wir nämlich „kein Recht zu glauben, dass sie so, wie sie uns erscheinen, auch in Wahrheit bestehen. Ja sie bestehen nachweisbar nicht außer uns. Sie sind im Gegensatze zu dem, was wahrhaft und wirklich ist, bloße Phänomene" (ebd., S. 11). Eben das trifft aber für die Gegenstände der „inneren Wahrnehmung" nicht zu: Niemand kann zweifeln, „ob der psychische Zustand, den er in sich wahrnehme, sei, und ob er so sei, wie er ihn wahrnehme" (ebd., S. 12).

Die Verwendung des Begriffs „psychisches Phänomen" scheint angesichts dieser Differenzierung unpassend zu sein. Tatsächlich aber gebrauchte Brentano „Erscheinung" gerade nicht im Kantischen Sinne: also als etwas, hinter dem sich „in unnahbarem Versteck" das „Ding an sich" verbirgt (Kraus, 1924a, S. LXXVIII) Unter einem physischen Phänomen ist nichts anderes als eine sinnliche Qualität gemeint – Farben, Töne etc., also etwas, wie Brentano sagte, bloß phänomenal Existierendes; unter psychischem Phänomen hingegen wird etwas verstanden, das nicht bloß phänomenal, sondern „unzweifelhaft wirklich" existiert: ein innerer Zustand, eine innere Tätigkeit: „Erkenntnis, Freude, Begierde bestehen wirklich; Farbe Ton, Wärme nur phänomenal." (Brentano, 1874b, S. 129) Farben, Töne, Wärme etc. sind „Zeichen von etwas Wirklichem, was durch seine Einwirkung ihre Vorstellung erzeugt. Aber sie sind deshalb kein entsprechendes Bild dieses Wirklichen, und geben von ihm nur in sehr unvollkommenen Sinne Kenntnis. […] Die Wahrheit der physischen Phänomene ist, wie man sich ausdrückt, eine bloss relative Wahrheit." Die Phänomene der „inneren Wahrnehmung" hingegen sind „wahr in sich selbst. Wie sie erscheinen – dafür bürgt die Evidenz, mit der sie wahrgenommen werden –, so sind sie auch in Wirklichkeit." (Ebd., S. 24–25)

Für Brentano ist die Psychologie eine reine Erfahrungswissenschaft. Wie bei Wundt und dann auch bei Dilthey gründet sie sich auf der „inneren Wahrnehmung", wogegen die Naturwissenschaften auf der „äußeren Wahrnehmung" basieren. Im Gegensatz zu Wundt fasste Brentano innere und äußerer Wahrnehmung aber nicht als zwei verschiedene Betrachtungsweisen ein und derselben Erfahrung, sondern als zwei verschiedene Erfahrungsmodi. Kriterium der Unterscheidung ist der Grad ihrer Sicherheit. Die Evidenz der inneren Wahrnehmung wird – anders als bei Dilthey, der „Evidenz" allein auf die Unmittelbarkeit des Erlebens bezog – in Anlehnung an Descartes' Projekt des radikalen Zweifelns bestimmt: Während die Wahrheit all dessen, was ich mit meinen Sinnen erfasse, zweifelhaft ist, ist unzweifelhaft, dass mein Zweifeln wahrhaft existiert. In dieser „inneren Wahrheit" ihrer Erkenntnis sah Brentano schließlich auch den besonderen Wert – und damit auch die Vorrangstellung – der Psychologie gegenüber der Naturwissenschaft begründet.[110]

Wie Wundt, so wollte auch Brentano zwischen „innerer Wahrnehmung" und „innerer Beobachtung" streng unterschieden wissen. Die „innere Wahrnehmung" – heißt es bei Brentano – „hat das Eigenthümliche, dass sie nie innere Beobachtung werden kann". Das Argument ist das alte Kantische: Der Vorgang der Beobachtung verändert das, was zur Beobachtung ansteht: „Dies ist insbesondere bei gewissen psychischen Phänomenen, wie z. B. beim Zorne unverkennbar. Denn wer den Zorn, der in ihm glüht, beobachten wollte, bei dem wäre er offenbar bereits gekühlt, und der Gegenstand der Beobachtung verschwunden." (Brentano, 1874b, S. 35–36)

Wie aber sollte es eine Wissenschaft ohne Beobachtung geben? S. 63–102 wurde gezeigt, wie Wilhelm Wundt mit dieser Frage fertig wurde: Die Beobachtung von eigenen psychischen Vorgängen ist nur möglich, wenn psychische Erscheinungen im Experiment an Außenbedingungen geknüpft und über diese kontrolliert werden können. Weil ein stabiler Zusammenhang zwischen äußeren Ursachen und psychischen Wirkungen nur für einfache psychische Vorgänge angenommen werden kann, ist die Reichweite der experimentellen Forschung in der Psychologie stark beschränkt. Zur Untersuchung höherer psychischer Funktionen muss die Psychologie den Umweg über die völkerpsychologische Untersuchung einschlagen: die „Objektivationen" der das Gemeinschaftsleben tragenden geistigen Wechselwirkungen der Menschen stehen allerdings wie die Objekte der übrigen Wissenschaften relativ unabhängig vom Akt des Beobachtens zur Verfügung.

Für Brentano war die Unmöglichkeit der Beobachtung gegenwärtiger psychischer Vorgänge kein grundsätzliches Problem. In der „Betrachtung frühe-

110 Brentano nannte in diesem Zusammenhang weitere Vorzüge wie die „besondere Erhabenheit" der psychischen Phänomene, die „besondere Beziehung" derselben zu uns selbst sowie die große praktische Bedeutung psychologischen Wissens (Brentano, 1874b, S. 25–28).

rer Zustände aus dem Gedächtnisse" lässt sich leicht ein – wenn auch aufgrund der mangelnden Zuverlässigkeit des Gedächtnisses mit „Unsicherheit" und der „Möglichkeit vielfältiger Selbsttäuschungen" (ebd., S. 44) erkaufter – Ersatz dafür finden. Es ist ein anderer Umstand, der für Brentano die Psychologie gegenüber den Naturwissenschaften in einen entscheidenden Nachteil zu bringen droht: Das, was wir innerlich wahrnehmen und nach der Wahrnehmung im Gedächtnis zu beobachten vermögen, sind psychische Erscheinungen, die nur in uns, nur in unserem eigenen Leben auftreten. Psychische Erscheinungen, die nicht zum Verlaufe dieses individuellen Lebens gehören, liegen außerhalb unseres Gesichtskreises. Kurz und gut: Gegenstand von Wahrnehmung oder Beobachtung kann immer nur ein einziges individuelles Leben sein, ein Leben zudem, das – wie jeder weiß – von keinem von uns in seiner Totalität zu überblicken ist. Dazu kommt, dass wie der Gegenstand, so auch der Beobachter „ein einziger" ist: Kein „Anderer ist im Stande, seine Beobachtung zu controlliren. Denn, so wenig ich die psychischen Phänomene eines Anderen, so wenig vermag ein Anderer die meinigen durch innere Wahrnehmung zu erfassen." (Ebd., S. 45–46)

Die Erfahrungsgrundlage der Psychologie würde eine „ebenso ungenügende als unzuverlässige" bleiben, wenn sie allein auf die Wahrnehmung der eigenen psychischen Phänomene beschränkt wäre. Hier kommt nach Brentano der Psychologie jedoch der Umstand zugute, dass „die Erscheinungen des inneren Lebens [...] sich zu äussern" pflegen, d. h. „äusserlich wahrnehmbare Veränderungen" zur Folge haben, die eine „indirecte Erkenntniss fremder psychischer Phänomene" möglich machen (ebd., S. 46–47): Fremdpsychisches äußert sich in Worten, in Handlungen und im willkürlichen Tun sowie in den unwillkürlichen physischen Vorgängen, die – wie Brentano bemerkte – „gewisse psychische Zustände naturgemäss begleiten" (ebd., S. 49). Weit ist das Feld psychologischer Erfahrung, das Brentano der zukünftigen Forschung von hier aus eröffnen kann: Die Beschäftigung mit dem „einfacheren Seelenleben" von Kindern und Erwachsenen bei „Völkerstämmen, welche in der Cultur zurückgeblieben sind", wird ebenso empfohlen wie das Studium des Vorstellungslebens von Blindgeborenen; Beobachtungen, „die man zu psychologischen Zwecken an Thieren macht" (ebd., S. 50), sollen Berücksichtigung finden und „krankhafte Seelenzustände" aufmerksam verfolgt werden (ebd., S. 51); dazu kommen das Studium der Biographien von „Männern, welche als Künstler, Forscher oder grosse Charaktere hervorleuchten" (ebd., S. 52) und auch die Auseinandersetzung mit der Eigenart psychischer Erscheinungen in der Ansammlung von Menschenmassen (ebd., S. 53); aus der Analyse von „Phänomenen der Kunst, Wissenschaft und Religion" lassen sich schließlich Hinweise „auf die verschiedenen Grundanlagen des höheren psychischen Lebens" ableiten, wie überhaupt „die Betrachtung der Phänomene der menschlichen Gesellschaft auf die psychischen Phänomene des Einzelnen Licht" werfen können (ebd., S. 54). Bei aller Vielfalt an Erfahrungsmöglichkeiten, die sich aus der Beschäftigung mit dem Fremdpsychischen ergeben, darf aber nie übersehen werden, dass diese Art der Erfahrung – wie alle anderen Erfahrungen in der Psychologie auch – die innere Wahrnehmung als „letzte und unentbehrliche Vorbedingung" hat: „Auf der inneren Wahrnehmung also [...] erhebt sich recht eigentlich der Bau dieser Wissenschaft wie auf seiner Grundlage." (Ebd., S. 54)

Der Modus der Erfahrung stellt die eine Seite dar, von der aus Brentano die Psychologie in Abhebung zu den übrigen Naturwissenschaften zu begründen suchte. Offen bleibt, ob sich auch auf Seiten der „Phänomene" eine der Unterscheidung von innerer und äußerer Wahrnehmung analoge Differenzierung finden lässt. Die Frage, die Brentano sich stellen musste, lautet also: Wodurch ist Psychisches vor Physischem ausgezeichnet, wodurch das eine vom anderen unterschieden? Das allen *psychischen* Erscheinungen Gemeinsame, mithin das „Gattungsmerkmal" (Stegmüller, 1976, S. 3–4) des Psychischen, glaubte Brentano im Prinzip der Intentionalität gefunden zu haben: „Jedes psychische Phänomen" – so heißt es in der wohl meist zitierten Passage aus der *Psychologie vom empirischen Standpunkte* – „ist durch das charakterisirt, was die Scholastiker des Mittelalters die intentionale (auch wohl mentale) Inexistenz eines Gegenstandes genannt haben, und was wir, obwohl mit nicht ganz unzweideutigen Ausdrücken, die Beziehung auf einen Inhalt, die Richtung auf ein Object (worunter hier nicht eine Realität zu verstehen ist), oder die immanente Gegenständlichkeit nennen würden. Jedes enthält etwas als Objekt in sich, obwohl nicht jedes in gleicher Weise. In der Vorstellung ist etwas vorgestellt, in dem Urtheile ist etwas anerkannt oder verworfen, in der Liebe geliebt, in dem Hasse gehasst, in dem Begehren begehrt u. s. w." (Brentano, 1874b, S. 115)

Diese ursprüngliche Formulierung des Prinzips der Intentionalität ist missverständlich.[111] Die an die aristotelische Tradition anknüpfende Rede

111 Den in Klammern gesetzten Zusatz: dass unter einem Object „nicht eine Realität zu verstehen ist", hätte Brentano später so nicht unkommentiert stehen lassen. Die durch die Revision seiner Lehre fällig gewordene Präzisierung dieser Stelle hat schließlich ein loyaler Schüler übernommen: In einer Anmerkung dazu steht in der Neuausgabe der *Psychologie vom empiri-*

von der „mentalen Inexistenz eines Objekts" suggeriert, dass damit die besondere Seinsweise eines Dings im Bewusstsein gemeint sein könnte. Eben darum ist es Brentano allerdings nicht zu tun: Beziehung auf einen Inhalt, oder präziser: auf ein Objekt darf nicht als eine Relation zwischen zwei existierenden Bezugsgliedern – dem Subjekt als das, dem etwas bewusst ist und dem Etwas, dem „Objekt", das dem Subjekt bewusst ist – verstanden werden. Das Eigentümliche dieser „Beziehung" ist, dass zu ihrer „Existenz *nur* die Existenz des einen Terminus gefordert ist, keinesfalls aber die Existenz des zweiten Terminus, auf den der psychisch Tätige sich bezieht. Stelle ich z. B. den Gott Jupiter vor, so existiert lediglich der den Gott Jupiter Vorstellende, keinesfalls existiert der Gott Jupiter." (Kraus, 1924a, S. XXVI). Die Folgen für die Psychologie liegen auf der Hand: Es gibt keine Farben, keine Töne etc., sondern nur das Subjekt, das Farben sieht oder einen Ton hört. Um den Sachverhalt zuzuspitzen: Farben, Töne etc. existieren nicht für sich; das, was existiert, sind bloß die psychischen Akte des Sehens von Farben, des Hörens von Tönen etc. Wenn also Brentano von „psychischen Phänomenen" spricht, so ist damit – anders als etwa noch bei Kant – kein „Inhalt", sondern eine Tätigkeit, ein Akt gemeint. Der Begriff „Vorstellung" z. B. bedeutet „nicht das, was vorgestellt wird, sondern den Act des Vorstellens" (Brentano, 1874b, S. 103). Das war direkt gegen alle Spielarten der Assoziationspsychologie, vor allem aber gegen die Psychologie Herbarts gerichtet – gegen jede Psychologie also, die „Bewusstseinsinhalte" wie physische Dinge als reale, überdauernde Einheiten fasst, deren Zusammen- bzw. Wechselspiel denselben mechanischen Gesetzmäßigkeiten folgt wie die Vorgänge in der äußeren Natur auch.

Ein weiterer Aspekt ist an Brentanos früher Formulierung des Prinzips der Intentionalität bemerkenswert. Mit dem Satz: „In der Vorstellung ist etwas vorgestellt, in dem Urtheile ist etwas anerkannt oder verworfen, in der Liebe geliebt, in dem Hasse gehasst, in dem Begehren begehrt u. s. w." ist ein Abgehen von der seit Kant üblichen Klassifikation der psychischen Erscheinungen in Denken, Fühlen und Wollen angedeutet. Nach Brentano stellen – wie er im Fortgang seiner *Psychologie vom empirischen Standpunkte* ausführlich darleg-

---

schen Standpunkte von 1924 zu lesen: „Daß wir auch solches, was, wenn es existirte, nicht eine Realität (ein Wesen, ein Ding) wäre, zum Objekte haben können, also ‚Irreales', erklärt Brentano später ausdrücklich für irrig. […] An dieser von Brentano verlassenen Lehre hält die ältere Brentanoschule fest und Husserl und Meinong bilden sie zur ‚Phänomenologie' und ‚Gegenstandstheorie' um." (Kraus, 1924b, Anm. 10, S. 269) Zu Meinongs Gegenstandstheorie vgl. weiter unten.

te – Vorstellungen, Urteile und Gemütsbewegungen die Grundklassen des Psychischen dar. Neu ist daran, dass die Denkakte eben in Vorstellungs- und Urteilsakte aufgespaltet und – was aus dem obigen Zitat noch nicht hervorgeht – Willensakte und Gefühle unter die eine Grundklasse der Gemütsbewegungen subsumiert werden. Etwas Vorstellen nannte Brentano einen „fundamentalen psychischen Akt“, weil dieses Vorstellen die Voraussetzung ist, um über etwas eine Aussage zu machen. Im Urteilen wird Vorgestelltes entweder anerkannt oder verworfen und eben dadurch eine gegenüber dem bloßen Vorstellen neue Beziehung zum Objekt hergestellt. Dasselbe gilt nun auch für die Erlebnisklasse der Gemütsbewegungen. Willensakten und Gefühlen ist – so meinte Brentano – eigentümlich, dass in ihnen ein Gefallen bzw. Missfallen des Vorgestellten zum Ausdruck kommt. Die Klärung der Frage nach der Richtigkeit von Urteilen ist Aufgabe der Logik, die Beurteilung der Frage nach Korrektheit bzw. Angemessenheit von Gemütsbewegungen ist Aufgabe der Ethik.[112] Man sieht, wie die Psychologie die begriffliche Grundlage liefert, auf der die übrigen Zweige der Philosophie zu errichten sind.

Die Rolle von Experiment und Physiologie in Brentanos Psychologie

Brentano hat – man weiß das aus den Erinnerungen von Zeitgenossen (z. B. Stumpf, 1919, S. 127) – schon vor seiner Übersiedelung nach Wien, also noch in seiner Würzburger Zeit „experimentiert“, d. h. einfache Experimente im Bereich der optischen Wahrnehmung, vor allem aber zur Psychologie des Farbensehens durchgeführt. Es handelte sich dabei um sogenannte Demonstrationsexperimente, in denen durch entsprechende Manipulation und Kontrolle der Wahrnehmungsbedingungen Erscheinungen bzw. Vorgänge provoziert werden, die sich in unseren alltäglichen Wahrnehmungen für gewöhnlich nicht „rein“, d. h. losgelöst von anderen Vorgängen zeigen. Von der Handhabung der experimentellen Methode im Selbstversuch kann man sich anhand der von Brentano im Laufe der Jahre publizierten sinnespsychologischen Arbeiten ein gutes Bild machen. Eine kleine Abhandlung über die Müller-Lyer'sche Figur, die er zu Beginn der neunziger Jahre in der *Zeitschrift für Psychologie und Physiologie der Sinnesorgane* erscheinen ließ, mag hier als Beispiel dienen. Brentano bemühte sich zu zeigen, dass die viel diskutierte Wahrnehmungstäuschung als „eine Folge der bekannten Thatsache der

112 Vgl. dazu ausführlicher Baumgartner u. Burkard (1990, S. 42–44).

Überschätzung kleiner und der Unterschätzung großer Winkel“ (Brentano, 1892, S. 350) zu erklären ist. Diese These stieß allerdings nicht auf ungeteilte Zustimmung. Brentano sah sich schließlich dazu genötigt, sie in zwei Folgeartikeln gegen kritische Einwände von Theodor Lipps (Brentano, 1893b) und dem belgischen Physiologen J. L. Delboeuf (Brentano, 1894) zu verteidigen. Die These selbst braucht hier nicht weiter zu interessieren. Interessant ist aber die Art und Weise, wie Brentano sie zu prüfen versuchte. Zu Beginn seiner Antwort auf Theodor Lipps stehen darüber die folgenden Zeilen zu lesen: „Denn freilich war es mir um etwas mehr zu thun, als einen vereinzelten Fall optischer Täuschung aufzuhellen; an anschaulichem Beispiel wünschte ich zu zeigen, was geordnetes psychologisches Verfahren vermag, und wie zwischen rivalisierenden Hypothesen, auf dem Gebiete des Geistes nicht anders als auf dem der Natur, ein experimentum crucis mit Sicherheit entscheidet.“ (Brentano, 1893, S. 62) Damit ist das Prinzip des Verfahrens schon gut beschrieben: Es geht darum, gegen die eigene Hypothese eine Reihe von Einwänden vorzubringen. Aus jedem dieser Einwände sind dann Behauptungen zu deduzieren, die mit Hilfe einfacher Experimente – im vorliegenden Fall sind das Experimente mit selbstgezeichneten Variationen der Täuschungsfigur – eine nach der anderen als falsch erwiesen werden sollen. Zuletzt bleibt nichts anderes mehr übrig, als die zu Beginn eingeführte Hypothese zu akzeptieren.

Wie anders ist diese Strategie im Vergleich zu den Selbstversuchen von Fechner und Ebbinghaus, wie anders im Vergleich zu den komplexen experimentellen Inszenierungen im Leipziger Laboratorium. Bei Brentano gibt es keine Kurven und keine Formeln, die diese Kurven mathematisch beschreiben. Am besten ist seine Strategie als ein „qualitatives Experimentieren“ zu bezeichnen. Der Begriff kommt von Thomas Kuhn, der in einem Referat über die *Funktion des Messens in der Entwicklung der physikalischen Wissenschaften* darauf aufmerksam machte, dass „umfangreiche qualitative Untersuchungen, empirische wie theoretische, gewöhnlich die Voraussetzung für die fruchtbare Quantifizierung eines Forschungsgebiets“ gebildet haben (Kuhn, 1961, S. 287). Von den wissenschaftstheoretischen Implikationen dieser These, um die es Kuhn in seiner Untersuchung zur Geschichte der Physik zu tun ist, kann hier abgesehen werden. Wichtig ist, dass empirisch-qualitative Untersuchungen in den Naturwissenschaften eine große Rolle spiel(t)en, insbesondere bei der Entdeckung von Neuem. Eingedenk dessen sollte man sich vor vorschnellen Schlussfolgerungen hüten: Nach heutiger Sicht der Dinge ist man nämlich nur allzu leicht dazu geneigt, Brentanos Handhabung der experimentellen Methode als „veraltet", „überholt" oder als „höchstens von heuristischem Wert" abzutun; als Ausdruck einer irgendwie ungenügenden Kenntnis des Handwerks naturwissenschaftlicher Forschung, typisch für einen an Psychologie interessierten Philosophen, dem zeit seines Lebens nie ein eigenes Forschungslabor zur Verfügung gestanden hatte. Eine solche Lesart würde aber den Zugang zum Kern, zur eigentlichen Pointe von Brentanos Ansatz verstellen: Denn das „qualitative Experimentieren" entspricht ganz der Programmatik einer Psychologie, die sich nach dem Willen ihres Schöpfers um eine präzise Erfassung der Phänomene in ihrem Zusammenhang bemühen soll, bevor sie die Untersuchung der Gesetzmäßigkeit des Zusammenhangs in Angriff nimmt. Nichts anderes hat schließlich Kuhn auch in Hinblick auf die Physik feststellen wollen: Wie immer die Dinge sich später in Lehrbüchern präsentiert finden – „um quantitative Gesetzmäßigkeiten zu entdecken, muss man gewöhnlich wissen, was für eine Gesetzmäßigkeit man sucht" (ebd., S. 293).

Zieht man in Betracht, wie wenig Brentano zu Lebzeiten publiziert hat, so ist es bemerkenswert, dass unter den wenigen Büchern ausgerechnet auch ein eigener (Sammel-)Band mit *Untersuchungen zur Sinnespsychologie* (Brentano, 1907) zu finden ist. Das zeigt, wie sehr ihm gerade auch seine eigenen experimentellen Forschungen wichtig waren. Und dennoch muss man sehen, dass Brentano in seiner Konzeption von Psychologie dem Experiment eine – im buchstäblichen Sinn – nachgeordnete Bedeutung zugeschrieben hat. Die Stellung, die – allgemein gesprochen – induktiven Verfahren in seiner „empirischen Psychologie" zukommt, lässt sich aus der Unterscheidung von „deskriptiver" und „genetischer" Psychologie bestimmen – einer Differenzierung, die Brentano erst im Laufe der Jahre in seinen Vorlesungen an der Universität Wien entwickelte.[113] Obzwar in seinem Vorwort zu *Vom Ursprung sittlicher Erkenntnis* (Brentano, 1889) angekündigt,[114] hat Brentano über diese Einteilung der Psychologie nichts Systematisches publiziert. Kurz und prägnant wird das Thema allerdings in einer Serie von Artikeln angesprochen, die er unter dem Titel *Meine letzten Wünsche für Österreich* anlässlich seines Weg-

113 Brentano hielt erstmals im Wintersemester 1887/88 eine dreistündige Vorlesung unter dem Titel „Deskriptive Psychologie". 1888/89 hieß die Lehrveranstaltung „Deskriptive Psychologie oder beschreibende Phänomenologie", 1890/91 einfach „Psychognosie". Vgl. Chisholm u. W. Baumgartner (1982, S. IX).

114 Dort heißt es: „Sie [die im Buch angestellten Erörterungen] gehören zum Gedankenkreis einer ‚Deskriptiven Psychologie', den ich, wie ich nunmehr zu hoffen wage, in nicht ferner Zeit seinem ganzen Umfange nach der Öffentlichkeit erschließen kann." (Brentano, 1889, S. 3)

gangs von Wien für die *Neue Freie Presse* verfasste:[115] „Meine Schule unterscheidet eine Psychognosie [= deskriptive Psychologie] und eine genetische Psychologie [...]. Die eine weist die sämtlichen letzten psychischen Bestandteile auf, aus deren Kombination die Gesamtheit der psychischen Erscheinungen wie die Gesamtheit der Worte aus den Buchstaben sich ergibt. [...] Die andere belehrt uns über die Gesetze, nach welchen die Erscheinungen kommen und schwinden." (Brentano, 1895b, S. 34)

Heute liegen Brentanos Vorlesungsunterlagen aus dem Nachlass herausgegeben in gedruckter Form vor (Brentano, 1982). Die Argumente, die ihn zur Klärung des Verhältnisses der beiden Psychologien zueinander führten, lassen sich daher nachvollziehen. Der Unterschied macht sich – wie Brentano sagte – „insbesondere in zwei sehr wesentlichen Beziehungen geltend": Zum einen ist die Psychognosie „reine Psychologie", die genetische Psychologie „physiologische Psychologie"; zum anderen zählt jene zu den „exakten Wissenschaften", während diese „wohl für immer auf den Anspruch der Exaktheit verzichten muss".

Die Gleichsetzung von „genetischer" mit „physiologischer Psychologie" trägt dem Umstand Rechnung, dass das menschliche Bewusstsein und seine psychischen Erscheinungen „in ihrem Auftreten an gewisse physiologische

115 Eine Kurzbiographie Brentanos findet sich in Benetka (1999). Der am 16. Januar 1838 im preußisch verwalteten Marienberg bei Boppard am Rhein geborene Franz Brentano war 1864 zum katholischen Priester geweiht worden. 1869 arbeitete er für die Fuldaer Bischofskonferenz eine Stellungnahme gegen die von Pius IX. angestrebte Erklärung der Unfehlbarkeit des Papstes aus. Nach der feierlichen Verkündigung des Infallibilitäts-Dogmas durch das I. Vatikanische Konzil im Juli 1870 begann er sich mehr und mehr von der Kirche zu entfernen. Im März 1873 legte er sein ein Jahr zuvor in Würzburg als Priester erhaltenes Extraordinariat für Philosophie, im April desselben Jahres sein Priesteramt nieder. 1878 trat er aus der Katholischen Kirche aus. Am 16. September 1880 heiratete Brentano dann die aus einer reichen jüdischen Bankiersfamilie stammende Ida von Lieben. Da nach österreichisch-ungarischer Rechtsprechung die Eheschließung „ehemaliger" Priester ungültig war, hatte Brentano zuvor seine Staatsbürgerschaft und damit auch seine Professur an der Wiener Universität zurückgelegt und die sächsische Staatsbürgerschaft angenommen, um in Leipzig mit seiner Braut den Bund der Ehe zu schließen. Unmittelbar nach der Hochzeit kehrte Brentano wieder nach Wien zurück, wo er noch Anfang Oktober als Privatdozent bestätigt wurde. Die erhoffte Wiederernennung zum Ordinarius blieb ihm allerdings – ein Zeichen der politischen Macht klerikal-konservativer Kräfte – verwehrt. Die nächsten 15 Jahre musste der frühere Ordinarius als Privatdozent lehren. Als solcher konnte er weder auf Promotionen, noch auf Habilitationen oder Berufungen direkten Einfluss mehr nehmen. Nach dem frühen Tod seiner Frau verließ Brentano 1895 verbittert Österreich. Er erwarb die italienische Staatsbürgerschaft und ließ sich – den regelmäßigen akademischen Verkehr mit Schülern missend – in Florenz nieder. 1897 heiratete er ein zweites Mal. Nach dem Kriegseintritt Italiens übersiedelte der mittlerweile erblindete Brentano nach Zürich, wo er am 17. März 1917 verstarb.

Vorgänge gebunden" sind, die „wir als chemisch-physische Prozesse zu begreifen gelernt haben". Wenn man – was eben die Aufgabe der genetischen Psychologie ist – nach den Bedingungen fragt, unter denen einzelne psychische Erscheinungen zustande kommen, so ist klar, dass unter diesen Bedingungen eben auch solche chemisch-physischen Prozesse namhaft zu machen sein werden. Anders die Psychognosie: Sie ist „reine" Psychologie deshalb, weil sie sich nicht um eine Erhellung der Ursachen für das Kommen und Gehen der psychischen Erscheinungen im menschlichen Bewusstsein, sondern um eine allgemeine Beschreibung des Bewusstseins bemüht. Sie tut dies, indem sie „die sämtlichen Grundbestandteile angibt, aus welchen alles, was irgendwann von einem Menschen innerlich wahrgenommen wird, sich zusammensetzt, und die Verbindungsweisen, welche zwischen diesen Teilen möglich sind, aufzählt. Die Psychognosie wird darum, auch zur höchsten Vollkommenheit ausgebildet, in keinem Lehrsatze einen physisch-chemischen Prozeß irgendwie erwähnen."

Die deskriptive Psychologie als die auf der inneren Wahrnehmung beruhende Beschreibung psychischer Zustände gehört – wie die Mathematik und die Mechanik – zu jenen Wissenschaften, „die ihre Lehrsätze ganz scharf und präzise formulieren können". Denn das, was uns in der inneren Wahrnehmung als Erscheinung gegeben ist, ist uns unzweifelhaft so und nicht anders gegeben. Wir mögen darüber streiten, warum uns das, was uns erscheint, so erscheint; unbestreitbar ist, wie es uns erscheint. Wie lückenhaft und vielleicht sogar irrig manche Sätze der deskriptiven Psychologie auch immer sein mögen – prinzipiell sind exakte Sätze möglich. Dagegen können die Gesetze des psychischen Werdens, auf die die genetische Psychologie abzielt, niemals exakt genannt werden. Die genetische Psychologie ist und wird nämlich nie imstande sein, sämtliche – ganz gleich ob physische oder psychische – Bedingungen, die auf das Eintreten einer bestimmten psychischen Erscheinung einen Einfluss ausüben, zu ermitteln und in ihrer Wirksamkeit auf diese Erscheinung in Rechnung zu stellen.

Für Brentano hatte die Scheidung der beiden Psychologien voneinander vor allem eine methodische Bedeutung. Der Bezug auf Descartes war naheliegend: Die zweite der vier in Descartes' berühmtem *Discours de la méthode* dargelegten methodischen Regeln besagt, dass jedes Problem in so viele Teile zu zerlegen ist, als zu seiner Lösung notwendig sind; die dritte Regel fordert, dass die Gedanken stets einer Ordnung vom Einfachen zum Verwickelten zu folgen haben, und dass, wo keine Ordnung da ist, eine solche geschaffen werden muss. Einer solchen Ordnung nach kommt in der Psychologie die Psychognosie *vor* der genetischen Psychologie. Die genetische ist der deskriptiven Psychologie nachgeordnet, und zwar deshalb, weil die exakte Erfassung der zur Untersuchung stehenden Phänomene der Erklärung ihres Zustandekommens vorauszugehen hat. Die zeitgenössischen Psychologen – so heißt es bei Brentano, und er hat dabei Wundt ebenso im Auge wie die sich abzeichnende positivistische Abkehr von ihm – machen sich des Fehlers schuldig, zwischen Problemen der deskriptiven und denen der genetischen Psychologie nicht scharf genug zu unterscheiden. Die Folgen dieses Verstoßes gegen die Descart'schen Grundsätze sind für die Psychologie fatal: Wer sich in völliger Unkenntnis der Psychognosis an genetische psychologische Untersuchungen heranwagt, kann nur Trivialitäten oder bloßen Unsinn produzieren. (Brentano, 1982, S. 1–9)

Weiter oben ist erörtert worden, wie Brentano mit wissenschaftssystematischen Überlegungen die Möglichkeit einer Erneuerung der Philosophie auf der Grundlage der Psychologie zu demonstrieren versuchte. Jetzt ist zu erkennen, worauf im Rahmen der begrifflich ausgebauten Konzeption die These von der Abhängigkeit der Psychologie von der Entwicklung der Physiologie abzielte: „Abhängig" ist bloß die genetische Psychologie, während die deskriptive Psychologie ohne jede Beziehung zur Physiologie ist. „Abhängig" heißt in diesem Fall aber nur so viel, dass die genetische Psychologie nicht ohne Rekurs auf die Ergebnisse physiologischer Forschung auszukommen vermag. Nicht gemeint ist damit, dass die genetische Psychologie überhaupt oder auch nur Teile davon auf Physiologie reduziert werden können.

Die genetische Psychologie soll die Ursachen für das Entstehen psychischer Erscheinungen erklären. Sie kommt, wie Brentano (vgl. v. a. 1896/97, S. 152–153) meinte, dabei sowohl zu physiologischen als auch zu psychologischen Erklärungen. Was aber ist unter einer physiologischen, was unter einer psychologischen Erklärung zu verstehen? Eine physiologische Erklärung liegt vor, wenn wir die Entstehung eines psychischen Phänomens auf den gesetzmäßigen Zusammenhang seines Auftretens mit bestimmten physiologischen Prozessen zurückführen; eine psychologische Erklärung, wenn wir die Erscheinung aus ihrem gesetzmäßigen Zusammenhang mit anderen psychischen Vorgängen ableiten. Insofern, als beim Entstehen von psychischen Erscheinungen im Allgemeinen auch physiologische Vorgänge eine Rolle spielen, könnte man meinen, dass eine rein psychologische Erklärung, weil sie eben auf die Ebene des Physiologischen keine Rücksicht nimmt, stets etwas Unvollkommenes darstellt. Nun gesteht Brentano auch zu, dass eine durch physiologische Befunde ergänzte psychologische Erklärung vollständiger und exakter ist als eine rein psychologische. Daraus ist aber nicht zu schließen, dass eine physiologische im Vergleich zu einer psychologischen Erklärung allgemein vollkommener und daher dieser überlegen ist. Im Gegenteil: Brentano schien es eher zweifelhaft zu sein, ob es über überhaupt allzu viele „gesicherte Thatsachen der Physiologie" gibt, die „auf psychische Erscheinungen Licht zu werfen geeignet sind" (Brentano, 1874b, S. 83). Nur allzu leicht wird übersehen, dass – wenn jede psychische Veränderung mit einer physiologischen Veränderung zu verknüpfen versucht wird – über die Natur dieser physiologischen Änderung selbst und die Weise, wie sie zustande kommt, gar nichts ausgesagt wird (Brentano, 1896/97, S. 155), dass also ein solcher Rekurs auf die Ebene der Physiologie überhaupt ohne Erklärungswert ist.

Anfänge der Gestaltpsychologie: Alexius Meinong und die „Grazer Schule"

„Ich habe in der Folge oft erfahren, wie überbesorgt eben selbständig gewordene Schüler ihre Selbständigkeit gerade vor ihrem Lehrer zu hüten bemüht sind, obwohl es eben diese Selbständigkeit war, auf die er unermüdlich hingearbeitet hat (Meinong, 1921, S. 94). Mit derart selbstkritischer Nachdenklichkeit versuchte Alexius Meinong gegen Ende seines Lebens sich selbst und der Nachwelt das in persönlicher wie in wissenschaftlicher Hinsicht konfliktbeladene Verhältnis zu seinem Lehrer Franz Brentano zu erklären.[116] Trotz oder – im Sinne von Freuds Diktum vom „Narzissmus der kleinen Differenz" – gerade wegen des gemeinsamen Ursprungs waren Meinong und die von ihm begründete „Grazer Schule" in scharfen Widerstreit mit den loyalen Anhängern und Nachlasswaltern der Philosophie Brentanos geraten.[117] Universitätspolitisch standen die Meinongianer zwischen allen Fronten. Von den

116 Der am 17. Juli 1853 in Lemberg geborene Alexius Meinong hatte an der Universität Wien zunächst Geschichte studiert, ehe er sich der Philosophie Franz Brentanos zuwandte. 1878 in Wien für Philosophie habilitiert, wurde er 1882 auf ein Extraordinariat an die Universität Graz berufen und 1889 dort zum ordentlichen Professor ernannt. Meinong starb am 27. November 1920 in Graz.

117 Schon in der Zeit seiner Wiener Dozentur hatten sich Meinong Christian Ehrenfels und der spätere Professor für Pädagogik in Wien, Alois Höfler, angeschlossen. Zu den Grazer Schülern zählten u. a. Ernst Mally, Stephan Witasek, Vittorio Benussi, Eduard Martinak, Konrad Zingler, Otto Tumlirz, Ferdinand Weinhandl und Fritz Heider.

klerikal-konservativen Feinden Brentanos – Brentano hatte deren schon allein aus biographischen Gründen viele (vgl. Kap. 13.1, Anm. 8) – wurden sie als Brentanoisten, von der Brentano-Schule selbst und deren Sympathisanten aber als Gegner der Philosophie Brentanos wahrgenommen. Er muss, schrieb Meinong im Vorwort zu seinem Buch *Ueber Annahmen* nicht ohne Bitterkeit, die Umstände, unter denen er „einst in die wissenschaftliche Arbeit eingetreten" ist, „fast für ein Verhängnis halten, wenn mir auch ein Vierteljahrhundert später Gegner wie Freunde Brentanos gleich wenig vergeben können, jene, dass ich von Brentano gelernt, – diese aber, dass ich nicht alles von Brentano, sondern im Verlaufe meines wissenschaftlichen Tuns durch redliches Bemühen auch einiges von mir selbst oder eigentlich von den Tatsachen gelernt habe (Meinong, 1902, S. XIX–XX).

Was aber war nun der sachliche Grund der Differenzen? Psychisches ist bei Brentano von Physischem dadurch unterschieden, dass es stets auf etwas gerichtet ist. Diesem etwas kommt in der ursprünglichen Fassung des Intentionalitätsprinzips aber keine selbständige Existenz zu. Es ist im psychischen Akt als dessen Inhalt mitgegeben, „synsemantisch" in diesem vorhanden. Eben diesem Gedanken will und kann Meinong nicht folgen: Den psychischen Akten wird bei ihm nun ein davon prinzipiell unabhängiges Reich der „Gegenstände" gegenübergestellt: Das, was vorgestellt wird, ist kein Teil des Vorstellungserlebnisses. Es ist Gegenstand, „und Vorstellung und Denken beziehen sich, ihm zufällig, auf diesen Gegenstand; er ist das, als was er vermeint ist, ohne Rücksicht darauf und unabhängig davon, dass er vermeint wird" (Mally, 1935, S. 96).

Die Frage nach der Seinsart der Gegenstände, auf die psychische Akte bezogen sein können, wurde zu *dem* zentralen Problem des Meinong'schen Philosophierens. Entgegen der Bevorzugung des Wirklichen in der alltäglichen wie der wissenschaftlichen Auffassung der Welt ging Meinong eben nicht von Gegenständen aus, die real existieren, sondern von solchen, die bloß „in der Idee", also „ideal" bestehen bzw. tatsächlich gar nicht existieren können. In seiner Gegenstandstheorie interessiert also primär das Sosein der Gegenstände, nicht ihr eventuelles Dasein (Wolf, 1968, S. 33). Begrifflich unterscheidet sie zwischen der „Existenz" realer Gegenstände, dem „Bestehen" idealer Gegenstände wie „Verschiedenheit" oder „Ähnlichkeit" und dem „Außersein" unmöglicher Gegenstände wie „goldener Berg", „hölzernes Eisen" etc. Nur am Rande sei hier erwähnt, dass Bertrand Russell seine „theory of descriptions" explizit gegen Meinongs Ansicht entwickelte, dass sich über Gegenstände, die nicht existieren, Urteile bilden lassen, und einige dieser Urteile auch wahr sein werden. Für lange Zeit galt der Russell'sche Ansatz als *das* Paradigma analytischen Philosophierens (Haller u. Fabian, 1985, S. 286–287).

„Über Gestaltqualitäten"

1890 ließ Christian Ehrenfels einen Aufsatz mit dem Titel *Über Gestaltqualitäten* erscheinen, der aus heutiger Sicht als Ursprung jener neuen und in den ersten Dezennien des 20. Jahrhunderts einflussreichen Strömung in Philosophie und Psychologie gelten kann, die unter der Bezeichnung „Gestalttheorie" in die Wissenschaftsgeschichte eingegangen ist.[118] Die unmittelbare Wirkung der kleinen Schrift war bedeutend genug: Sie stellte die wichtigste Vorarbeit für die Entwicklung der Meinong'schen Gegenstandstheorie und damit sozusagen *das* founding document der „Grazer Schule" dar.

Den Ausgangspunkt für Ehrenfels' Untersuchung bildete eine Bemerkung Ernst Machs in seinen *Beiträgen zur Analyse der Empfindungen* (Mach, 1886), nämlich dass „wir Raumgestalten und selbst ‚Tongestalten' oder Melodien unmittelbar zu ‚empfinden' vermögen" (Ehrenfels, 1890, S. 11). Was aber soll der Terminus „empfinden" in diesem Zusammenhang bedeuten? Nur Gegenwärtiges kann „empfunden" werden, nicht aber etwas „zeitlich sich Abspielendes" wie eine Melodie. Mach hatte dabei – wie Ehrenfels vermutete – nur die „Unmittelbarkeit des Eindrucks im Auge" und wollte „dessen Unabhängigkeit von jeglicher Verarbeitung durch das Subjekt" hervorheben. Ehrenfels ging es nun darum, aufzuklären, was solche Vorstellungsgebilde wie „Raumgestalt" und „Melodie" in sich sind – „eine bloße Zusammenfassung von Elementen, oder etwas diesen gegenüber Neues, welches zwar mit jener Zusammenfassung, aber doch *unterscheidbar* von ihr" vorliegt.

Man kann den entscheidenden Gedankengang der Abhandlung sehr leicht

118 Christian Ehrenfels wurde am 20. Juni 1859 in Rodaun bei Wien geboren. Vom Herbst 1879 studierte er in Wien bei Brentano und Meinong und ab 1884 dann in Graz bei Meinong, mit dem ihn auch eine enge Freundschaft verband. Im März 1885 promovierte er – als erster Doktorand Meinongs – zum Dr. phil. 1888 gelang es ihm, sich an der Universität Wien für Philosophie zu habilitieren. 1896 wurde er auf ein Extraordinariat an die deutsche Universität in Prag berufen und drei Jahre später dort zum ordentlichen Professor ernannt. Sein eigentliches philosophisches Hauptwerk veröffentlichte Ehrenfels in den Jahren 1897 und 1898 mit seinem zweibändigen *System der Werttheorie* (Ehrenfels 1897 u. 1898). In seiner Prager Zeit beschäftigte er sich eingehend mit eugenischen Züchtungsphantasien, ehe er sich in seinem Spätwerk, in seiner *Kosmogonie* (Ehrenfels, 1916), der Entwicklung einer naturphilosophisch begründeten Weltanschauung zuwandte. Ehrenfels starb am 7. September 1932 in Lichtenau. Zu Leben und Werk vgl. Fabian (1986).

am Beispiel des Hörens einer Melodie nachzeichnen: Eine Melodie besteht im einfachsten Fall aus einer Folge von einzelnen Tönen. Die Summe der sukzessiv wahrgenommenen Einzeltöne bildet – wie Ehrenfels sagte – einen „Vorstellungskomplex", der zwar ohne die ihm zugrundeliegenden Elemente – die Einzeltöne – nicht bestehen kann, der aber doch als etwas anderes, mehr als bloß die Summe von Einzeltönen, eben als Melodie „empfunden" wird. Das heißt, dass in einem solchen Vorstellungskomplex eine Eigenschaft, eine Qualität, sichtbar wird, die in den Einzeltönen, die dem Komplex zugrunde liegen, nicht enthalten ist, die also zu den die Einzeltöne charakterisierenden Eigenschaften hinzutritt. Diese Gestaltqualität – die Melodie – bleibt im Übrigen auch dann erhalten, wenn die Einzeltöne einer bestimmten Gesetzmäßigkeit folgend verändert werden. Eine Melodie ist also erstens gegenüber der Summe ihrer Einzeltöne etwas Neues und zweitens bleibt sie auch dann dieselbe, wenn sie in eine andere Tonart transponiert wird. Damit sind die beiden Kriterien benannt, die für das Vorliegen einer Gestaltqualität entscheidend sein sollen. In der an Ehrenfels anschließenden Literatur haben sich dafür die Begriffe „Übersummenhaftigkeit" und „Transponierbarkeit" durchgesetzt.[119]

Ehrenfels' Abhandlung war ein Paradebeispiel dafür, was in der Tradition der Philosophie Brentanos als deskriptive Psychologie bezeichnet wurde: Das zur Diskussion stehende Phänomen wird beschrieben und allgemein definiert; die Tragfähigkeit des so entwickelten Konzepts wird dann in seiner Anwendung auf immer weitere Formen menschlicher Erfahrung erwiesen. Am Ende ist man erstaunt, was der Begriff der Gestaltqualität nicht alles umfassen kann: von einfachen Inhalten der äußeren wie der inneren Wahrnehmung über ideale Vorstellungen wie etwa „Relation" oder „Widerspruch" bis hin zu Begriffen und Bezeichnungen, die auf die Verbindung von Physischem und Psychischem abzielen. Kurz und gut: nicht nur für die Untersuchung der Wahrnehmung, sondern auch für das Studium komplexer Bildungen wie Sprache und Kunst sollte das Konzept der Gestaltqualität Bedeutung ha-

119 Das allgemeine Schema, nach dem der Nachweis des Vorliegens von Gestaltqualitäten zu führen ist, liest sich bei Ehrenfels wie folgt: „Hat man im Bewußtsein einen Vorstellungskomplex C gegeben, und taucht nun die Frage auf, ob ein gleichzeitig vorhandener Vorstellungsinhalt V als identisch mit jenem Komplex oder als eine in ihm begründete Gestaltqualität zu betrachten sei, so beachte man, ob es möglich ist, die Elemente von C dergestalt (unter Beibehaltung ihrer gegenseitigen Beziehungen) zu verändern, daß V ganz oder nahezu unverändert bleibt, während es bei geringerer, etwa nur teilweiser, aber gesetzloser Umwandlung der Elemente von C seinen Charakter vollständig verliert. Trifft dies zu, so ist V nicht identisch mit C, sondern eine zu C gehörige Gestaltqualität. Als Hinweis auf das Bestehen solcher Verhältnisse kann es betrachtet werden, wenn die Reproduktion von V durch die Erinnerung leichter gelingt als diejenige der Elemente von C." (Ebd., S. 22)

ben.[120] Kein Wunder, dass gegenüber der Demonstration eines so weiten Geltungsanspruchs die sorgfältige Klärung von Detailfragen zurückblieb. Der entscheidende Schwachpunkt der Ehrenfels'schen Abhandlung ist, dass er eine Diskussion der Frage, ob eine Gestaltqualität, also z. B. eine Melodie, etwas ist, das – im strengen Wortsinn – „wahrgenommen" werden kann, vermieden hat. Eben daran setzte die Kritik Meinongs an, die er 1891 in der *Zeitschrift für Psychologie und Physiologie der Sinnesorgane* unter dem Titel *Zur Psychologie der Komplexionen und Relationen* erscheinen ließ.

Produktionstheorie

Für Meinong war die Frage der Wahrnehmbarkeit von „Gestaltqualitäten" nur über die Bestimmung ihres ontologischen Status zu beantworten. Und daraus ergab sich zugleich auch ein Ansatz zur Erklärung ihrer Genese. Der erste Schritt war eine terminologische Neufassung des in Frage stehenden Sachverhalts: Der Begriff der „Gestaltqualität" wurde durch den des „fundierten Inhalts" ersetzt. Analog dazu bezeichnete Meinong die elementaren Vorstellungskomplexe als „fundierende Inhalte". Das allein schon kam einer grundlegenden Revision des Ehrenfels'schen Konzepts gleich: Während die „Gestaltqualität" bei Ehrenfels eine *neben* den Besonderheiten der mit ihr verbundenen Einzelvorstellungen bestehende Eigenschaft ist, stehen bei Meinong „fundierter" und „fundierender Inhalt" in einem Verhältnis der Über- bzw. Unterordnung.

In der entwickelten Fassung der Gegenstandstheorie (Meinong, 1899) sprach Meinong dann nicht mehr von fundierenden und fundierten Inhalten, sondern von fundierenden und fundierten Gegenständen. Fundierende Gegenstände bezeichnete er allgemein auch als „Inferiora", fundierte Gegenstände als „Gegenstände höherer Ordnung" oder als „Superiora". Superiora sind, da sie in den Inferiora gründen, von diesen abhängig. Doch sind die Inferiora nur eine notwendige, nicht auch eine hinreichende Bedingung für das Auftreten der Superiora: Dieselben Superiora können nämlich durch verschiedene Komplexe von Inferiora reproduziert werden.

Die eigentliche Pointe des Meinong'schen Ansatzes ist, dass Superiora und Inferiora nicht derselben ontologischen Ordnung angehören. Inferiora haben eine zeitlich-räumliche Existenz, Superiora nicht. Diese bestehen nur ideell, sie

---

120 Vgl. dazu ausführlich Smith (1988).

haben, wie Meinong sagte, nur idealen Bestand. Nur das, was zeitlich-räumliche Existenz hat, kann wahrgenommen werden. Daraus folgt, dass das Zustandekommen der Superiora nicht auf sinnliche Erfahrung zurückgeführt werden kann. Dieses „Mehr", dieses Etwas-Anderes, das die Superiora – z. B. die Melodie – vor den sie fundierenden Inferiora – z. B. eine Folge von Einzeltönen – auszeichnet, ist etwas, das durch eine psychische Tätigkeit des Subjekts den wahrgenommenen Inferiora hinzugefügt wird. Den – in der inneren Wahrnehmung nicht gegebenen und daher „unbewussten" – psychischen Akt, der elementare Sinnesempfindungen zu einer Gestaltvorstellung zusammenfügt, nannten Meinong und seine Schüler „Vorstellungsproduktion".

Meinongs Gegenstandstheorie, die als „Wissenschaft für sich", insbesondere daher auch als eine „gegenüber der Psychologie selbständige philosophische Disziplin" (Meinong, 1904, S. VII) entwickelt worden war, steckte gleichsam von außen her den begrifflichen Rahmen ab für die experimentalpsychologische Forschung, wie sie von den Meinong-Schülern Stephan Witasek und dann vor allem Vittorio Benussi in dem seit 1894 in Graz bestehenden Laboratorium durchgeführt wurde.[121]

Zentrales Anliegen der Forschungen Benussis war es, das durch die Meinong'sche „Produktionstheorie" postulierte subjektive Moment in der Konstitution unserer Wahrnehmungswelt im Experiment sichtbar zu machen. Dementsprechend war die Forschungsstrategie im Labor ausgerichtet. Variiert wurden die subjektiven Bedingungen des Erlebens, während die Reizbedingungen, die die Gestaltwahrnehmungen fundieren sollten, konstant gehalten wurden.

Benussi hat in unzähligen Selbstversuchen vor allem mit sogenannten geometrisch-optischen Täuschungen experimentiert. Diese Täuschungsfiguren waren für die Grazer-Schule insofern von Bedeutung, als die zum Teil grotesken Verzerrungen, die sie erzeugen, gleichsam als unmittelbare Wirkung des hypothetisch postulierten Vorgangs der Vorstellungsproduktion

---

121 Der 1870 in Wien geborene Stephan Witasek hatte sich 1899 bei Meinong in Graz für Philosophie habilitiert. 1913 erhielt er ad personam ein Extraordinariat für experimentelle Psychologie, ein Jahr später die Leitung des experimentalpsychologischen Laboratoriums übertragen. Witasek verstarb am 18. April 1915. Zu Leben und Werk vgl. Zemljic (1993).
Vittorio Benussi wurde am 17. Januar 1878 als Sohn einer italienischen Familie in Triest geboren. 1906 habilitierte er sich in Graz und übernahm nach Witaseks Tod die Leitung des experimentalpsychologischen Instituts. Die italienische Herkunft behinderte den Fortgang seiner akademischen Karriere erheblich. Nach dem Zusammenbruch der Donaumonarchie war für ihn im neuen „Deutsch-Österreich" kein Platz mehr. Benussi ging nach Padua, wo er 1922 ein Ordinariat erhielt. Er starb am 24. November 1927. Zu Leben und Werk von Vittorio Benussi vgl. Antonelli (1994 u. 1996).

verstanden werden können: Eine Täuschung ist mithin nichts anderes als eine – wie Benussi es nannte – „Inadäquatheit" der außersinnlichen Vorstellungsproduktion.

Zur Präzisierung dieser These stellte Benussi im Anschluss an Meinongs Unterscheidung zwischen Inferiora und Superiora zwei Klassen von Vorstellungen einander gegenüber: solche, „die ihr Entstehen einer kausalen Beziehung zwischen einem reizfähigen, realen Gegenstande und einem Sinnesorgane verdanken", und solche, „die ihr Entstehen auf eine durch Einwirkung eines Reizes hervorgerufene Sinnesbetätigung nicht zurückdatieren können, weil die ihnen zugeordneten Gegenstände reizunfähig, d. h. realitätslos sind" (Benussi, 1904, S. 381). „Vorstellungen sinnlicher Provenienz" bestimmen die Wahrnehmung eines Tones, einer Farbe etc., „Vorstellungen außersinnlicher Herkunft" die Auffassung einer Verschiedenheit, einer Melodie, einer Gestalt. Während bei Vorstellungen sinnlicher Provenienz eine konstante Reizgrundlage konstante Wahrnehmungen bedingt, gilt dies für Vorstellungen außersinnlicher Provenienz nicht: Sie sind – da nicht an Reize gebunden – grundsätzlich mehrdeutig. Allgemein formuliert: Gestaltauffassungen sind dadurch charakterisiert, dass ein und derselbe Empfindungskomplex verschiedene Wahrnehmungsleistungen zur Folge haben kann. Paradebeispiel dafür ist das Vexier-Bild. Für geometrisch-optische Täuschungen wie die Müller-Lyer'sche oder die Zöllner'sche Figur folgt daraus, dass die Inadäquatheit ihrer Auffassung eben in der prinzipiellen Mehrdeutigkeit der sie bedingende Vorstellungen begründet ist.

Der experimentellen Überprüfung dieser These lagen folgende Überlegungen zugrunde: Einer gegebenen Täuschungsfigur gegenüber kann der Wahrnehmende entweder eine analytische Einstellung, also eine die Elemente der Figur voneinander isolierende Betrachtung („A-Reaktion"), oder eine synthetische, „gestaltsuchende" Haltung, d. h. eine die Elemente als Bestandteile einer einheitlichen Figur erkennende Auffassung („G-Reaktion") einnehmen. Bei der Müller-Lyerschen Figur z. B. sind die Winkel als von der Horizontalen losgelöst oder als mit ihr verbunden aufzufassen. Nimmt der „Beobachter" im Experiment eine synthetische Haltung ein, so unterliegt er der Täuschung. Bei „analytischer" Einstellung hingegen vermindert sich die „Vorstellungsinadäquatheit". Da die realen Reizgegebenheiten konstant gehalten werden, ist das Ausmaß der Inadäquatheit allein von der Variation der außersinnlichen subjektiven Faktoren abhängig.

Das Gesagte mag genügen, um die Aktualität dieses Ansatzes für die moderne kognitive Wahrnehmungsforschung erahnen zu lassen. Den Zeitgenossen allerdings galt Benussis Konzeption bald schon als hoffnungslos veraltet. Ausschlaggebend dafür war, dass er von der Berliner Gestalttheoretischen Schule als Gegner dargestellt wurde, der in der Überwindung der alten „Assoziationspsychologie" auf halbem Wege stehen geblieben ist. Die damals viel beachtete Kontroverse zwischen Benusssi und Kurt Koffka (Koffka u. Kenkel, 1913; Benussi, 1914; Koffka, 1915) gehört aber nicht mehr in den zeitlichen Rahmen einer Darstellung der Entwicklung der deutschsprachigen Psychologie im 19. Jahrhundert. Sie ist ein Markstein in der allgemeinen Durchsetzung des Gestaltdenkens in der Psychologie – eine Entwicklung, die erst nach dem Ende des Ersten Weltkriegs zu ihrer vollen Entfaltung gelangte.

Literatur

Abresch, Johannes, (1987). Hermann Ebbinghaus: Kindheit und Jugend im Wuppertale. In: Werner Traxel (Hg.), Ebbinghaus-Studien 2. Passau: Passavia Universitätsverlag, S. 71–85.

Antonelli, Mauro, (1994). Die experimentelle Analyse des Bewußtseins bei Vittorio Benussi. Amsterdam: Rodopi.

Antonelli, Mauro, (1996). Vittorio Benussi. Leben und Werk. In: Reinhard Fabian, Rudolf Haller u. Norbert Henrichs (Hg.), Internationale Bibliographie zur Österreichischen Philosophie (1986–1987). Amsterdam: Rodopi, S. 1–95.

Arnold, Alfred, (1980). Wilhelm Wundt. Sein philosophisches System. Berlin: Akademie-Verlag.

Ash, Mitchell G., (1980a). Academic politics in the history of science: Experimental psychology in Germany, 1879–1941. Central European History, 13, S. 255–286.

Ash, Mitchell G., (1980b). Wilhelm Wundt and Oswald Külpe on the institutional status of psychology: An academic controversy in historical context. In: Wolfgang G. Bringmann u. Ryan D. Tweney (Hg.), Wundt-Studies. A centennial collection. Toronto: Hogrefe, S. 396–421.

Ash, Mitchell G., (1985). Die experimentelle Psychologie an den deutschsprachigen Universitäten von der Wilhelminischen Zeit bis zum Nationalsozialismus. In: Mitchell G. Ash u. Ulfried Geuter (Hg.), Geschichte der deutschen Psychologie im 20. Jahrhundert. Opladen: Westdeutscher Verlag, S. 45–82.

Ash, Mitchell G., (1995). Gestalt Psychology in German culture 1890–1967. Holism and the quest for objectivity. Cambridge: Cambridge University Press.

Avenarius, Richard, (1888–1890). Kritik der reinen Erfahrung. Leipzig: Reisland.

Baumgartner, Elisabeth u. Baumgartner, Wilhelm, (1993). Franz Brentano. In: Helmut E. Lück u. Rudolf Miller (Hg.), Illustrierte Geschichte der Psychologie. München: Quintessenz, S. 19–22.

Baumgartner, Wilhelm u. Burkard, Franz-Peter, (1990). Franz Brentano. Eine Skizze seines Lebens und seiner Werke. In: Wolfgang L. Gombocz, Rudolf Haller u. Norbert Henrichs (Hg.), Internationale Bibliographie zur Österreichischen Philosophie. Bd. 4 (1982–1983). Amsterdam: Rodopi, S. 17–53.

Benetka, Gerhard, (1990). Zur Geschichte der Institutionalisierung der Psychologie in Österreich. Die Errichtung des Wiener Psychologischen Instituts. Wien: Geyer.

Benetka, Gerhard, (1995). Psychologie in Wien. Sozial- und Theoriegeschichte des Wiener Psychologischen Instituts 1922–1938. Wien: WUV.

Benetka, Gerhard, (1999). „Die Methode der Psychologie ist keine andere als die der Naturwissenschaft …": Die „empirische Psychologie" Franz Brentanos. In: Thomas Slunecko, Oliver Vitouch, Christian Korunka, Herbert Bauer u. Brigitte Flatschacher (Hg.), Psychologie des Bewusstseins – Bewusstsein der Psychologie. Giselher Guttmann zum 65. Geburtstag. Wien: WUV, S. 157–175.

Benetka, Gerhard u. Guttmann, Giselher, (2001). Akademische Psychologie in Österreich: Ein historischer Überblick. In: Karl Acham (Hg.), Geschichte der österreichischen Humanwissenschaften. Band 3.1. Menschliches Verhalten und gesellschaftliche Institutionen: Einstellung, Sozialverhalten, Verhaltensorientierung. Wien: Passagen Verlag, S. 83–167.

Benussi, Vittorio, (1904). Zur Psychologie des Gestalterfassens (Die Müller-Lyer'sche Figur). In: Alexius Meinong (Hg.), Untersuchungen zur Gegenstandstheorie und Psychologie. Leipzig: Barth, S. 303–448.

Benussi, Vittorio, (1914). Rezension. Koffka-Kenkel, Beiträge zur Psychologie der Gestalt- und Bewegungserlebnisse. Archiv für die gesamte Psychologie, 32, S. 50–57.

Bernfeld, Siegfried, (1944). Freuds früheste Theorien und die Helmholtz-Schule. In: Siegfried Bernfeld und Suzanne Cassirer Bernfeld, Bausteine der Freud-Biographik. Frankfurt a. M.: Suhrkamp, 1988, S. 54–77.

Blumenthal, Arthur L., (1980a). Wilhelm Wundt and early American psychology: A clash of cultures. In: R. W. Rieber (Hg.), Wilhelm Wundt and the making of a scientific psychology. New York: Plenum Press, S. 117–135.

Blumenthal, Arthur L., (1980b). Wilhelm Wundt – Problems of interpretations. In: Wolfgang G. Bringmann u. Ryan D. Tweney (Hg.), Wundt Studies. A centennial collection. Toronto: Hogrefe, S. 435–445.

Boring, Edwin G., (1942). Sensation and perception in the history of experimental psychology. New York: Appleton.

Boring, Edwin G., (1950). A history of experimental psychology. New York: Appleton-Century-Crofts.

Brauns, Horst-Peter u. Schöpf, Alfred, (1989). Freud und Brentano. Der Medizinstudent und der Philosoph. In: Bernd Nitzschke (Hg.), Freud und die akademische Psychologie. Beiträge zu einer historischen Kontroverse. München: Psychologie Verlags Union, S. 40–79.

Brauns, Horst-Peter, (1993). Hermann von Helmholtz. In: Helmut E. Lück u. Rudolf Miller (Hg.), Illustrierte Geschichte der Psychologie. München: Quintessenz, S. 29–31.

Brentano, Franz, (1866). Die Habilitationsthesen. In: ders., Über die Zukunft der Philosophie. Hamburg: Meiner, 1929, 133–141.

Brentano, Franz, (1874a). Über die Gründe der Entmutigung auf philosophischem Gebiete. In: ders., Über die Zukunft der Philosophie. Leipzig: Meiner, 1929, S. 83–100.

Brentano, Franz, (1874b). Psychologie vom empirischen Standpunkte. Leipzig: Duncker & Humblot.

Brentano, Franz, (1889). Vom Ursprung sittlicher Erkenntnis. Hamburg: Meiner, 1955 (4. Auflage).

Brentano, Franz, (1892). Über ein optisches Paradoxon. Zeitschrift für Psychologie, 3, S. 349–358.

Brentano, Franz, (1893a). Über die Zukunft der Philosophie. In: ders., Über die Zukunft der Philosophie. Leipzig: Meiner, 1929, S. 1–81.

Brentano, Franz, (1893b). Über ein optisches Paradoxon. Zweiter Artikel. Zeitschrift für Psychologie, 5, S. 61–82.

Brentano, Franz, (1894). Zur Lehre von den optischen Täuschungen. Zeitschrift für Psychologie, 6, S. 1–7.

Brentano, Franz, (1895a). Die vier Phasen der Philosophie und ihr augenblicklicher Stand. In: ders., Die vier Phasen der Philosophie und ihr augenblicklicher Stand. Leipzig: Meiner, 1926, S. 1–32.

Brentano, Franz, (1895b). Meine letzten Wünsche für Österreich. Stuttgart: Cotta.

Brentano, Franz, (1896/97). Rückblick auf meine Artikel über ein optisches Paradoxon. In: Franz Brentano, Untersuchungen zur Sinnesphysiologie. Zweite, durchgesehene und aus dem Nachlass erweiterte Auflage. Hamburg: Meiner, 1979, S. 143–156.

Brentano, Franz, (1907). Untersuchungen zur Sinnespsychologie. Zweite, durchgesehene und aus dem Nachlass erweiterte Auflage. Hamburg: Meiner, 1979.

Brentano, Franz, (1982). Deskriptive Psychologie. Hamburg: Meiner.

Bringmann, Wolfgang G. u. Bringmann, Norma J., (1986a). Hermann Ebbinghaus 1875–1879: 1. The missing years. In: Werner Traxel u. Horst Gundlach (Hg.), Ebbinghaus-Studien Passau: Passavia Universitätsverlag, S. 59–100.

Bringmann, Wolfgang G. u. Bringmann, Norma J., (1986b). Hermann Ebbinghaus and Cornell University. In: Werner Traxel u. Horst Gundlach (Hg.), Ebbinghaus-Studien 1. Passau: Passavia Universitätsverlag, S. 101–115.

Bringmann, Wolfgang G. u. Ungerer, Gustav A., (1980a). The foundation of the Institute for Experimental Psychology at Leipzig University. Psychological Research, 42, S. 5–18.

Bringmann, Wolfgang G. u. Ungerer, Gustav A., (1980b). Experimental vs. educational psychology. Psychological Research, 42, S. 57–73.

Bringmann, Wolfgang G., Bringmann, Norma J. u. Balance, William D. G., (1980). Wilhelm Maximilian Wundt 1832–1874. The formative years. In: Wolfgang G. Bringmann u. Ryan D. Tweney (Hg.), Wundt Studies. A centennial collection. Toronto: Hogrefe, S. 13–32.

Brocke vom, Bernhard, (1999). Wege aus der Krise: Universitätsseminar, Akademiekommission oder Forschungsinstitut. Formen der Institutionalisierung in den Geistes- und Naturwissenschaften 1810 – 1900 – 1995. In: Christoph König u. Eberhard Lämmert (Hg.), Konkurrenten in der Fakultät. Kultur, Wissen und Universität um 1900. Frankfurt a. M.: Fischer, S. 191–215.

Brunswik, Egon, (1929). Prinzipienfragen der Gestalttheorie. In: Egon Brunswik, Charlotte Bühler, Hildegard Hetzer, Ludwig Kardos, Elsa Köhler, Josef Krug u. Alexander Willwoll, Beiträge zur Problemgeschichte der Psychologie. Festschrift zu Karl Bühler's 50. Geburtstag. Jena: G. Fischer, S. 78–149.

Bühler, Karl, (1927). Die Krise der Psychologie. Jena: G. Fischer.

Carpintero, Heliodoro, (1993). Psychologische Zeitschriften. In: Helmut E. Lück u. Rudolf Miller (Hg.), Illustrierte Geschichte der Psychologie. München: Quintessenz, S. 327–333.

Chisholm, Roderick M. u. Baumgartner, Wilhelm, (1982). Einleitung der Herausgeber. In: Franz Brentano, Deskriptive Psychologie. Hamburg: Meiner, S. IX–XXI.

Danziger, Kurt, (1979b). The positivist repudiation of Wundt. Journal of the History of the Behavioral Sciences, 15, S. 205–230.

Danziger, Kurt, (1980a). Wundt and the two traditions of psychology. In: R. W. Rieber (Hg.), Wilhelm Wundt and the making of a scientific psychology. New York: Plenum Press, S. 73–87.

Danziger, Kurt, (1980b). Wundt's theory of behavior and volition. In: R. W. Rieber (Hg.), Wilhelm Wundt and the making of a scientific psychology. New York: Plenum Press, S. 89–115.

Danziger, Kurt, (1980c). Wundt's psychological experiment in the light of his philosophy of science. Psychological Research, 42, S. 109–122.

Danziger, Kurt, (1983). Origins and basic principles of Wundt's Völkerpsychologie. British Journal of Psychology, 22, S. 303–313.

Danziger, Kurt, (1985). The origins of the psychological experiment as a social institution. American Psychologist, 40, S. 133–140.

Danziger, Kurt, (1987). Hermann Ebbinghaus and the psychological experiment. In: Werner Traxel (Hg.), Ebbinghaus-Studien 2. Passau: Passavia Universitätsverlag, S. 217–224.

Danziger, Kurt, (1990). Constructing the subject. Historical origins of psychological research. Cambridge: Cambridge University Press.

Danziger, Kurt, (1997). Naming the mind. How psychology found its language. London: Sage Publications.

Diamond, Solomon, (1980). Wundt before Leipzig. In: R. W. Rieber (Hg.), Wilhelm Wundt and the making of a scientific psychology. New York: Plenum Press, S. 3–70.

Dilthey, Wilhelm, (1883). Einleitung in die Geisteswissenschaften. Versuch einer Grundlegung für das Studium der Gesellschaft und der Geschichte. Leipzig: Duncker & Humblot.

Dilthey, Wilhelm, (1894). Ideen über eine beschreibende und zergliedernde Psychologie. In: ders., Gesammelte Schriften, Band V. Stuttgart: Teubner, 1957, S. 139–240.

Dilthey, Wilhelm, (1896). Anmerkung. In: ders., Gesammelte Schriften. Band V. Stuttgart: Teubner, 1957, S. 237–240.

Dilthey, Wilhelm, (1900). Die Entstehung der Hermeneutik. In: ders., Gesammelte Schriften. Band V. Stuttgart: Teubner, 1957, S. 317–338.

Ebbinghaus, Hermann und König, Arthur, (1890). Zur Einführung. Zeitschrift für Psychologie und Physiologie der Sinnesorgane, 1, S. 1–4.

Ebbinghaus, Hermann, (1873). Ueber die Hartmann'sche Philosophie des Unbewussten. Inaugural-Dissertation zur Erlangung der philosophischen Doktorwürde. Düsseldorf: Dietz.

Ebbinghaus, Hermann, (1885). Über das Gedächtnis. Untersuchungen zur experimentellen Psychologie. Leipzig: Duncker & Humblot.

Ebbinghaus, Hermann, (1896). Über erklärende und beschreibende Psychologie. Zeitschrift für Psychologie, 9, S. 161–205.

Ebbinghaus, Hermann, (1897/1902). Grundzüge der Psychologie. Leipzig: Veit.

Ebbinghaus, Hermann, (1983). Urmanuskript „Ueber das Gedächtniß" 1880. Passau: Passavia Universitätsverlag.

Eckardt, Georg, (Hg.), (1997). Völkerpsychologie. Versuch einer Neuentdeckung. Weinheim: Psychologie Verlags Union.

Ehrenfels, Christian, (1890). Über „Gestaltqualitäten". In: Ferdinand Weinhandl (Hg.), Gestalthaftes Sehen. Ergebnisse und Aufgaben der Morphologie. Zum hundertjährigen Geburtstag von Christian von Ehrenfels. Darmstadt: Wissenschaftliche Buchgesellschaft, S. 11–43.

Ehrenfels, Christian, (1897). System der Werttheorie. I. Band: Allgemeine Werttheorie, Psychologie des Begehrens. Leipzig: Reisland.

Ehrenfels, Christian, (1898). System der Werttheorie. II. Band: Grundzüge einer Ethik. Leipzig: Reisland.

Ehrenfels, Christian, (1916). Kosmogonie. Jena: Diederichs.

Elias, Norbert, (1936). Über den Prozeß der Zivilisation. Soziogenetische und psychogenetische Untersuchungen. 2 Bände. Frankfurt a. M.: Suhrkamp, 1976.

Fabian, Reinhard, (1986). Leben und Wirken von Christian v. Ehrenfels. Ein Beitrag zur intellektuellen Biographie. In: Reinhard Fabian (Hg.), Christian von Ehrenfels. Leben und Werk. Amsterdam: Rodopi, S. 1–64.

Fancher, Raymond E., (1977). Brentano's psychology from an empirical standpoint and Freud's early metapsychology. Journal of the History of the Behavioral Sciences, 13, S. 207–227.

Fechner, Gustav Theodor, (1846). Ueber das höchste Gut. Leipzig: Breitkopf & Härtel.

Fechner, Gustav Theodor, (1848). Nanna oder über das Seelenleben der Pflanzen. Leipzig: Voss.

Fechner, Gustav Theodor, (1851). Zend-Avesta oder über die Dinge des Himmels und des Jenseits. Vom Standpunkt der Naturbetrachtung. 2 Bände. Leipzig: Voß.

Fechner, Gustav Theodor, (1858). Das psychische Maß. Zeitschrift für Philosophie und philosophische Kritik, N. F., 32, S. 1–24.

Fechner, Gustav Theodor, (1860). Elemente der Psychophysik. 2 Bände. Leipzig: Breitkopf & Härtel.

Fischer, Ernst Peter, (1997). Einstein & Co. Eine kleine Geschichte der Wissenschaft der letzten hundert Jahre in Porträts. München: Piper.

Fleck, Ludwik, (1935). Entstehung und Entwicklung einer wissenschaftlichen Tatsache. Einführung in die Lehre vom Denkstil und Denkkollektiv. Frankfurt a. M.: Suhrkamp, 1980.

Freud, Sigmund, (1912/1913). Totem und Tabu. Einige Übereinstimmungen im Seelenleben der Wilden und der Neurotiker. In: Sigmund Freud, Studienausgabe. Band IX: Fragen der Gesellschaft. Ursprünge der Religion. Frankfurt a. M.: Fischer, 1982, S. 287–444.

Friedrich, Max, (1883). Über die Apperceptionsdauer bei einfachen und zusammengesetzten Vorstellungen. Philosophische Studien, 1, S. 39–77.

Gay, Peter, (1989). Freud. Eine Biographie für unsere Zeit. Frankfurt a. M.: S. Fischer.

Gehlhaar, Sabine S., (1991). Die frühpositivistische (Helmholtz) und phänomenologische (Husserl) Revision der Kantischen Erkenntnislehre. Cuxhaven: Junghans.

Geuter, Ulfried, (1980). Institutionelle und professionelle Schranken der Nachkriegsauseinandersetzungen über die Psychologie im Nationalsozialismus. Psychologie und Gesellschaftskritik, 4, (H. 13/14), S. 5–39.

Geuter, Ulfried, (1984). Die Professionalisierung der deutschen Psychologie im Nationalsozialismus. Frankfurt a. M.: Suhrkamp.

Geuter, Ulfried, (1986). Daten zur Geschichte der Psychologie. Band 1. Göttingen: Hogrefe.

Grant, Michael, u. Hazel, John, (1980). Lexikon der antiken Mythen und Gestalten. München: Deutscher Taschenbuch Verlag.

Graumann, Carl Friedrich, (1980). Experiment, Statistik, Geschichte. Wundts erstes Heidelberger Programm einer Psychologie. Psychologische Rundschau, 31, S. 73–83.

Gundlach, Horst, (1986a). Über das Gedächtnis und der Weg dorthin. Versuch der Rekonstruktion der Ursprünge der Forschung Ebbinghaus'. In: Werner Traxel u. Horst Gundlach (Hg.), Ebbinghaus-Studien 1. Passau: Passavia Universitätsverlag, S. 23–40.

Gundlach, Horst, (1986b). Apparative Möglichkeiten und Begrenzungen des Werkes Ebbinghaus'. In: Werner Traxel u. Horst Gundlach (Hg.), Ebbinghaus-Studien 1. Passau: Passavia Universitätsverlag, S. 117–166.

Gundlach, Horst, (1993). Entstehung und Gegenstand der Psychophysik. Berlin: Springer.

Haeberlin, Herman K., (1916). The theoretical foundations of Wundt's Folk Psychology. Psychological Review, 23, S. 279–302. Wiederabdruck in: R. W. Rieber (Hg.), Wilhelm Wundt and the making of a scientific psychology. New York: Plenum Press, S. 229–249.

Hagner, Michael u. Wahrig-Schmidt, Bettina, (1992). Vorbemerkung. In: Michael Hagner u. Bettina Wahrig-Schmidt (Hg.), Johannes Müller und die Philosophie. Berlin: Akademie Verlag, S. 7–9.

Haller, Rudolf u. Fabian, Reinhard, (1985). Alexius Meinong und die Grazer Schule der Gegenstandstheorie. In: Kurt Freisitzer, Walter Höflechner, Hans-Ludwig Holzer u. Wolfgang Mantl (Hg.), Tradition und Herausforderung. 400 Jahre Universität Graz. Graz: Akademische Druck- und Verlagsanstalt, S. 277–291.

Haller, Rudolf, (1986). Fragen zu Wittgestein und Aufsätze zur Österreichischen Philosophie. Amsterdam: Rodopi.

Hammer, Steffi, (1994). Denkpsychologie – Kritischer Realismus. Eine wissenschaftshistorische Studie zum Werk Oswald Külpes. Frankfurt a. M.: Lang.

Harrington, Anne, (1996). Reenchanted science. Holism in german culture from Wilhelm II to Hitler. Princeton: Princeton University Press.

Hartmann, Eduard von, (1869). Philosophie des Unbewussten. Versuch einer Weltanschauung. Berlin: Duncker & Humblot.

Haupt, Edward J., (1998). Origins of American psychology in the work of G. E. Müller: Classical psychophysics and serial learning. In: R. W. Rieber u. K. Salzinger (Hg.), Psychology: Theoretical-historical perspectives. Washington: American Psychological Association, S. 17–72.

Hehlmann, Wilhelm, (1967). Geschichte der Psychologie. Stuttgart: Kröner.

Heidelberger, Michael, (1988). Fechners Leib-Seele-Theorie. In Josef Brozek u. Horst Gundlach (Hg.), G. T. Fechner and psychology. Passau: Passavia Universitätsverlag, S. 61–77.

Heidelberger, Michael, (1993). Die innere Seite der Natur. Gustav Theodor Fechners wissenschaftlich-philosophische Weltauffassung. Frankfurt a. M.: Klostermann.

Heidelberger, Michael, (2000). Der psychophysische Parallelismus: Von Fechner und Mach zu Davidson und wieder zurück. In: Friedrich Stadler (Hg.), Elemente moderner Wissenschaftstheorie. Zur Interaktion von Philosophie, Geschichte und Theorie der Wissenschaften. Wien: Springer, S. 91–104.

Helmholtz, Hermann, (1855). Über das Sehen des Menschen. In: ders., Vorträge und Reden. Erster Band. Braunschweig: Viehweg, 1884.

Helmholtz, Hermann, (1856–1866). Handbuch der physiologischen Optik. Hamburg: Voss.

Helmholtz, Hermann, (1878). Die Tatsachen in der Wahrnehmung. In: Hermann Helmholtz, Schriften zur Erkenntnistheorie. Kommentiert von Moritz Schlick und Paul Hertz. Wien: Springer, 1998 (Erste Auflage: Berlin: Julius Springer, 1921), S. 147–229.

Helmholtz, Hermann, (1890). Die Störung der Wahrnehmung kleinster Helligkeitsunterschiede durch das Eigenlicht der Netzhaut. Zeitschrift für Psychologie und Physiologie der Sinnesorgane, 1.

Herbart, Johann Friedrich, (1816). Lehrbuch zur Psychologie. Hamburg: Voss, 1882 (Dritte Auflage).

Herbart, Johann Friedrich, (1824/25). Psychologie als Wissenschaft, neu gegründet auf Erfahrung, Metaphysik und Mathematik. 2 Bände. Königsberg: Unzer.

Hillebrand, Franz, (1913). Die Aussperrung der Psychologen. Zeitschrift für Psychologie, 67, S. 1–21.

Holzkamp, Klaus, (1973). Sinnliche Erkenntnis. Historischer Ursprung und gesellschaftliche Funktion der Wahrnehmung. Frankfurt a. M.: Athenäum.

Holzkamp, Klaus, (1983). Grundlegung der Psychologie. Frankfurt a. M.: Campus.

Hoorn van, Willem u. Verhave, Thom, (1980). Wundt's changing conceptions of A general and theoretical psychology. In: Wolfgang G. Bringmann u. Ryan D. Tweney (Hg.), Wundt Studies. A centennial collection. Toronto: Hogrefe, S. 71–113.

Husserl, Edmund, (1900). Logische Untersuchungen. Band 1. Halle: Niemeyer.

Husserl, Edmund, (1901). Logische Untersuchungen. Band 2. Halle: Niemeyer.

Jaeger, Siegfried u. Staeuble, Irmingard, (1978). Die gesellschaftliche Genese der Psychologie. Frankfurt a. M.: Campus.

Jaeger, Siegfried, (1988). Fechners Psychophysik im Kontext seiner Weltanschauung. In Josef Brozek u. Horst Gundlach (Hg.), G. T. Fechner and psychology. Passau: Passavia Universitätsverlag, S. 49–59.

Jaensch, Erich Rudolf, (1909). Hermann Ebbinghaus. Zeitschrift für Psychologie, 51, S. III–VIII.

Johnston, William M., (1974). Österreichische Kultur- und Geistesgeschichte. Gesellschaft und Ideen im Donauraum 1848 bis 1938. Wien: Böhlau.

Jost, Adolf, (1897). Die Assoziationsfestigkeit in ihrer Abhängigkeit von der Verteilung der Wiederholungen. Zeitschrift für Psychologie und Physiologie der Sinnesorgane, 14, S. 436–472.

Jung, Matthias, (1996). Dilthey zur Einführung. Hamburg: Junius.

Kant, Immanuel, (1781). Kritik der reinen Vernunft. Frankfurt a. M.: Suhrkamp, 1974.

Kant, Immanuel, (1786). Metaphysische Anfangsgründe der Naturwissenschaft. In: ders., Schriften zur Naturphilosophie. Werkausgabe Band IX. Frankfurt a. M.: Suhrkamp, 1977, S. 7–135.

Kant, Immanuel, (1798). Anthropologie in pragmatischer Hinsicht. Hamburg: Meiner, 2000.

Knorr-Cetina, Karin, (1984). Die Fabrikation von Erkenntnis. Zur Anthropologie der Naturwissenschaft. Frankfurt a. M.: Suhrkamp, 1991.

Koffka, Kurt, (1915). Beiträge zur Psychologie der Gestalt- und Bewegungserlebnisse. III. Zur Grundlegung der Wahrnehmungspsychologie. Eine Auseinandersetzung mit V. Benussi. Zeitschrift für Psychologie, 73, S. 11–90.

Koffka, Kurt u. Kenkel, Friedrich, (1913). Beiträge zur Psychologie der Gestalt- und Bewegungserlebnnisse. I. Untersuchungen über den Zusammenhang zwischen Erscheinungsgröße und Erscheinungsbewegung bei einigen sogenannten optischen Täuschungen. Zeitschrift für Psychologie, 67, S. 353–449.

Köhnke, Klaus Christian, (1986). Entstehung und Aufstieg des Neukantianismus. Die deutsche Universitätsphilosophie zwischen Idealismus und Positivismus. Frankfurt a. M.: Suhrkamp, 1993.

Kraus, Oskar, (1924a). Einleitung des Herausgebers. In Franz Brentano, Psychologie vom empirischen Standpunkt. Band 1. Leipzig: Meiner, S. XV–XCVII.

Kraus, Oskar, (1924b). Anmerkungen des Herausgebers. In: Franz Brentano, Psychologie vom empirischen Standpunkt. Band 1. Leipzig: Meiner, S. 253–278.

Kroh, Oswald, (1935). Georg Elias Müller. Ein Nachruf. Zeitschrift für Psychologie, 135, S. 150–190.

Krohn, Wolfgang u. Küppers, Günter, (1989). Die Selbstorganisation der Wissenschaft. Frankfurt a. M.: Suhrkamp.

Kubinger, Klaus D., (1999). Forschung in der Psychologischen Diagnostik: Programmatische Betrachtungen. Psychologische Rundschau, 50, S. 131–139.

Kuhn, Thomas S., (1961). Die Funktion des Messens in der Entwicklung der physikalischen Wissenschaften. In: ders., Die Entstehung des Neuen. Studien zur Struktur der Wissenschaftsgeschichte. Frankfurt a. M.: Suhrkamp, 1977, S. 254–307.

Kuhn, Thomas S., (1967). Die Struktur wissenschaftlicher Revolutionen. Frankfurt a. M.: Suhrkamp, 1976 (Zweite, revidierte Auflage; engl. Originalausgabe unter dem Titel: The structure of scientific revolutions, Chicago, 1962).

Kuhn, Thomas S., (1969). Postskriptum – 1969. In: Thomas S. Kuhn (1967), S. 186–221.

Kuhn, Thomas, S., (1970). Logik oder Psychologie der Forschung? In: Thomas S. Kuhn, Die Entstehung des Neuen. Studien zur Struktur der Wissenschaftsgeschichte. Frankfurt a. M.: Suhrkamp, 1977, S. 357–387.

Külpe, Oswald, (1887). Zur Theorie der sinnlichen Gefühle. Dissertation, Leipzig.

Külpe, Oswald, (1893). Grundriss der Psychologie. Auf experimenteller Grundlage dargestellt. Leipzig: Engelmann.

Külpe, Oswald, (1895). Einleitung in die Philosophie. Leipzig: Hirzel.

Külpe, Oswald, (1912). Psychologie und Medizin. Zeitschrift für Psychopathologie, 1, 187–267.

Lamberti, Georg, (1995). Wilhelm Maximilian Wundt (1832–1920). Leben, Werk und Persönlichkeit in Bildern und Texten. Bonn: Deutscher Psychologen Verlag.

Lange, Ludwig, (1888). Neue Experimente über den Vorgang der einfachen Reaction auf Sinneseindrücke. Philosophische Studien, 4, S. 497–510.

Lazarus, Moritz u. Steinthal, Hajim, (1860). Einleitende Gedanken über Völkerpsychologie, als Einladung zu einer Zeitschrift für Völkerpsychologie und Sprachwissenschaft. In: Georg Eckardt (Hg.), Völkerpsychologie. Versuch einer Neuentdeckung. Weinheim: Psychologie Verlags Union, 1997, S. 127–202.

Leary, David E., (1979). Wundt and after: Psychologys shifting relations with the natural sciences, social sciences, and philosophy. Journal of the History of the Behavioral Sciences, 15, 231–241.

Leary, David E., (1980). The historical foundation of Herbart's mathematization of psychology. Journal of the History of the Behavioral Sciences, 16, S. 150–163.

Leary, David E., (1982). Immanuel Kant and the development of modern psychology. In: William R. Woodward u. Mitchell G. Ash (Hg.), The problematic science. Psychology in nineteenth-century thought. New York: Praeger, S. 17–42.

Lessing, Hans-Ulrich, (1985). Briefe an Dilthey anläßlich der Veröffentlichung seiner „Ideen über eine beschreibende und zergliedernde Psychologie". In: Frithjof Rodi (Hg.), Dilthey-Jahrbuch für Philosophie und Geschichte der Geisteswissenschaften. Band 3. Göttingen: Vandenhoeck & Ruprecht, S. 193–232.

Lohff, Brigitte, (1992). Johannes Müller und das physiologische Experiment. In: Michael Hager u. Bettina Wahrig-Schmidt (Hg.), Johannes Müller und die Philosophie. Berlin: Akademie Verlag, S. 105–123.

Lübcke, Poul, (1992). Wilhelm Dilthey. Geist und Natur. In: Anton Hügli u. Poul Lübcke (Hg.), Philosophie im 20. Jahrhundert. Band 1. Reinbek: Rowohlt, S. 53–67.

Mach, Ernst (1886). Beiträge zur Analyse der Empfindungen. Jena: G. Fischer. Fünfte vermehrte Auflage unter dem Titel: Die Analyse der Empfindungen und das Verhältnis des Physischen zum Psychischen, 1906.

Mach, Ernst, (1883). Die Mechanik in ihrer Entwicklung historisch-kritisch dargestellt. Leipzig: Brockhaus.

Mach, Ernst, (1905). Erkenntnis und Irrtum. Skizzen zur Psychologie der Forschung. Leipzig: Barth.

Mally, Ernst, (1935). Alexius Meinong. In: Edwin Rollett (Hg.), Neue österreichische Biographie. Band 8. Wien: Amalthea, S. 90–100.

Marbe, Karl, (1913). Die Bedeutung der Psychologie für die übrigen Wissenschaften und die Praxis. Fortschritte der Psychologie und ihrer Anwendungen, 1, S. 5–82.

Marshall, Marilyn E., (1982). Physics, metaphysics, and Fechner's psychophysics. In William R. Woodward u. Mitchell G. Ash (Hg.), The problematic science. Psychology in nineteenth-century thought. New York: Praeger, S. 65–87.

Martius, Götz, (1896). (Rezension:) Osw. Külpe. Grundriß der Psychologie. Zeitschrift für Psychologie und Physiologie der Sinnesorgane, 9, S. 23–45.

McLaughlin, Peter, (1992). Nachgedanken zum Bedürfnis der Physiologie nach einer philosophischen Nachbetrachtung. In: Michael Hagner u. Bettina Wahrig-Schmidt (Hg.), Johannes Müller und die Philosophie. Berlin: Akademie Verlag, S. 301–311.

Meinong, Alexius, (1891). Zur Psychologie der Komplexionen und Relationen. Zeitschrift für Psychologie, 2, S. 245–265.

Meinong, Alexius, (1899). Über Gegenstände höherer Ordnung und deren Verhältnis zur inneren Wahrnehmung. Zeitschrift für Psychologie, 21, S. 182–272.

Meinong, Alexius, (1902). Über Annahmen. Graz: Akademische Druck- und Verlagsanstalt, 1977 (= Alexius Meinong, Gesamtausgabe. Band IV. Nachdruck der zweiten, umgearbeiteten Auflage von 1910).

Meinong, Alexius, (1904). Über Gegenstandstheorie. In: Alexius Meinong (Hg.), Untersuchungen zur Gegenstandstheorie und Psychologie. Leipzig: Barth, S. 1–50.

Meinong, Alexius, (1921). (Selbstdarstellung). In: Raymund Schmidt (Hg.), Die deutsche Philosophie der Gegenwart in Selbstdarstellungen. Band 1. Leipzig: Meiner, S. 91–150.

Meumann, Ernst, (1908). Ökonomie und Technik des Gedächtnisses. Leipzig: Klinkhardt.

Müller, Georg Elias, (1873). Zur Theorie der sinnlichen Aufmerksamkeit. Leipzig: Edelmann.

Müller, Georg Elias, (1878). Zur Grundlegung der Psychophysik. Kritische Beiträge. Berlin: Grieben.

Müller, Georg Elias, (1896). Zur Psychophysik der Gesichtsempfindungen. Kapitel 1. Die psychophysischen Axiome und ihre Anwendung auf die Gesichtsempfindungen. Zeitschrift für Psychologie, 10, S. 1–82.

Müller, Georg Elias u. Pilzecker, Alphons, (1900). Experimentelle Beiträge zur Lehre vom Gedächtniss. Leipzig: Barth (= Zeitschrift für Psychologie und Physiologie der Sinnesorgane, Ergänzungsband 1).

Müller, Georg Elias, (1914). Ansprache des Vorsitzenden. In: Friedrich Schumann (Hg.), Bericht über den VI. Kongress der Gesellschaft für experimentelle Psychologie. Leipzig: Barth.

Müller, Georg Elias u. Schumann, Friedrich, (1894). Experimentelle Beiträge zur Untersuchung des Gedächtnisses. Zeitschrift für Psychologie und Physiologie der Sinnesorgane, 6, S. 81–190 u. 257–339.

Müller, Johannes, (1826). Über die phantastischen Gesichtserscheinungen. Coblenz: Hölscher.

Müller, Johannes, (1834–1840). Handbuch der Physiologie des Menschen. 2 Bände. Coblenz: Hölscher.

Münsterberg, Hugo, (1889). Beiträge zur Experimentellen Psychologie. Heft 1. Freiburg i. B.: Mohr.

Nitzschke, Bernd, (1989). Einige Anmerkungen zu den psychoanalytischen Konzepten „Lustprinzip" und „Todestrieb". In: ders. (Hg.), Freud und die akademische Psychologie. Beiträge zu einer historischen Kontroverse. München: Psychologie Verlags Union, S. 80–96.

Nitzschke, Bernd, (1998). Lustprinzip und Todestrieb. Was Freud Fechner verdankt. In: ders., Aufbruch nach Inner-Afrika. Essays über Sigmund Freud und die Wurzeln der Psychoanalyse. Göttingen: Vandenhoeck & Ruprecht, S. 175–196.

Oelze, Berthold, (1991). Wilhelm Wundt. Die Konzeption der Völkerpsychologie. Münster: Waxmann.

Orth, Ernst Wolfgang, (1984). Wilhelm Dilthey und Franz Brentano zur Wissenschaftsforschung. In: ders. (Hg.), Dilthey und der Wandel des Philosophiebegriffs seit dem 19. Jahrhundert. Studien zu Dilthey und Brentano, Mach, Nietzsche, Twardowski, Husserl, Heidegger. Freiburg: Alber, S. 24–54.

Orth, Ernst Wolfgang, (1997). Brentanos und Diltheys Konzeption einer beschreibenden Psychologie in ihrer Beziehung auf Lotze. In: Wilhelm Baumgartner, Franz-Peter Burkard, Franz Wiedmann u. Liliana Albertazzi (Hg.), Brentano-Studien. Internationales Jahrbuch der Brentano Forschung Band 6: Rezeption der deskriptiven Psychologie Franz Brentanos in Deutschland und Italien. Dettelbach: Röll, S. 13–29.

Pongratz, Ludwig J., (1967). Problemgeschichte der Psychologie. München: Francke (2. Auflage, 1984).

Rodi, Frithjof, (1987). Die Ebbinghaus-Dilthey-Kontroverse. Biographischer Hintergrund und sachlicher Ertrag. In: Werner Traxel (Hg.), Ebbinghaus-Studien 2. Passau: Passavia Universitätsverlag, S. 145–154.

Sauer, Werner, (1982). Österreichische Philosophie zwischen Aufklärung und Restauration. Amsterdam: Rodopi.

Schäfer, Lothar u. Schnelle, Thomas, (1980). Ludwig Flecks Begründung der soziologischen Betrachtungsweise in der Wissenschaftstheorie. In: Ludwik Fleck, Entstehung und Entwicklung einer wissenschaftlichen Tatsache. Einführung in die Lehre vom Denkstil und Denkkollektiv. Frankfurt a. M.: Suhrkamp, S. VII–XLIX.

Scheerer, Eckart, (1980). Wihelm Wundt's psychology of memory. Psychological Research, 42, S. 135–155.

Scheerer, Eckart, (1987). Ebbinghaus, Herbart and Hegel; or: Not the syllable was meaningless, but the syllables series. In: Werner Traxel (Hg.), Ebbinghaus-Studien 2. Passau: Passavia Universitätsverlag, S. 9–21.

Schlick, Moritz, (1921). Erläuterungen. In: Hermann Helmholtz, Schriften zur Erkenntnistheorie. Wien: Springer, S. 197–229.

Schmidt, Nicole D., (1995). Philosophie und Psychologie. Trennungsgeschichte, Dogmen und Perspektiven. Reinbek: Rowohlt.

Schnädelbach, Herbert, (1983). Philosophie in Deutschland 1831–1933. Frankfurt a. M.: Suhrkamp.

Schubeius, Monika, (1990). Und das psychologische Laboratorium muss der Ausgangspunkt pädagogischer Arbeiten werden. Zur Institutionalisierungsgeschichte der Psychologie von 1890–1933. Frankfurt a. M.: Lang.

Schumann, Friedrich, (Hg.), (1904). Bericht über den I. Kongress für experimentelle Psychologie in Gießen vom 18.–21. April 1904. Leipzig: Barth.

Schuster-Tyroller, Gisela, (1986). Hermann Ebbinghaus als Experimentator. Zur Methodologie seiner Gedächtnisuntersuchungen. In: Werner Traxel u. Horst Gundlach (Hg.), Ebbinghaus-Studien 1. Passau: Passavia Universitätsverlag, S. 41–58.

Smith, Barry, (1988). Gestalt Theory: An Essay in Philosophy. In: Barry Smith (Hg.), Foundations of Gestalt Theory. München: Philosophia, S. 11–81.

Sommer, Robert, (1932). Zur Geschichte der Kongresse für experimentelle Psychologie. In: Gustav Kafka (Hg.), Bericht über den XII. Kongress der Deutschen Gesellschaft für Psychologie in Hamburg. Jena: G. Fischer, S. 10–12.

Sporer, Siegfried, (1987). Gedächtnis in vitro und in vivo: von Hermann Ebbinghaus' sinnlosen Silben zur experimentellen Pädagogik und zur Aussagepsychologie. In: Werner Traxel (Hg.), Ebbinghaus-Studien 2. Passau: Passavia Universitätsverlag, S. 107–119.

Sprung, Lothar u. Sprung, Helga, (1987). Ebbinghaus an der Berliner Universität – Ein akademisches Schicksal eines zu früh Geborenen? In: Werner Traxel (Hg.), Ebbinghaus-Studien 2. Passau: Passavia Universitätsverlag, S. 89–106.

Stadler, Friedrich, (1997). Studien zum Wiener Kreis. Ursprung, Entwicklung und Wirkung des Logischen Empirismus im Kontext. Frankfurt a. M.: Suhrkamp.

Staeuble, Irmingard, (1991). Könnte Psychologie auch anders aussehen? Zur historischen Rekonstruktion von Alternativen. In: Helmut E. Lück u. Rudolf Miller, (Hg.), Theorien und Methoden psychologiegeschichtlicher Forschung. Göttingen: Hogrefe, S. 33–42.

Stegmüller, Wolfgang, (1976). Hauptströmungen der Gegenwartsphilosophie. Eine kritische Einführung. Band 1. Stuttgart: Kröner (Sechste Auflage).

Stern, William, (1900). Die psychologische Arbeit des neunzehnten Jahrhunderts, insbesondere in Deutschland. Zeitschrift für Pädagogische Psychologie und Pathologie, 2, S. 329–353 u. 413–437.

Stumpf, Carl, (1919). Erinnerungen an Franz Brentano. In: Oskar Kraus (Hg.), Franz Brentano. Zur Kenntnis seines Lebens und seiner Lehre. München: Beck, S. 85–149.

Traxel, Werner, (1986). Hermann Ebbinghaus und die experimentelle Erforschung des Gedächtnisses. Anmerkungen zu einem Jubiläum. In: Werner Traxel u. Horst Gundlach (Hg.), Ebbinghaus-Studien 1. Passau: Passavia Universitätsverlag, S. 11–21.

Tweney, Ryan D. u. Yachanin, Stephen A., (1980). Titchener's Wundt. In: Wolfgang G. Bringmann u. Ryan D. Tweney (Hg.), Wundt Studies. A centennial collection. Toronto: Hogrefe, S. 380–395.

Weingart, Peter, (1976). Wissensproduktion und soziale Struktur. Frankfurt a. M.: Suhrkamp.

Werle, Josef M., (1989). Franz Brentano und die Zukunft der Philosophie. Studien zur Wissenschaftsgeschichte und Wissenschaftssystematik im 19. Jahrhundert. Amsterdam: Rodopi.

Willy, Rudolf, (1897). Die Krisis in der Psychologie. Vierteljahresschrift für wissenschaftliche Philosophie, 21, S. 79–96.

Windelband, Wilhelm, (1909). Die Philosophie im deutschen Geistesleben des XIX. Jahrhunderts. Fünf Vorlesungen. Tübingen: Mohr.

Wittenberger, Gerhard, (1988). Zum Institutionalisierungsprozeß der Psychoanalyse unter besonderer Berücksichtigung der Geschichte des ‚Geheimen Komitees'. Dissertation, Universität Kassel.

Wolf, Karl, (1968). Die Grazer Schule: Gegenstandstheorie und Wertlehre. In: Leo Gabriel u. Johann Mader (Hg.), Philosophie in Österreich. Wien: Österreichischer Bundesverlag (= Wissenschaft und Weltbild. Zeitschrift für Grundfragen der Forschung, 21, H. 2/3), S. 31–56.

Wolfe, Harry Kirke, (1886). Untersuchungen über das Tongedächtnis. Philosophische Studien, 3, 534–571.

Wolters, Gereon, (1988). Verschmähte Liebe – Mach, Fechner und die Psychophysik. In Josef Brozek u. Horst Gundlach (Hg.), G. T. Fechner and psychology. Passau: Passavia Universitätsverlag, S. 103–116.

Woodward, William R., (1982). Wundt's program for the New Psychology: Vicissitudes of experiment, theory, and system. In: William R. Woodward u. Mitchell G. Ash (Hg.), The problematic science. Psychology in nineteenth-century thought. New York: Praeger, S. 167–197.

Wundt, Wilhelm, (1858). Die Lehre von der Muskelbewegung. Braunschweig: Vieweg.

Wundt, Wilhelm, (1862). Beiträge zur Theorie der Sinneswahrnehmung. Leipzig: Winter.

Wundt, Wilhelm, (1865). Lehrbuch der Physiologie des Menschen. Erlangen: Enke.

Wundt, Wilhelm, (1867). Handbuch der medizinischen Physik. Erlangen: Enke.

Wundt, Wilhelm, (1863). Vorlesungen über die Menschen- und Thierseele. 2 Bände. Leipzig: Voss.

Wundt, Wilhelm, (1871–1876). Untersuchungen zur Mechanik der Nerven und Nervencentren. 2 Bände. Stuttgart: Enke.

Wundt, Wilhelm, (1873/1874). Grundzüge der physiologischen Psychologie. 3 Bände. Leipzig: Engelmann, 1908 (Sechste Auflage).

Wundt, Wilhelm, (1880). Logik. Eine Untersuchung der Principien der Erkenntniss und der Methoden wissenschaftlicher Forschung. Erster Band: Erkenntnislehre. Stuttgart: Enke.

Wundt, Wilhelm, (1883). Logik. Eine Untersuchung der Principien der Erkenntniss und der Methoden wissenschaftlicher Forschung. Zweiter Band: Methodenlehre. Stuttgart: Enke.

Wundt, Wilhelm, (1883a). Über psychologische Methoden. Philosophische Studien, 1, S. 1–38.

Wundt, Wilhelm, (1883b). Schlusswort zum ersten Bande. Philosophische Studien, 1, S. 615–617.

Wundt, Wilhelm, (1886a). Ethik. Eine Untersuchung der Thatsachen und Gesetze des sittlichen Lebens.

Wundt, Wilhelm, (1886b). Ziele und Wege der Völkerpsychologie. In: ders., Probleme der Völkerpsychologie. Leipzig: Wiegandt, 1911, S. 1–35.

Wundt, Wilhelm, (1894). Ueber psychische Causalität und das Princip des psychophysischen Parallelismus. Philosophische Studien, 10, S. 1–124.

Wundt, Wilhelm, (1896a). Grundriss der Psychologie. Leipzig: Engelmann.

Wundt, Wilhelm, (1896b). Ueber die Definition der Psychologie. Philosophische Studien, 12, S. 1–66.

Wundt, Wilhelm, (1896c). Ueber naiven und kritischen Realismus. Philosophische Studien, 12, S. 307–409.

Wundt, Wilhelm, (1897). Ueber naiven und kritischen Realismus. Philosophische Studien, 13, S. 1–105 u. S. 323–433.

Wundt, Wilhelm, (1898). Grundriss der Psychologie. Leipzig: Engelmann (Dritte Auflage).

Wundt, Wilhelm, (1900). Völkerpsychologie. Eine Untersuchung der Entwicklungsgesetze von Sprache, Mythus und Sitte. Band 1. Leipzig: Engelmann.

Wundt, Wilhelm, (1911). Einführung in die Psychologie. Leipzig: Voigtländer.

Wundt, Wilhelm, (1913). Die Psychologie im Kampf ums Dasein. Leipzig: Kröner (2. Auflage).

Wundt, Wilhelm, (1920). Erlebtes und Erkanntes. Stuttgart: Kröner.

Zemljic, Andrea, (1993). Leben und Werk von Stephan Witasek. In: Reinhard Fabian, Rudolf Haller u. Norbert Henrichs (Hg.), Internationale Bibliographie zur Österreichischen Philosophie. Band 6 (1976–1979). Amsterdam: Rodopi, S. 1–122.

Namensregister

Konrad Paul Liessmann

Die großen Philosophen und ihre Probleme

Vorlesungen zur Einführung in die Philosophie

Philosophie ist vom Leben und von der Zeit des Philosophierenden nicht zu trennen. Was in den Lehrbüchern als philosophisches Problem auftaucht, war in der Tat nur allzu oft das Problem eines Philosophen. Ziel dieses Buches ist es, mit einem biographischen, mitunter auch anekdotischen Ansatz, den Zugang zu den zentralen Konzepten und Fragestellungen der Philosophie zu eröffnen. Porträtiert werden: Sokrates, Platon, Augustinus, Spinoza, Kant, Hegel, Marx, Kierkegaard, Nietzsche, Wittgenstein, Popper, Heidegger, Adorno, Anders und Arendt.

„Das beste Start-Set für Philosophie-Einsteiger …" (trend)

UTB: WUV 2001. 199 Seiten, broschiert
ISBN 3-8252-2247-0
EUR 17,40 (A) / EUR 16,90 (D) / sFr 31,50

WUV

Mitchell G. Ash, Christian H. Stifter (Hg.)

Wissenschaft, Politik und Öffentlichkeit

Von der Wiener Moderne bis zur Gegenwart

Das Verhältnis von Wissenschaft, Politik und Öffentlichkeit ist in letzter Zeit vor allem wegen scharfer Auseinandersetzungen über die Chancen und Risiken neuer Technologien in den Mittelpunkt des öffentlichen Interesses geraten. Die Beiträge dieses Bandes nehmen die Bemühungen um eine humane Wissenschaft und Wirtschaft sowie um eine breite Volks- und Erwachsenenbildung zur Zeit der *Wiener Moderne* und danach zum Anlass, die vielfältigen Verbindungen von wissenschaftlichen und politischen Netzwerken zu reflektieren.

WUV 2002. 377 Seiten, broschiert
ISBN 3-85114-664-6
EUR 29,– / sFr 51,–

WUV

R. Horak, W. Maderthaner, S. Mattl, G. Meißl, L. Musner, A. Pfoser (Hg.)

Metropole Wien

Texturen der Moderne

Die Bände dekonstruieren den Mythos *Wiener Moderne*, der in drei Phasen entstanden ist: In den 60er Jahren des 20. Jahrhunderts wurden die Literatur, Musik und Malerei der Jahrhundertwende wiederentdeckt. In einer zweiten Phase (70er und 80er Jahre) wurde der Begriff der Moderne um die politische Dimension erweitert und zur *Wiener Moderne* synthetisiert. Schließlich präsentierte man das *Fin de Siècle*-Wien als vorzeitige Postmoderne. Die hier vorliegenden Beiträge brechen diese substantialistische Sichtweise auf und stellen ihr die Dimension des Urbanen, Popularen und Sozialen gegenüber.

WUV 2000. 2 Bände im Schuber, 641 Seiten, broschiert
ISBN 3-85114-480-5
EUR 28,90 / sFr 51,–

WUV

David Frisby (Hg.)

Georg Simmel in Wien

Texte und Kontexte aus dem Wien der Jahrhundertwende

Die Anwesenheit des Philosophen und Soziologen Georg Simmel (1858-1918) in Wien wurde bisher kaum beachtet. Dabei publizierte Simmel in Wien wesentliche Texte, hielt vielbeachtete Vorträge und pflegte wichtige Kontakte zu Zeitgenossen.
In der Art eines Lesebuches versammelt der Band zentrale und repräsentative Texte Simmels, die zuerst in Wien veröffentlicht wurden. Zusammen mit den in Wien erschienenen Rezensionen, Berichten und Stellungnahmen zeigen sie einen interessanten Ausschnitt der Wiener Moderne aus einem ungewöhnlichen Blickwinkel. Sie illustrieren zudem den regen intellektuellen Austausch zwischen den *Fin de siècle*-Metropolen Wien und Berlin.

WUV 2000. 381 Seiten, broschiert
ISBN 3-85114-524-0
EUR 21,80 / sFr 38,–

WUV

Lutz Musner, Gotthart Wunberg (Hg.)

Kulturwissenschaften

Forschung – Praxis – Positionen

Der Band liefert aktuelle Forschungsergebnisse, Beispiele aus der Praxis kulturwissenschaftlichen Arbeitens und darüber vermittelt theoretische Positionen. In drei Abschnitten eröffnen sich zentrale Themenbereiche der Kulturwissenschaften: Wissenschafts-, Begriffs- und Mentalitätsgeschichtliche Untersuchungen; Standortbestimmungen einzelner Disziplinen; Stellungnahmen zur Gender-Debatte; Reflexionen über das „Gedächtnis“ als Leitbegriff der Kulturwissenschaften sowie Mediengeschichte.
Ein nach vielen Seiten hin offenes Projekt, das für produktive Diskussionen und Debatten sorgt, zeichnet sich ab. Die Beiträge richten sich vor allem an jene, die auf der Suche nach neuen Wegen sind.

Mit Originalbeiträgen von: Aleida Assmann, Moritz Baßler, Hartmut Böhme, Elisabeth Bronfen, Lawrence Großberg, Daniela Hammer-Tugendhat, Konrad Köstlin, Rolf Lindner, Thomas Macho, Wolfgang Maderthaner, Heidemarie Uhl, Sigrid Weigel, Horst Wenzel und Heidrun Zettelbauer.

WUV 2002. 360 Seiten, broschiert
ISBN 3-85114-681-6
EUR 26,– / sFr 46,–

WUV